本书获2019年度湖南省教育厅高水平研究生教材建设和2021年度长沙理工大学学术著作出版资助

U0747879

"双一流"建设示范性研究生系列教材

水泥混凝土学

姚佳良　金娇　谢娟◎编著

中南大学出版社
www.csupress.com.cn
·长沙·

内容提要

　　本书主要以公路工程水泥混凝土为研究对象，结合公路工程混凝土原材料、混凝土微细观结构与性能、公路工程特种混凝土及公路工程混凝土应用方面国内研究成果编写而成。通过混凝土原材料发展状况调研和长沙理工大学已经完成的混凝土研究课题，总结了原材料选择及配合比设计、研究与应用相关研究成果，提出了在工程中应注意的问题、发展方向；结合材料微细观理论分析和应用研究，探索了混凝土微结构与性能的关系，总结和提出了混凝土微细观与性能研究相关方法；结合公路工程中纤维混凝土、聚合物混凝土、水下混凝土、路面混凝土、大体积混凝土等特种混凝土研究成果，总结和完善了公路工程特种混凝土技术；结合长沙理工大学公路工程混凝土研究与应用项目成果，总结归纳了包括路面基层贫混凝土、滑模混凝土、碾压混凝土、纤维混凝土、流态高强混凝土及混凝土养护、维修等材料应用研究技术。本书主要内容包括四个部分：混凝土组成材料、混凝土结构与性能、特种混凝土和公路工程混凝土研究与应用。

　　本书力求理论联系实际、精练、实用、突出重点，适于高等学校道路与铁道工程专业研究生教学，也可作为土木工程类科研、设计、管理和施工人员的参考用书。

前 言

PREFACE

现有《水泥混凝土学》同类专著内容上偏房屋建筑结构工程，本专著结合长沙理工大学在公路工程领域已经完成的水泥混凝土研究与应用成果，紧密联系工程实际，以公路工程水泥混凝土为研究对象，探索和总结公路工程混凝土原材料、混凝土微细观结构与性能、公路工程特种混凝土及公路工程混凝土应用方面理论与技术问题。

《水泥混凝土学》专注于公路工程水泥混凝土的性能与应用技术。本书收集整理了包括作者主持与参加的近 20 个中国公路工程水泥混凝土技术及应用项目和研究课题材料，为工程技术人员提供了大量公路工程水泥混凝土材料研究、材料选择、设计及施工的最新成果。本书从解决工程应用问题入手，对相关问题从理论层面进行了深入浅出的分析。本书中对诸如碾压基层贫混凝土、基于抗裂性路面水泥混凝土配合比设计、基于流变力学分析的路面混凝土工作性研究、地聚合物处理软土地基等概念与应用，尚属新领域、新方法、新材料，因此，相关内容为工程技术人员提供了一种新视野和解决实际问题的新方法、新思路。基于本书描述公路工程混凝土理论与应用技术，既有混凝土学的基本概念、原理和要求的基础内容，也包括相关应用的理论分析与设计、施工、现场配制材料配合比设计方法和工程应用实例，可为国内外公路工程技术人员工程实践提供理论与实践应用指导。

本书包括 4 个章节。第一章介绍了混凝土的材料组成要求与发展趋势，重点对水泥的起源、现代水平和发展趋势进行了介绍，并分别论述了其组成成分对混凝土性能的影响，介绍了混凝土使用的粗、细集料的性能对混凝土的影响和集料的发展趋势，混凝土掺合料的作用机理和使用注意事项，混凝土外加剂作用原理和使用外加剂应注意的事项；第二章主要系统地论述了混凝土结构与性能，分别从混凝土的微观结构、混凝土的工作性、混凝土的力学性能与变形性能和混凝土的耐久性等4个方面进行描述；第三章介绍了公路工程常用的特种混凝土的定义、材料组成、技术性质、作用原理及应用技术；第四章主要结合我们在公路工程实践中有关混凝土材料科研和工程应用项目涉及的相关混凝土研究成果进行总结归纳，包括碾压基层贫混凝土、路面滑膜混凝土、引气混凝土、高流态与高强混凝土和一些公路工程常见混凝土问题(如开裂问题、养护维修技术等)的研究应用成果的总结与分析。

本书各个部分内容既相互独立，又紧密联系。同时，本书在内容编排和文字阐述时尽量做到深入浅出、详略得当，希望能够为相关领域的研究人员和研究生提供参考，为相关工程技术人员在工程实践中提供指导和借鉴。但是由于公路工程混凝土涉及材料、结构与施工等诸多领域，影响其性能的因素较为复杂，部分研究成果基于课题组承担的科研与生产项目背景，其研究成果总结与分析不一定准确和全面，因此书中有关的结论与分析难免存在一定的局限性，如有不当，敬请各位读者批评指正、去伪存真、质疑与深化研究，以完善与提高公路工程混凝土技术。

本书获得长沙理工大学和湖南省教育厅出版资助，依托国家自然科学基金项目(51178064、51578080)、交通部重大项目"公路工程水泥砼防腐蚀规范"、湖南省科技厅一般项目(2009XK4026)、湖南省教育厅项目"路面水泥混凝土渗透系数与疲劳寿命关系"、湖南省交通厅项目(201001)等项目的资助完成。本书由姚佳良统稿，其中第1章由谢娟撰写完成、第2章由金娇撰写完成，第3章、第4章由姚佳良撰写完成。本书编写过程中得到高英力教授、冯新军教授、李九苏教授的指导与支持，在此表示衷心的感谢！长沙理工大学道路与铁道工程专业研究生郝桂禹、陈鑫、邱豪杰参与了部分图片与文本编辑等工作，在此致以真诚的谢意！

鉴于笔者水平有限，书中缺点和不足之处在所难免，恳请各位读者批评指正。

笔者 2021 年 4 月于长沙

目 录
CONTENTS

第1章

混凝土组成材料

§1.1 水泥

水泥被称为建筑的粮食，在人类文明中占有重要地位。现在，全世界水泥产量已超过 20 亿吨，是现代建筑领域不可或缺的材料。水泥是人类在长期生产实践中不断积累的成果，是在古代建筑胶凝材料的基础上发展起来的，其发明经历了一个漫长的历史过程。

§1.1.1 水泥的起源

1776 年，英国人杰姆斯·帕克(James Parker)，用含有黏土的不纯石灰石球，烧制成天然水硬性胶结材料。

1796 年，帕克将称之为 SepaTria 的黏土质石灰岩磨细后制成料球，在高于生产石灰的温度下煅烧，然后磨细制成水泥。帕克称这种水泥为"罗马水泥"(Roman cement)，并取得了该水泥的专利权。"罗马水泥"凝结较快，可用于与水接触的工程，在英国曾得到广泛应用，一直沿用到被"波特兰水泥"所取代。

1813 年，法国人维卡(Vicat)，用石灰石和黏土的合成物，经煅烧制成了人造水硬性胶结材料。他还发明了沿用至今的维卡针，用以测定水泥的凝结时间。

1822 年，英国人福斯特(J. Foster)将白垩和黏土以 2∶1 的质量比混合并湿磨成泥浆，送入料槽中沉淀，得到的沉淀物在大气中干燥后放入石灰窑中煅烧，煅烧温度以 CO_2 完全挥发为准，煅烧后的产品呈浅黄色，冷却后磨成水泥。福斯特称该水泥为"英国水泥"(British cement)，于 1822 年获得英国专利。由于"英国水泥"煅烧温度较低，其质量明显不及"罗马水泥"，但其制造方法已是近代水泥生产的雏形，是水泥发展史上的又一次重大飞跃。

1824 年，英国利兹的一个施工人员约瑟夫·阿斯普丁提出"波特兰水泥"的专利。它是将磨细(粉状或弄碎成糊状)的石灰石掺入磨细的黏土，再将混合物在窑内煅烧至 CO_2 被分解逸出，最后将煅烧产物磨细制成水泥应用。因为硬化后的水泥酷似英国波特兰石场天然建筑石料，故而命名为"波特兰水泥"。尽管阿斯普丁在制备水泥时并未达到起码的烧结温度[1845 年，伊沙·约翰逊(Isaac Johnson)提出烧结温度为 900~1000℃]，该水泥也未必是真正意义上的"波特兰水泥"，但因其在市场上取得了很大的成功，故阿斯普丁被后人认为是水泥的发明人。

在水泥的生产方面，1824年约瑟夫·阿斯普丁发明了间歇操作的土立窑；1883年德国人狄茨世发明了连续操作的多层立窑；1885年英国人兰萨姆（ERansome）发明了回转窑，在英、美取得专利后将它投入生产；1909年美国人托马斯·爱迪生（Thomas Edison）发布一系列回转窑专利。回转窑的发明，使得水泥工业迅速发展。水泥的整个生产工艺可概括为"两磨一烧"，其中"一烧"就是把经过粉磨配制好的生料，在回转窑的高温作用下烧成熟料的工艺过程。世界水泥工艺各种窑型的发展与应用历史见表1-1。

表1-1　世界水泥工艺各种窑型的发展与应用历史

阶段	窑型名称	新建时的年份区间	单窑熟料产能 /($t \cdot d^{-1}$)	特征
初期	瓶窑	1820—1880	1~10	能耗高，劳动生产率低，污染严重，熟料质量差
初期	立窑	1870—1900	10~50	
初期	机械立窑	1890—1930	100~150	
中期	小旋窑	1910—1940	150~300	能耗高，污染稍轻，熟料质量中等
中期	干法长窑	1930—1960	300~500	
中期	立波尔窑	1935—1970	400~600	
中期	湿法窑	1940—1980	600~1200	
近期	立筒预热器窑	1970—1985	500~1000	能耗较低，污染较小，熟料质量好
近期	旋风预热器窑	1975—1990	750~1800	
现代	半干法窑	1980—2000	1500~4000	能耗最低，劳动生产率最高，污染趋于零，熟料质量高
现代	预分解窑	1980—至今	2000~13000	
现代	新型干法窑	1980—至今	2000~13000	

我国最初从英国进口水泥，故当时称其为"英泥"或"英坭"，后来翻译成"细绵土"或"士敏土"。由于是从外国传入，因此被更多人称为"洋灰"。中国自己制造水泥的历史始于1886年建立澳门青州英坭厂。1887年，澳门青州英坭厂在香港九龙红磡开设了香港青州英坭厂。1908年，澳门青州英坭厂和香港青州英坭厂两厂年产量达到12万吨。在澳门和香港的青州英坭厂开办时期，北洋大臣李鸿章全力推行洋务运动，并于1889年在河北开设了水泥厂——唐山细绵土厂。从1900年到1949年的50年间，我国水泥年生产能力从1万吨发展到315万吨，但水泥工业仍远远落后于西方国家。

新中国成立后，中国的水泥工业才真正步入发展时期。水泥工业经过三年修复，于1953年开始陆续从东欧引进设备，1960年年生产能力达到1100万吨，但水泥仍然短缺。改革开放给我国水泥发展带来了活力，市场经济仅实施5年就解决了水泥短缺问题。技术装备水平大大提高，从立窑、干法中空窑、干法余热发电窑、立波尔窑、湿法窑、预热器窑发展到窑外分解窑，自1985年以来我国水泥产量和消费量连续多年世界第一。

经过近几十年的发展，我国的水泥工艺技术取得了明显进步，特别是水泥工业加强环保治理，并协同处理城市污泥等废物，使之可持续健康发展。我国水泥品种开发和研制也跨入世界先进行列，不仅生产通用硅酸盐水泥，而且我国特种水泥已经发展到 6 大体系、7 大类共 60 多个品种。此外，我国新型干法生产线的技术装备也不断进步并出口，昔日购买"洋灰"的弱国已变为生产水泥和制造水泥装备的大国。

§1.1.2　水泥的现代水平

1）提高了早期强度。

从 20 世纪 50 年代，国外就致力于提高水泥及混凝土早期强度，到 20 世纪 70 年代初早期强度已提高近 50%。美国在 1920 年到 1999 年的 70 年中，水泥的 7 d 抗压强度增长了约 2.5 倍。早期强度高有以下几方面优势：（1）增加混合材掺加量，减少有用能源和资源的消耗，对保护环境有利；（2）有利于提高混凝土质量，降低出现早期裂纹的危险性，同样等级的水泥，早期强度高出现裂纹的危险性就小，或者养护时间可以缩短，所以提高水泥早期强度有利于提高混凝土质量；（3）减少早强剂或抗冻剂的使用，这些外加剂一般都含有氯离子和碱，对混凝土耐久性不利；（4）提早拆模板，提早投入使用，提高混凝土早期的抗机械碰撞性、抗碳化性、抗冻性及抗起砂性等。

2）提高了硅酸三钙含量。

水泥熟料是以石灰石和黏土、铁质原料为主要原料，按适当比例配制成生料，烧至部分或全部熔融，并经冷却而获得的半成品。硅酸盐水泥熟料主要化学成分为氧化钙、二氧化硅和少量的氧化铝、氧化铁，主要矿物组成为硅酸三钙（C_3S）、硅酸二钙（C_2S）、铝酸三钙（C_3A）和铁铝酸四钙（C_4AF）。

水泥早期强度提高的一个主要原因是提高了早强矿物含量，尤其是提高了硅酸三钙含量。C_3S 遇水反应速度较快，水化热高，水化产物对水泥早期和后期强度起主要作用。20 世纪 60 年代水泥熟料 C_3S 含量在 45% 左右，C_2S 含量在 29% 左右。20 世纪 80 年代水泥熟料 C_3S 含量为 49% 左右，C_2S 含量为 21% 左右。20 世纪 90 年代末水泥熟料 C_3S 含量为 60.0% 左右，C_2S 含量为 18.4% 左右。在传统硅酸盐水泥熟料中 C_3S 是水泥强度的主要来源，普通硅酸盐水泥 C_3S 含量一般为 50%~60%，而当水泥熟料中 C_3S 的含量接近甚至超过 60% 时，就被认为是高 C_3S 水泥。一方面，提高 C_3S 含量，不仅可以提高水泥的强度，而且可以提高水泥中混合材的掺入量。但另一方面，C_3S 含量高又被认为是导致现代混凝土早期开裂增加的主要因素之一。

3）重视水泥的合理颗粒分布。

水泥的粉体状态一般表达为磨细程度（细度和比表面积）、颗粒分布和颗粒形貌。水泥产品必须磨制到一定细度状态，才具有胶凝性。水泥细度直接影响着水泥的凝结、水化、硬化和强度等一系列物理性能。细度状态可用以下方式表达：平均粒径法、筛析法、比表面积法、颗粒级配法。如细度指标（80 μm 和 45 μm 筛筛余），主要反映水泥中粗颗粒含量（%）；再如比表面积指标（m^2/kg），主要反映水泥中细颗粒含量；而颗粒级配分析可以全面反映水泥中粗细颗粒分布状态，是当前水泥企业调整、控制水泥性能的先进手段。

在水泥粉磨过程中得到的水泥颗粒不是均匀的单颗粒，而是包含不同粒径的颗粒群体。水泥颗粒的平均粒径是表现水泥颗粒体系的重要几何参数，但其所能提供的粒度特性信息非常有限，因为两个平均粒径相同的粒群，完全可能有不一样的粒度组成(颗粒级配)。

近年来，水泥磨得更细了，勃氏比表面积都在 300 m^2/kg 以上，强度 42.5、52.5 以及矿渣水泥磨得更细，达到 400 m^2/kg 甚至 600 m^2/kg 以上，还有向更细方向发展的趋势。提高水泥粉磨细度是提高水泥胶砂强度的有效途径，在我国实施水泥新标准过程中，有近 60% 的企业调整了粉磨工艺，提高了水泥细度，明显提高了水泥胶砂强度。但是，不少建筑施工单位反映，因水泥太细，需水量大，易导致混凝土开裂严重等问题。

因此，现在水泥更加重视合理的颗粒分布。例如，自 1992 年欧洲公布水泥试行标准以来，便正式允许在水泥中加入不超过 5% 的填充材料，又称次要组分，其目的就是调整颗粒分布，增加细粉含量，改善砂浆的和易性和保水性。现在采取的熟料与混合材分开粉磨，再按不同配比混合的措施，其中一个目的也是控制合理的颗粒分布，包括水泥各主要组分的颗粒分布。对于相同组分(熟料、混合材和石膏)水泥而言，水泥的颗粒分布决定水泥的性能，如水化速度、水化热、强度、需水量等。水泥最佳性能的颗粒级配为 3~32 μm，颗粒总量不能 <65%，<3 μm 的细颗粒不要超过 10%，>65 μm 和 <1 μm 的颗粒越少越好，最好没有。因为 3~32 μm 的颗粒对强度增长起主要作用，特别是 16~24 μm 的颗粒对水泥性能尤为重要，含量越多越好；而 <3 μm 的细颗粒容易结团，<1 μm 的小颗粒在加水搅拌中很快就水化，对混凝土强度作用很小，且影响水泥与外加剂的适应性，易影响水泥性能而导致混凝土开裂，严重影响混凝土的耐久性；至于 >65 μm 的颗粒则水化很慢，对水泥 28 d 强度贡献很小。

4) 更加合理的混合材掺入量。

在水泥生产过程中，为改善水泥性能、调节水泥标号而加到水泥中的矿物质材料，称之为水泥混合材料，简称水泥混合材。水泥混合材料的作用：(1) 在水泥中掺加混合材料可以调节水泥标号与品种，增加水泥产量，降低生产成本；(2) 在一定程度上改善水泥的某些性能，满足建筑工程中对水泥的特殊技术要求；(3) 可以综合利用大量工业废渣，具有环保和节能的重要意义。水泥混合材料根据所用材料的性质可以分为活性混合材料和非活性混合材料两种，活性混合材有粒化高炉矿渣、火山灰质混合材料、粉煤灰等，非活性混合材有磨细石英砂、石灰石、黏土、慢冷矿渣及其他与水泥无化学反应的工业废渣等。

掺混合材的水泥已为各国所接受，掺量比例逐年上升，但水泥混合材的广泛使用也对混合材的某些性能提出了更高的要求，对混合材掺量作了更细和更统一的划分。这样更有利于水泥品种的选用，混凝土中最低水泥或熟料含量的控制，使混合材的品种和用量更加符合混凝土设计要求。国家标准中对混合材的品种和用量有着明确规定，详见表 1-2~表 1-4。

表 1-2 硅酸盐水泥的组分要求

品种	代号	组分(质量分数)/ %		
		熟料+石膏	粒化高炉矿渣	石灰石
硅酸盐水泥	P·Ⅰ	100	—	—
	P·Ⅱ	95~100	0~5	—
			—	0~5

表1-3 普通硅酸盐水泥、矿渣硅酸盐水泥、粉煤灰硅酸盐水泥和火山灰质硅酸盐水泥的组分要求

品种	代号	组分(质量分数)/ %				替代组分
		主要组分				
		熟料+石膏	粒化高炉矿渣	粉煤灰	火山灰质混合材料	
普通硅酸盐水泥	P·O	80~95	5~20ᵃ			0~5ᵇ
矿渣硅酸盐水泥	P·S·A	50~80	20~50	—	—	0~8ᶜ
	P·S·B	30~50	50~70	—	—	
粉煤灰硅酸盐水泥	P·F	60~80	—	20~40	—	—
火山灰质硅酸盐水泥	P·P	60~80	—	—	20~40	—

注：①a,本组分材料为符合本标准规定的粒化高炉矿渣、粉煤灰、火山灰质混合材料组成；

②b,本组分材料为符合本标准规定的石灰石、砂岩、窑灰中的一种材料；

③c,本组分材料为符合本标准规定的粉煤灰、火山灰、石灰石、砂岩、窑灰中的一种材料。

表1-4 复合硅酸盐水泥的组分要求

品种	代号	组分(质量分数)/ %						替代组分
		主要组分						
		熟料+石膏	粒化高炉矿渣	粉煤灰	火山灰质混合材料	石灰石	砂岩	
复合硅酸盐水泥	P·C	50~80	20~50ᵃ					0~8ᵇ

注：①a,本组分材料为符合本标准规定的粒化高炉矿渣、粉煤灰、火山灰质混合材料、石灰石和砂岩中的三种(含)以上材料组成，其中石灰石和砂岩的总量小于水泥质量的20%；

②b,本组分材料为符合本标准规定的窑灰。

5)用"标准熟料"配制特性水泥。

由于粉磨技术的提高，以及对颗粒分布、混合材掺配、微细粉改性和外加剂等影响水泥性能问题的深入研究，使得水泥厂可以大量生产所谓"标准熟料"，熟料和混合材分别粉磨成不同细度，分开存放，再根据客户需要调配成不同品种和性能的水泥。标准熟料通常有两种：一种为高 C_3S 和高 C_3A 含量的早强型熟料；另一种为高 C_2S 的低热型熟料。前者用来配制不同品种、标号及施工性能的通用水泥，后者用来配制低热水泥。同一品种标号也可以根据混凝土工艺要求、季节气候等条件变化配制出不同的施工性能的水泥。

用"标准熟料"还可以配制出一些特种水泥，但许多混凝土外加剂如早强剂、速凝剂等都含碱，对环保和混凝土耐久性不利。欧美等市场上已经有许多不加和少加含碱外加剂的特种水泥，仅通过控制水泥化学成分、组分组成、颗粒分布、硫酸盐掺配、微粉改性及外加剂添加便可生产出如快凝水泥、早强水泥、喷射水泥、抗硫酸盐水泥及油井水泥等特种水泥。对于地下混凝土构件，若水中侵蚀性物质含量≤1500 mg/L，可以用粉煤灰水泥和在混凝土中掺粉煤灰代替抗硫酸盐水泥。欧美一些国家也很少用或不用专用的道路水泥，而是直接用通用水泥，只需要通过对细度、早期强度、发热量、碱含量等的限定就可控制混凝土路面开裂及通过提高混凝土强度等级达到耐磨要求。

§1.1.3　水泥中存在的问题

1）高 C_3S 窄颗粒分布水泥对混凝土耐久性不利。

提高 C_3S 含量，不仅可以提高水泥的强度，而且可以提高水泥中混合材的掺入量。通过改变熟料的化学组成或加入微量组分，就能在相对较低的温度下烧成水泥，且掺入大量混合材的高 C_3S 水泥熟料，可降低单位质量水泥的生产能耗、资源消耗、水泥成本、环境污染及利于大量地利用工业废料。有些国家用提高 C_3S 含量和窄颗粒分布来提高水泥早期和 28 d 强度，C_3S 含量都在 60% 以上甚至超过 80%，但由于追求施工高速度而力求发展高强度的水泥，导致水泥 C_3S 高、细度细、粒径分布窄，早期开裂的风险增加。美国在应用中发现，这种水泥需水量大，28 d 以后强度增长率低，因为缺少足够的 C_2S，混凝土自愈能力低，影响耐久性。还有人认为，这种水泥早期强度高，后期养护可以放宽，但由于养护不好，混凝土微观结构发育不良，对提高耐久性不利。如前所述，水泥细度直接影响着水泥的凝结、水化、硬化和强度等一系列物理性能，因此要重视水泥颗粒的合理分布。

2）混合材掺量不当易使混凝土开裂。

利用各种废料生产水泥已是大家公认的趋势，然而在利用中也发现许多问题。

少量石灰石的掺入能提高水泥早期强度，但掺量高于 10% 后水泥强度明显下降。依据国家标准，不同品种的通用硅酸盐水泥中矿渣掺量在 0~70%。当水泥中矿渣掺量在 6~15% 时，水泥的大多性能变化不大；矿渣掺量在 16%~35% 时，水泥在某些性能上属于矿渣水泥，如凝结时间较慢、强度较低、干缩增大等，而某些性能又属于硅酸盐水泥的特点，如流动性、流动性经时损失、泌水率等（特别是矿渣掺量在 16%~20% 时，是某些性能的过渡区域，如凝结时间、强度、后期脆性系数）；矿渣掺量在 36%~50% 时，性能规律稳定；矿渣掺量大于 50% 后，性能变化加剧或异常。

硅灰很细，活性高，但却很难掺匀，易引起局部碱集料反应，硅灰还会使混凝土干缩加大，温度升高，因温度应力开裂，28 d 以后强度增长极慢，甚至有下降的危险，耐久性也不如普通混凝土。

粉煤灰及其他天然火山灰质混合材，若掺量太少会使混凝土膨胀加大。因水化初期少量硅质材料与 $Ca(OH)_2$ 反应释放出的碱量可能大于被吸收的碱量，对抑制碱集料反应不利。混合材加入量过大又会由于细粉总量过高，破坏了最佳颗粒分布，增大混凝土干缩量。粉煤灰加入量过大又会增大需水量，被迫增大减水剂用量，又进一步加剧了混凝土干缩。为了保持钢筋混凝土内部有足够的碱度，防止钢筋锈蚀，各地对室外钢筋混凝土中的粉煤灰含量有一个最高限量，有的规定为 30% 或 35%，美国为 ≤25%，目前这个限量还存在争议。

3）外加剂的副作用。

外加剂是在混凝土搅拌过程中掺入，是用以改变混凝土性能的物质，掺量不大于水泥质量的 5%（特殊情况除外）。目前我国已制定了国家标准和行业标准的共有 8 类外加剂，分别是高性能减水剂（早强型、标准型、缓凝型）、高效减水剂（标准型、缓凝型）、普通减水剂（早强型、标准型、缓凝型）、引气减水剂、泵送剂、早强剂、缓凝剂、引气剂。

现在 90% 以上的混凝土都掺有各种外加剂，这些外加剂能改善混凝土性能，但也存在副作用，如三乙醇胺有助磨、减水作用，但对促凝不利，会增大混凝土干缩，在美国有些工程已不允许使用含三乙醇胺的外加剂，如减水剂、促凝剂；为防止钢筋锈蚀而使用的无氯减水促凝剂，这类外加剂在 0℃ 以上的温度区，外加剂效力随温度升高急剧下降，冬季施工常用温水搅拌混凝土更会降低这种外加剂的效果。含碱外加剂不仅对防止碱集料反应不利，在隧道施工中还会污染地下水，影响山体稳定性；使用含 Al_2O_3 的无碱或低碱外加剂，提高了混凝土中 Al_2O_3 含量，加大干缩，降低抗硫酸盐性能和抗蚀性能，增加内部钙矾石相变的概率，对耐久性不利。

外加剂与水泥也极易产生不适应的问题，主要表现在：(1)外加剂对水泥工作性能改善不明显；(2)混凝土坍落度损失过大或混凝土过快凝结；(3)使混凝土结构构件更易出现裂缝。这些问题会严重影响水泥混凝土质量，给工程质量带来隐患，甚至出现工程事故，造成重大经济损失。不适应性问题的产生除外加剂自身因素外，还有水泥的因素，如 C_3A 含量过高(质量分数大于 8%)，C_3A 吸附外加剂使其作用损失；水泥厂家为节约成本，往往使用工业无水石膏，使水泥需水量大，吸附外加剂量大，外加剂损失量大；水泥的颗粒级配不好，水泥净浆泌水率大的水泥与外加剂的适应性较差；碱含量过高(碱含量>0.8%)或碱含量过低(碱含量<0.5%)的水泥，也容易与外加剂产生不适应。

4)用碱激发废渣存在过剩碱问题。

碱激发胶凝材料一般是利用碱性激发剂(Na_2SiO_3、Na_2CO_3、Na_2SO_4 和 $NaOH$ 等)激发工业废渣(粒化高炉矿渣、火山灰和钢渣等)获得，如用碱激发掺混合材的硅酸盐水泥及其他的复合材料、碱激发矿渣水泥等。与传统硅酸盐水泥基材料相比，碱激发胶凝材料具有能耗低、强度高、绿色环保的特点。然而在碱激发胶凝材料的制备过程中，存在碱不能完全参与反应的问题，过剩的碱会导致：(1)碱–骨料反应。碱–骨料反应是指在合适的湿度下，骨料中的活性成分与孔溶液中的碱反应生成具有吸水膨胀特性产物的过程。碱激发矿渣水泥混凝土中含 3%~5%Na_2O(以矿渣的质量计)的碱，尽管在一年之内原料基质中 80% 的碱会与反应产物结合，但碱–骨料的破坏作用仍然是长期的。(2)表面泛霜。碱激发胶凝材料析出的碱会与空气中 CO_2 反应，经常在碱激发水泥混凝土表面形成一层 R_2CO_3 或 R_2SO_4 等的"白霜"，称为"表面泛霜"现象，又叫作"泛碱现象"。其不仅影响碱激发水泥混凝土制品的外观，而且会危害混凝土制品的耐久性、抗渗性以及界面结合强度等性能。因此，该技术一直未能大规模推广。

5)其他方面的问题。

复合水泥性能如何评价? 混凝土耐久性如何测定? 水泥抗硫酸盐性能的检测方法有时与实情不符，有的用高 C_3A 含量水泥建造的海洋工程耐久性也很好；对碱集料反应的检测方法争议更多，还有人提出，碱对改善掺微细粉混凝土的徐变性能有利，能使混凝土微观结构更密实等，上述问题均需深入研究。

§1.1.4　水泥的发展趋势

1)提高早期强度不再主要依靠提高 C_3S 含量。

提高 C_3S 含量的熟料势必增大能耗，因此有学者提出，熟料中 C_3S 和 C_3A 在现有高含量的基础上可以适当降低，今后提高早期强度不必主要依靠提高 C_3S 含量，可以通过其他措施达到目的。

掺入石灰石、纳米材料以及激发水泥中混合材的活性等均可提高水泥早期强度。掺有石灰石的水泥在水化时，$CaCO_3$ 一部分与水泥中铝酸盐、铁铝酸盐组分发生化学反应，另一部分则仍以碳酸钙的形式保留其中，在水化过程中起微集料的作用，分散熟料颗粒，促使早期水化加速，形成水化硅酸钙，进而促进水泥早期强度的增强。纳米 SiO_2 改善水泥基材料力学性能具体表现为两个方面：一方面，纳米 SiO_2 具有火山灰活性，能与水泥水化过程中产生的 $Ca(OH)_2$ 迅速发生化学反应，不仅能够消耗强度较低、晶粒较大的 $Ca(OH)_2$ 晶体，还能促进水化硅酸钙凝胶的生成，进而提高水泥硬化浆体的强度；另一方面，纳米材料的微细颗粒填充到水泥水化产物之间的空隙中，发挥其微集料效应，使结构更加密实，有利于提高混凝土的强度。通过机械活化提高矿渣的比表面积，即在矿渣掺量相同时，随着矿粉比表面积的增大，矿渣水泥的早期强度大幅度地提高且后期强度略有增长。这是由于将矿渣细磨后，增大了矿渣与熟料之间的接触面积，显著激发了矿渣的潜在活性，加快了水化时矿渣消耗熟料的水化产物 $Ca(OH)_2$ 的速率，促使水泥进一步水化，并快速形成二次水化产物，致使水泥浆体结构更密实、强度更高，从而提高了矿渣水泥的早期强度并缩短了凝结时间。掺入煅烧石膏可以对矿渣进行化学活化，提高其活性，从而提高水泥的早期强度。

2）水泥无须磨得更细。

细度是指水泥颗粒总体的粗细程度。水泥颗粒越细，与水发生反应的表面积越大，因而水化反应速度较快且较完全，早期强度也越高，但其在空气中硬化收缩性较大，成本也较高；水泥颗粒过粗，则不利于水泥活性的发挥。水泥颗粒级配的结构对水泥的水化硬化速度、需水量、和易性、放热速度，特别是对强度有很大的影响。在一般条件下，水泥颗粒在 $0\sim10\ \mu m$ 时，水化最快；在 $3\sim30\ \mu m$ 时，水泥的活性最大；大于 $60\ \mu m$ 时，活性较小，水化缓慢；大于 $90\ \mu m$ 时，只能进行表面水化，只起到微集料的作用。所以，在一般条件下，为了较好地发挥水泥的胶凝性能、提高水泥的早期强度，就必须提高水泥细度，增加 $3\sim30\ \mu m$ 的级配比例。但水泥细度过细，比表面积过大，小于 $3\ \mu m$ 的颗粒太多，水泥的需水量就偏大，将使硬化水泥浆体因水分过多引起孔隙率增加，进而降低强度。同时，水泥细度过细，亦将影响水泥的其他性能，如储存期水泥活性下降较快、水泥的需水性较大、水泥制品的收缩增大、抗冻性降低等。另外，水泥过细将显著影响水泥磨的性能发挥，使产量降低、电耗增高，过多使用助磨剂和减水剂，又会对混凝土耐久性不利。

因此，未来水泥早期强度的提高将不再依赖于水泥细度，许多试验和生产实践都已证实，通过调整水泥颗粒分布确实能提高水泥砂浆和混凝土早期强度及密实性。混凝土强度和耐久性主要取决于水泥石基体特征、集料特性和基体与集料间的胶结特性。基体特征和基体与集料间的胶结特性则取决于有效的水灰比、水泥及填料的反应活性、颗粒形状和颗粒分布。基体由水泥、拌合水、填料和外加剂组成，通过调整颗粒分布可以使水泥和填充料在水化之前的干粉状态达到最大密度的堆积，水化产物填充空隙后便能产生结构更加密实的水泥石基体，从而提高水泥砂浆和混凝土强度、密实度和耐久性。水泥分散剂是一种表面活性物质，通过吸附在水泥颗粒表面使其带相同电荷，产生电荷排斥作用，从而抑制水泥絮凝，提高水泥浆流动活性。适当加入高效分散剂降低水胶比，使浆体中水泥颗粒靠得更紧密，同样可以配制出高早期强度和高密实性的混凝土。

3）生产高活性贝利特水泥（$C_2S > 40\%$，$C_3S = 20\%\sim35\%$）

1990 年美国国家标准与技术研究院（NIST）及美国混凝土学会（ACI）大会首次提出了高性能混凝土（high performance concrete，HPC）的理论，根据此理论，高性能混凝土应具有高工作性、高强度及高耐久性三大技术特征。与此同时，混凝土的设计观念由简单的强度标号设计发展到强调耐久性与强度兼优的综合性能设计。水泥作为混凝土的主要胶凝材料，其性能的优劣对混凝土的性能至关重要，高性能混凝土首先要求水泥的高性能化，以贝利特（$2CaO \cdot SiO_2$，Belite）为主导矿物的低钙高贝利特体系水泥（high Belite cement，HBC）是最活跃的研究方向之一。日本将该体系水泥与信息功能材料、生物医用材料等新材料并称为支撑 21 世纪的 10 大新材料。

阿利特和贝利特是硅酸盐水泥熟料中的主要矿物，阿利特是含有少量氧化镁、三氧化二铝、三氧化二铁等的硅酸三钙固溶体，贝利特是含铝、铁、钾、钛、钒和铬等离子的硅酸二钙固溶体。以阿利特为主导矿物的通用硅酸盐水泥熟料烧成温度较高，一般为 1450℃ 左右，在不考虑其他热损失的前提下，熟料烧成热耗来自两个方面：一是熟料矿物（主要是阿利特矿物）的高温形成；二是生料中石灰石的分解。据估算，$CaCO_3$ 分解能耗占理论热耗的 46% 左右，显然，硅酸盐水泥烧成的高能耗的根本原因在于其高钙矿物组成设计。此外，高钙矿物设计在生产工艺方面还导致了优质石灰石资源的过多消耗，以及温室气体 CO_2 和有害气体 SO_2、NO_2 等的大量排放，从而加剧了水泥工业的能源资源消耗以及环境负荷。

贝利特水泥熟料中矿物成分以硅酸二钙为主，铝酸三钙含量较低，烧结温度比普通硅酸盐水泥降低 100~200 ℃，能耗减少 15% 左右，二氧化碳排放量减少 15% 左右，氮氧化物排放量降低 35% 左右，因此生产该品种水泥具有耗能低、有害气体排放少、生产成本低的特点。与普通硅酸盐水泥相比，高贝利特水泥（HBC）因熟料特殊的矿物组成比例，使其具有良好的工作性、低水化热、干缩小、高后期强度、高耐久性、高耐侵蚀性等通用硅酸盐水泥无可比拟的优点。贝利特水泥 3 d、7 d 的水化热比中热水泥低 15%~20%，而且水化放热平缓，峰值温度低。其早期强度较低，但后期强度增进率大，28 d 强度与硅酸盐水泥相当，3~6 个月龄期强度高于硅酸盐水泥 10~20 MPa，实现了水泥性能的低热高强。

国外自 20 世纪 80 年代初就有人研究通过离子活化、升温和提高冷却速度等方法生产高活性贝利特水泥。中国建筑材料科学研究院在"九五"期间开发出高贝利特水泥，但由于技术和设备条件所限没有大规模工业化生产。近几年日本等国生产一些高 C_2S 含量的水泥，今后有望在提高贝利特水泥活性方面取得更大进展，使其成为一种通用的大宗胶凝材料。

4）微粉改性与开发高效减水剂。

微粉材料尺寸小，加入水泥基材料中能够在一定程度上改善其内部微孔结构，在水泥改性方面发挥作用，少量高度磨细的活性或惰性混合材不仅可以提高水泥强度，还可以改善水泥和易性、凝结硬化特性、抗渗性、抗冻性和抗腐蚀性等物理性能。

粉煤灰是从燃烧煤粉的烟气中收集到的细粉末，掺入水泥中可以提高其和易性、强度、耐久性，降低水化热和干缩。粉煤灰对水泥的改性有三个方面的效应：①形态效应。粉煤灰颗粒多呈球形，表面光滑，这种形态对混凝土而言，能起到减水、致密和匀质作用，促进水泥水化的解絮，改变拌合物的流变性质。②活性效应。粉煤灰中含有大量活性 SiO_2、Al_2O_3，在碱激发下能发生水化，对混凝土起到增强作用，并堵塞其中的毛细管通道，提高抗渗性、抗冻性和抗腐蚀性。③微集料效应。粒径很小的粉煤灰微珠和碎屑比表面积大、活性高，在水泥中相当于未水化的水泥颗粒，能明显改善混凝土及制品的结构强度，提高匀质性和致密性。

硅灰的颗粒是微细的玻璃球体，主要化学成分是 SiO_2，占 90%以上，是一种高活性的混合材，可配制高强、超高强混凝土。由于硅灰具有高比表面积，因而其需水量很大，需配以减水剂，方可保证混凝土的和易性。

除粉煤灰、硅灰外，用于水泥改性的微粉材料还有沸石粉、矿粉、铁尾矿、钢渣等，但由于微粉的小尺寸效应，与水泥基材料的拌合过程中极易产生团聚现象，这将降低砂浆和易性并直接影响微粉材料优异特性的发挥，因此必须配合减水剂使用。而萘系减水剂和三聚氰胺系减水剂的新拌混凝土，坍落度损失较大，混凝土发黏，易产生离析泌水，在混凝土内部结构中形成连通通道和孔隙结构；在大体积混凝土施工中，掺萘系减水剂会加速水泥水化放热速率，导致水泥水化热短时间放出，大大增加混凝土温度梯度和收缩变形，使内部拉应力增大，导致混凝土结构出现裂缝，从而对混凝土抗渗性等耐久性能产生不利的影响。含氯盐、亚硝酸盐和碳酸盐的防冻高效减水剂在大掺量下会与水泥发生置换反应析出碱，碱与集料发生碱集料反应生成的硅酸盐凝胶对混凝土造成膨胀破坏，使其开裂坍塌。掺入聚羧酸盐系高效减水剂的混凝土抗压强度发展及抗氯化物腐蚀性能较差，所以必须开发高效的与水泥相容性要求不严、与微粉改性相配合的外加剂，这是比较有发展前景的研究方向，基于此将能获得许多具有独特性能的水泥。

5）其他新成果与新观点。

日本开发出的圆粒水泥，颗粒圆形度好，大小均齐，水泥砂浆用水量低，流动性好，强度也高。但这种水泥目前都是经两次粉磨工艺生产的，在对混凝土工艺与性能的影响和市场竞争力方面还有一段路要走。加拿大一学者还提出，今后也可以用矿化剂降低熟料煅烧温度至 1250~1300℃，以降低能耗和 CO_2 排放量，与此有关的各种试验还在进行中，尚未达到完全可靠、可以大规模工业生产和推广的程度。

§1.1.5　国内水泥的情况

1）水泥国家标准的发展。

国内于 1956 年颁布水泥国家标准，为 GB 175—1956、GB 1344—1956，1962 年、1977 年分别进行了修订。此后，40 多年来，我国水泥标准又进行了五次修订，分别说明如下：

第一次修订后的 GB 175—1985、GB 1344—1985 是将我国使用了 20 多年的"硬练"强度检验方法和标准改为"软练"强度检验方法和标准。这次修订水泥标准的结果是增加了熟料中的 C_3S 和 C_3A 含量，水泥细度从比表面积平均 300 m^2/kg 增加到平均 330 m^2/kg，提高了水泥强度，尤其是早期强度，同时也提高了水化热；因检验强度的水灰比大幅度增加，减小了掺入矿物掺合料后的强度的优势。

第二次修订后的 GB 175—1992、GB 1344—1992 等标准强调了水泥的早期强度，28 d 强度均提高了 2%，增加了 R 型水泥品种。该标准强化了 3 d 早期强度意识，倡导多生产 R 型水泥。普通水泥的细度进一步变细，从筛析法的<12%，改为<10%。

第三次修订后的 GB 175—1999、GB 1344—1999 等标准把强度检验的加水量按水灰比为 0.50 确定，取消了 GB 175—1992 中的 325#水泥，水泥的强度进一步提高，迫使水泥厂通过提高 C_3S、C_3A 含量和比表面积来提高水泥的强度：C_3S 含量大都超过 58%；C_3A 含量超过 10%；大部分水泥细度超过了 350 m^2/kg。

第四次修订后的 GB 175—2007 标准将常用的六大水泥统一为一个标准，并对各水泥的组分做了调整和明确，混合材掺量有所增加，混合材质量要求提高。普通水泥混合材最低掺量由 15% 增加到 20%，复合水泥混合材最低掺量由 15% 改为 20%，火山灰水泥混合材最低掺量由 50% 改为 40%；增加了 M 类石膏(混合石膏)，取消了 A 类石膏(硬石膏)；助磨剂掺量降低 0.5%；增加了氯离子含量限值；取消了废品判定，不合格品判定中取消了细度和混合材掺量的规定。

第五次修订后的 GB 175—2020 标准(报批稿)对水泥组分进行了细化和调整，将普通硅酸盐水泥中"允许用不超过水泥质量 8% 的非活性 混合材料或不超过水泥质量 5% 的窑灰代替"改为"0~5% 的符合标准规定的石灰石、砂岩、窑灰中的一种材料"；将硅酸盐水泥和普通硅酸盐水泥的细度由比表面积代替，由不小于 300 m²/kg 改为不低于 300 m²/kg，但不大于 400 m²/kg；将矿渣硅酸盐水泥、粉煤灰硅酸盐水泥、火山灰硅酸盐水泥和复合硅酸盐水泥的细度由 80 μm 方孔筛筛余不大于 10% 或 45 μm 方孔筛筛余不大于 30% 改为以 45 μm 方孔筛筛余表示，不小于 5%。中国通用水泥混合材掺量见表 1-5。

表 1-5　中国通用水泥混合材掺量

品种	混合材种类	混合材掺量
P · I	无	0
P · II	活性或惰性	<5%
P · O	活性或惰性	6%~20%
P · S	矿渣	20%~70%
P · P	火山灰质材料	20%~40%
P · F	粉煤灰	20%~40%
P · C	两种或两种以上的复合	20%~50%

2)国内硅酸盐水泥熟料矿物组成特点。

硅酸盐水泥熟料是由主要含有 CaO、SiO_2、Al_2O_3、Fe_2O_3 的原料，按适当比例磨成细粉，烧至部分熔融，得到的以硅酸钙为主要矿物成分的水硬性胶凝物质。其中硅酸钙矿物含量(质量分数)不小于 66%，CaO 和 SiO_2 质量比不小于 2.0。硅酸盐水泥熟料主要由硅酸三钙(37%~60%)、硅酸二钙(15%~37%)、铝酸三钙(7%~15%)和铁铝酸四钙(10%~18%)四种矿物组成，硅酸三钙和硅酸二钙的总含量在 70% 以上，铝酸三钙和铁铝酸四钙的含量在 25% 左右。除了主要熟料矿物外，硅酸盐水泥中还含有少量游离氧化钙、游离氧化镁和碱等，但其总含量一般较低。C_3S 和 C_2S 的 SEM 图见图 1-1。

熟料中四种矿物组分的水化特点如下：

硅酸三钙(C_3S)：水化反应速率较快，水化热大，强度高。

硅酸二钙(C_2S)：水化反应速率慢，发热量少，后期强度高。

铝酸三钙(C_3A)：水化反应速率最快，发热量大，强度低，收缩大，耐硫酸盐侵蚀性差。

铁铝酸四钙(C_4AF)：水化反应速率较快，放热量中等，强度低。

水泥水化产物中以水化硅酸钙凝胶(C-S-H)为主，还有氢氧化钙[$Ca(OH)_2$]、三硫型水

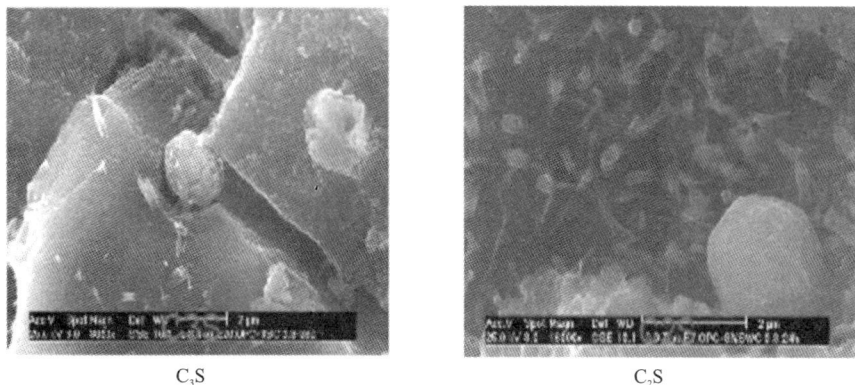

C$_3$S   C$_2$S

图 1-1   C$_3$S 和 C$_2$S 的 SEM 图

化硫铝酸钙(AFt)、单硫型水化硫铝酸钙(AFm)以及被铁置换的钙矾石固溶体。水泥水化产物 SEM 图见图 1-2。

C-S-H凝胶(×1000)   层状Ca(OH)$_2$(×3000)   正六边形Ca(OH)$_2$(×3000)

AFt: 针棒状晶体 (×1000)

图 1-2   水泥水化产物 SEM 图

    我国水泥各有关参数和性质变化的历程和趋势与国外相似,特点是增加 C$_3$S、C$_3$A,细度趋向于细,因而强度尤其早期强度不断提高。此外,20 世纪 70 年代后期我国开始引进国外先进水泥生产的干法工艺,使水泥的含碱量提高,尤其使用北方原材料的水泥含碱量普遍较高。《通用硅酸盐水泥》(GB 175—2007)对水泥中含碱量进行了限制,但只是出于对预防碱-集料反应的考虑。这种变化的趋势虽然对混凝土提高早期强度有利,但却增加了混凝土的温度收缩、干燥收缩,再加上较低水灰比产生的自收缩,处于约束条件下的混凝土结构较大的收缩变形,因较高的早强性而提高了早期弹性模量,进而产生较大的应力,且较高的早强性又使能缓释收缩应变的徐变很小,这些均增加了开裂的可能性。

§1.1.6 通用水泥性能特点

通用水泥性能特点见表1-6。

表1-6 通用水泥性能特点

品种	标准代号	标号	性能特点	适用范围	不适用范围
硅酸盐水泥	P·I、P·II	42.5, 42.5R, 52.5, 52.5R, 62.5, 62.5R	硬化快、早期强度高、水化热较高、抗冻性能好、耐热性较差、耐腐蚀性较差	快硬早强的工程、配制高标号混凝土、预应力构件、地下工程的喷射里衬等	大体积混凝土工程、受化学侵蚀水及海水侵蚀的工程、受水压作用的工程
普通硅酸盐水泥	P·O	42.5, 42.5R, 52.5, 52.5R	早期强度较高、水化热较高、耐冻性好、耐热性较差、耐腐蚀性较差、耐水性较差	一般土建工程中混凝土及预应力构件、受反复冰冻作用的结构、拌制高强度混凝土	大体积混凝土工程、受化学侵蚀水及海水侵蚀的工程、受水压作用的工程
矿渣硅酸盐水泥	P·S		硬化慢、早期强度低、后期强度增长较快、水化热较低、耐热性较好、耐硫酸盐侵蚀和耐水性较好、抗冻性差、易泌水、干缩较大	高温车间和有耐热要求的混凝土结构、大体积混凝土结构、蒸养的混凝土构件、地上地下和水中的一般混凝土结构、有抗硫酸盐侵蚀要求的一般工程	早期强度要求较高的工程、严寒地区及处于水位升降范围内的混凝土结构
火山灰质硅酸盐水泥	P·P	32.5, 32.5R, 42.5, 42.5R, 52.5, 52.5R	硬化慢、早期强度低、水化热较低、耐热性差、耐硫酸盐侵蚀和耐水性较好、抗冻性差、易泌水、干缩较大	地下及水下大体积混凝土结构和有抗渗要求的混凝土结构、蒸养的混凝土结构、一般混凝土结构、有抗硫酸盐侵蚀要求的一般工程	处于干燥环境的工程、有耐磨性要求的工程、其他同矿渣水泥
粉煤灰硅酸盐水泥	P·F		硬化慢、早期强度低、水化热较低、耐热性差、干缩较小、抗裂性较好、抗碳化能力差、耐硫酸盐侵蚀和耐水性较好	地上和地下及水中大体积混凝土结构、蒸养的混凝土结构、一般混凝土结构、有抗硫酸盐侵蚀要求的一般工程	有抗碳化要求的工程、其他同火山灰质水泥

§1.1.7 水泥质量对混凝土质量的影响

1）水泥强度波动对混凝土强度的影响。

水泥作为混凝土中最重要的活性材料，其强度的高低直接影响混凝土抗压强度的高低。根据《普通混凝土配合比设计规程》(JGJ 55—2011) 的计算公式，碎石混凝土强度 $f_{cu,0}$ 与胶凝材料 28 d 胶砂强度 f_b（可以按照水泥 28 d 胶砂强度值乘以矿物掺合料的影响系数求得）存在如下关系：

$$f_{cu,0} = \frac{0.53 f_b}{W/B} - 0.53 \times 0.20 f_b \tag{1-1}$$

从上式可知，当水胶比一定时，混凝土抗压强度随胶凝材料 28 d 胶砂强度变化而变化，而胶凝材料 28 d 胶砂强度与水泥的 28 d 强度有很大的关系。若胶凝材料中粉煤灰掺量为 20%，粉煤灰的影响系数取 0.8，水泥 28 d 强度变化 1 MPa，则胶凝材料 28 d 胶砂强度变化 0.8 MPa。假设 C30 混凝土水胶比为 0.47，代入式 (1-1)，混凝土强度将变化约 0.8 MPa。假如水胶比为 0.3，则水泥强度波动 1 MPa，混凝土强度波动约 1.3 MPa。但不同等级混凝土（水灰比 W/C 不同）的强度变化率不一样，当水泥强度变化 1 MPa 时，理论上各等级混凝土强度的变化值（$\Delta f_{cu,0}$）在 0.67 至 1.50 MPa 范围内变化。

C40 及以上高标号混凝土的强度对水泥强度波动较为敏感，例如水泥强度每波动 1 MPa，C60 混凝土强度波动达 1.5 MPa；而对 C40 以下低标号混凝土，水泥强度波动对混凝土强度的影响较小。一般情况下，同一水泥厂的同一强度等级水泥的强度波动范围为 7~13 MPa，其对 C20~C60 混凝土强度分别造成 5~20 MPa 的波动幅度。在配制 C20~C60 混凝土时，混凝土富余强度一般为 6~10 MPa，水泥强度波动引起的混凝土强度波动已经接近或超过混凝土富余强度，因此若水泥强度波动过大，则容易造成混凝土强度不合格。

2）水泥需水性波动对混凝土性能的影响。

水泥的标准稠度用水量在一定程度上反映了水泥的需水量，水泥标准稠度用水量与混凝土用水量有一定的关系。在其他因素不发生变化时，水泥的标准稠度用水量增加，要达到相同的坍落度，混凝土用水量也要相应增加。有研究以水泥标准稠度用水量 25% 作为标准值，得出混凝土用水变化量与水泥标准稠度用水量变化的经验公式：

$$\Delta W = C(N - 0.25) \times 0.8 \tag{1-2}$$

式中：ΔW 为每立方米混凝土用水变化量，kg/m^3；C 为每立方米混凝土水泥用量，kg/m^3；N 为水泥标准稠度用水量，%。

从上式可以看出，当水泥用量为 300 kg/m^3 时，水泥标准稠度用水量变化 1%，保持混凝土坍落度不变，混凝土用水量要增加 2.4 kg/m^3。对普通混凝土，水泥标准稠度用水量每增减 1%，要维持混凝土坍落度不变，则每立方米混凝土用水量相应增（减）6~8 kg。

对高标号混凝土，水泥需水性对混凝土强度的影响愈发显著，成为影响混凝土强度最重要的因素。理论上，要保持混凝土的强度不变，当混凝土用水量发生变化时，应保持水灰比不变并相应调整水泥用量，但由于试验条件和工艺设备的限制，施工时很难根据每批水泥的需水性变化而调整水泥用量，大多数情况下的做法反而是保持水泥用量及砂石等材料用量不变，而根据坍落度值来调整用水量。这样，混凝土实际水灰比将随水泥需水性的变化而变化，相应地影响混凝土的强度。

混凝土的强度同时受水泥强度及水灰比两种因素的影响，水泥强度波动一般是由熟料矿物组成、烧成制度或水泥颗粒级配、混合材掺量等因素变化引起的，而这些因素变化同时会引起水泥需水性的变化，因此水泥强度波动和需水性变化往往是同时存在的，两者对混凝土强度的影响常常是相互交织、综合叠加在一起的。有两种极端情况：一是水泥强度最高时需水性最小，或水泥强度最低时需水性最大，这时两种因素的影响相加，使混凝土强度出现最大值或最小值，两者之差即为混凝土强度极差；二是水泥强度最高时需水性最大，或水泥强度最低时需水性也最小，这时两种因素的影响相互抵消，混凝土强度波动不大。

水泥需水性波动除引起混凝土强度变化外，还将影响混凝土的和易性和耐久性。当水泥需水性增大时，混凝土的实际水灰比增大，混凝土容易产生离析、泌水现象，很容易造成混凝土输送泵管堵塞。如果水泥需水性波动过大，由于水灰比的不均匀，混凝土凝结和收缩不一致，使混凝土的微观缺陷增加，对混凝土的耐久性造成损害。

3）水泥凝结时间对混凝土性能的影响。

水泥的凝结时间是基于用净浆、水灰比在 0.24~0.27，且在标准养护室养护等条件下测得的，而混凝土中既有砂石集料，一般还掺有粉煤灰和缓凝剂，因此即使在同等养护条件下，混凝土的凝结时间一般都大于水泥的凝结时间。单位体积混凝土中集料含量越高、水灰比越大、粉煤灰掺量越大、缓凝剂用量越多，则混凝土的凝结时间越长。因此水泥凝结时间波动 1 h，配制混凝土后的凝结时间变化一般要大于 1 h，往往被"放大"到 2~3 h。

而当掺有缓凝剂后，初、终凝时间差均能达到 5~6.5 h。一般施工要求混凝土的初凝时间控制在 4~10 h，终凝时间一般在 10~15 h，这是多年来工地已形成的、习惯的、认为可接受的混凝土凝结时间范围，若由于水泥凝结时间波动过大使混凝土凝结时间超出了工地施工单位可接受的范围，必然会导致工地的不满和投诉。

4）水泥细度对混凝土抗裂性的影响。

在目前我国大多数水泥粉磨条件下，水泥磨得越细，其中的细颗粒越多。增加水泥的比表面积能提高水泥的水化速率，提高早期强度，但是粒径在 1 μm 以下的颗粒水化很快，几乎对后期强度没有任何贡献，倒是对早期的水化热、混凝土的自收缩和干燥收缩有贡献——水化快的水泥颗粒水化热释放得早。因水化快消耗混凝土内部的水分较快，引起混凝土的自干燥收缩，故细颗粒容易水化充分，产生更多易于干燥收缩的凝胶和其他水化物。粗颗粒的减少，减少了稳定体积的未水化颗粒，因而影响到混凝土的长期性能。

§1.2 集料

§1.2.1 集料的种类

集料又称骨料，分为细集料和粗集料，是混凝土的主要组成材料之一，主要起骨架作用，可减小由胶凝材料在凝结硬化过程中干缩湿胀所引起的体积变化，同时还作为胶凝材料的廉价填充料。

常用集料的分类见表1-7和表1-8。

表1-7　细集料按其来源或细度模数分类

分类法	名称	说明
按来源分	人造砂	如机制砂、混合砂
	天然砂	海砂、河砂、山砂
按细度模数分	粗砂	细度模数为3.7~3.1；平均粒径大于0.5 mm
	中砂	细度模数为3.0~2.3；平均粒径为0.5~0.35 mm
	细砂	细度模数为2.2~1.6；平均粒径为0.35~0.25 mm
	特细砂	细度模数为1.5~0.7；平均粒径小于0.25 mm

表1-8　粗集料可按粒型、石质或级配分类

分类法	类别	说明
按粒型分	卵石	天然水流冲刷而成
	碎石	人力破碎，针、片状少；机械破碎，颚式破碎机破碎的，针、片状多
按石质分	火成岩	深火成岩(花岗岩、正长岩)、喷出火成岩(玄武岩、辉绿岩)
	水成岩	石灰岩、砂岩
	变质岩	片麻岩、石英岩
按级配分	连续级配	
	单粒级配	

§1.2.2 细集料的性能对混凝土的影响

1)颗粒级配。

砂的级配合理与否直接影响到混凝土拌合物的稠度。合理的砂级配可以减少拌合物用水量，得到流动性、均匀性及密实性均较佳的混凝土，同时达到节约水泥的效果，因此级配是砂料品质中一个重要的检测项目。砂的细度模数是衡量砂粗细程度的一项重要参数。采用粗砂拌制的混凝土和易性较差、拌合物易分离、混凝土泌水性较大，这是因为砂中粗颗粒含量多，造成砂骨架孔隙大，混凝土流动阻力大、保水性差。砂的细度模数太小，

混凝土发黏、需水量大，这是由于砂中细粒含量多，比表面积增大，需更多的水泥浆包裹砂颗粒，引起混凝土用水量及水泥用量增加，而且颗粒越细，对水的吸附越强，保水性太好会增加混凝土的黏度。另外砂偏细时，混凝土的坍落度保持更加困难，收缩也会增加，对混凝土抗裂不利。一般采用细度模数在 2.4~3.0 的砂配制混凝土较为合适。细集料中小于 0.3 mm 颗粒含量对混凝土泵送性影响较大，小于 15% 含量时不利于混凝土的泵送。要改善混凝土的和易性，必须增加水泥或细粉掺合料的用量，这又会加大混凝土的成本。细度模数的计算公式：

$$M_X = \frac{A_{0.15}+A_{0.3}+A_{0.6}+A_{1.18}+A_{2.36}-5A_{4.75}}{100-A_{4.75}} \qquad (1-3)$$

式中：M_X 为砂的细度模数；$A_{0.15}$，$A_{0.3}$，$\cdots$，$A_{4.75}$ 分别为 0.15 mm，0.3 mm，$\cdots$，4.75 mm 各筛上的累计筛余百分率，%。

$M_X = 3.7~3.1$ 为粗砂；$M_X = 3.0~2.3$ 为中砂；$M_X = 2.2~1.6$ 为细砂；$M_X = 1.5~0.7$ 为特细砂。

2）颗粒形状。

河砂和海砂经水流冲刷，颗粒多近似球状，且表面少棱角、较光滑，配制的混凝土流动性往往比山砂或机制砂好，但与水泥的黏结性能相对较差；山砂和机制砂表面较粗糙、多棱角，故混凝土拌合物流动性相对较差，但与水泥的黏结性能较好。水灰比相同时，山砂或机制砂配制的混凝土强度略高；而流动性相同时，因山砂和机制砂用水量较大，故混凝土强度相近。

3）含泥量。

砂的含泥量对新拌混凝土性能的影响表现在对混凝土用水量、坍落度的影响，砂含泥量大，混凝土的需水量高，坍落度减少，坍落度损失加大，尤其是对聚羧酸高性能减水剂的影响更大。砂中所含的泥土包裹在骨料表面，不利于集料与水泥的黏结，将影响混凝土强度及耐久性；若所含泥土是松散颗粒，由于其颗粒细且表面积大，会增加混凝土的用水量，特别是黏土的体积不稳定，干燥时收缩、润湿时膨胀，对混凝土干湿体积变化有破坏作用。由于含泥量的增加而导致混凝土干缩，还会降低混凝土的抗渗性、抗冻性，这主要是由于含泥量会减弱各组分之间的黏结力、增加混凝土微小渗水通道的缘故。总之，砂的含泥量超过标准要求时，对混凝土的强度、干缩、徐变、抗冻性及抗冲磨等性能会产生不利影响。

3）坚固性。

砂的坚固性可检验砂在气候、环境变化或其他物理因素作用下抵抗破裂的能力。引起砂料发生大的或永久性体积变化的物理原因，主要是冻结和融化、热变及干湿交替变化、化学结晶膨胀作用等。砂的坚固性差，会直接影响混凝土的耐久性与强度，特别是要求高的混凝土更易受到影响。

4）密度。

砂的表观密度取决于组成的矿物密度和孔隙的多少，多数天然砂的表观密度为 2600~2700 kg/m³。密度大说明颗粒坚硬致密，可配制高品质混凝土。表观密度是用绝对体积法计算每立方米混凝土材料用量的基本依据。砂的松散堆积密度及紧密密度越大，所需采用胶凝材料填充的孔隙就越少，砂的堆积密度一般为 1300~1500 kg/m³。

5）吸水率。

砂的饱和面干吸水率是评价砂的颗粒致密度和砂的含孔状态(孔隙率、孔大小及贯通性)

的参数。砂的吸水率大,集料的密度小,强度一般较低,会影响集料界面和水泥石的黏结强度,并降低混凝土的抗冻性、化学稳定性和抗磨性等。砂的吸水率越小越好,因此,规范一般规定砂的吸水率≤2.0%。

6)有机杂质和云母含量。

砂的有机杂质,一般是腐烂动植物的产物(主要是鞣酸及其衍生物),它们会妨碍水泥的水化,降低混凝土的强度。有机物对混凝土的性能影响很大,砂子即使只含有0.1%的有机物,也能降低25%的混凝土强度。一些有机物、硫化物及硫酸盐,对水泥有腐蚀作用,因此,有机物的不利影响在耐久性方面更加突出。

云母为表面光滑的层、片状物质,与水泥黏结性差,影响混凝土的强度和耐久性。

§1.2.3 粗集料的性能对混凝土的影响

1)强度与弹性模量。

粗集料是混凝土的骨架,一般粗集料的强度高于混凝土的强度。破坏低等级混凝土时,破坏面主要在水泥石与粗集料的界面处,但高强度混凝土集料本身与界面破坏同时存在,集料的强度应大于混凝土强度等级的1.5倍,且不小于45 MPa(饱水)。另外粗集料的变形特性(一般以弹性模量表示)对混凝土的应力、应变情况也有较大影响,一般应与水泥砂浆的变形特性尽量接近,使两者受力、变形情况一致较为有利。

2)坚固性。

坚固性是石子颗粒在各种物理侵蚀下(如冻融、干湿、冷热、温差变化及结晶膨胀等)抵抗崩解破裂的能力,是决定集料耐久性和体积稳定性的重要因素。为了保证混凝土具有必要的耐久性,对粗集料本身的坚固性应有一定的要求,尤其是有抗冻要求的混凝土,对粗集料的坚固性要求更高。

3)最大粒径。

粗集料的公称粒级上限称为最大粒径。低强度等级的混凝土,集料粒径越大,其表面积越小,通常空隙率也相应减小,因此所需的水泥浆或砂浆数量也可相应减少,有利于节约水泥、降低成本,并改善混凝土性能。但随着粗集料最大粒径的增加,颗粒与水泥浆的黏结力下降,颗粒内部的微裂缝概率也增加,对配制高强度等级的混凝土不利,一般规定高强度混凝土的粗集料最大粒径不大于25 mm。

4)颗粒级配。

粗集料颗粒级配是否合适,直接影响水泥混凝土的技术性质和经济效果,因而粗集料级配的选定是保证混凝土质量的重要环节。具有良好级配的集料,能够最大限度地减少孔隙率,降低水泥砂浆的用量,从而节约水泥、降低成本。而水泥用量的降低又可以减少混凝土的干缩、降低水化热。除此之外,良好的颗粒级配,还可以在用水量相同的情况下,提高混凝土的和易性,具有显著的技术经济效果。

5)针、片状物含量。

针状是指长度大于该颗粒所属粒级平均粒径的2.4倍;片状是指厚度小于平均粒径的4/10。石子的针、片状含量超过一定量时,集料的孔隙率增加,不仅对混凝土拌合物的和易性有较大影响,而且会不同程度地影响混凝土的强度等性能,特别是对高强度混凝土有较大影响。针、片状物含量过大对混凝土的抗拉、抗折强度影响显著。

6）粗集料用量对混凝土性能的影响。

粗集料在混凝土中存在一个最优用量问题。一定条件下，增加粗集料用量，可以降低混凝土单位成本，减小混凝土收缩徐变，并增强抗腐蚀能力，从而提高混凝土的耐久性。同时，由于粗集料本身具有比砂浆更高的强度，在一定体积含量范围内还能相应提高混凝土强度。但粗集料含量也不能太高，否则会使浆、集料界面黏结质量降低，混凝土整体性减弱，从而降低混凝土强度及其抗渗、抗冻性能。一般认为，普通混凝土中粗集料的最优含量约为50%，高强度混凝土中该值稍高，可达60%左右。

§1.2.4　集料的发展趋势

1）人造集料。

人造集料就是以一些天然材料或工业废渣、城市垃圾等为原材料制得的混凝土集料，它对环境保护有着非常积极的作用。生产人造集料的工业废料很多，如高炉矿渣、电炉氧化矿渣、铜渣、粉煤灰等。日本已经开发利用城市下水道污泥生产集料的技术。

2）用海砂取代山砂和河砂。

用海砂取代山砂和河砂，作混凝土的细集料，是解决混凝土细集料资源问题的有效方法，因为海砂的资源很丰富。但是海砂中含有盐分、氯离子，容易使钢筋锈蚀，硫酸根离子对混凝土也有很强的侵蚀作用。此外，海砂颗粒较细，且粒度分布均一，很难形成级配；有些海砂中往往混入较多的贝壳类轻物质。目前已经开发出一些对海砂中盐分的处理方法，如散水自然清洗法、机械清洗法、自然放置法。对于海砂的级配问题，主要采取掺入粗粒砂的办法进行调整，使之满足级配要求。

3）废弃混凝土的再利用。

在国外，一些发达国家早在二次世界大战之后就开始了废弃混凝土回收再利用的研究。20 世纪 40 年代中期，美国、日本等国已经开始用废弃混凝土再生骨料铺筑路基层。自1982 年起，美国在《混凝土骨料标准》（ASTM C33—1982）中将废旧破碎的水硬性水泥混凝土包含进了粗骨料中。大约在同一时间，美国军队工程师协会也在有关规范和指南中鼓励使用再生混凝土骨料。美国的 CYCLEAN 公司采用微波技术，可以 100% 的回收利用旧混凝土路面材料，其质量与新拌混凝土路面材料相当，而成本可降低 1/3，同时节约了垃圾清运和处理等费用，大大减轻了城市的环境污染。

荷兰是最早开展再生混凝土研究和应用的国家之一。在 20 世纪 80 年代，荷兰就制定了有关利用再生骨料制备素混凝土、钢筋混凝土和预应力混凝土的规范。该规范规定了利用再生骨料生产上述混凝土的明确的技术要求，并指出，如果再生骨料在骨料中的质量含量不超过 20%，那么，混凝土的生产就完全按照天然骨料混凝土的设计和制备方法进行。德国于1998 年制定了在混凝土中采用再生骨料的应用指南，目前德国每个地区都有大型的再生混凝土综合加工厂。德国曾在一条混凝土公路工程中采用了再生混凝土，该混凝土路面总厚度260 mm，底层采用 190 mm 厚的再生混凝土，面层采用 70 mm 厚的天然骨料混凝土。

目前，莫斯科已有 5 条废弃混凝土破碎和筛分工艺线投入运行。一般要求进入工艺线的废弃混凝土块体尺寸不大于 0.74 m×0.35 m，工艺线的总功率一般为 275 kW，其生产率约为 200 m^3/h。韩国一家装修公司于 2003 年成功开发出一种从废弃混凝土中分离水泥，并使这种水泥能再生利用的技术。这种再生水泥的强度与普通水泥几乎一样，有些甚至更好，符合韩国的施工标准。这种再生水泥的生产成本仅为普通水泥的一半，而且在生产过程中不产生二氧化碳，有利于环保。因此这项技术不仅有利于解决建设中的废弃物处理问题，还能解决天然石料资源短缺问题。

日本由于国土面积小，资源相对匮乏，因此，将废弃混凝土视为"建筑副产品"，十分重视将其作为可再生资源而重新开发利用。日本政府很早就制定了《再生骨料和再生混凝土使用规范》，并相继在各地建立了以处理废弃混凝土为主的再生加工厂，生产再生水泥和再生骨料，其生产规模最大的每小时可加工生产 100 吨产品。日本对于废弃混凝土的主导方针是：(1)施工现场尽可能不产生废弃混凝土等建筑垃圾；(2)废弃混凝土等建筑垃圾要尽可能重新利用；(3)对于重新利用有困难的则应予以无害化处理。东京在 1988 年对废弃混凝土等建筑垃圾的重新利用率就已达到了 56%；1996 年阪神大地震使日本许多高速公路和桥梁受损、大厦倒塌，产生的废弃混凝土有 1500 万吨之多，几乎全部应用于震后重建。

随着社会文明的进步以及可持续发展战略的实施，我国对废弃混凝土等建筑垃圾的有效管理和资源化再利用越来越重视。我国政府制定的中长期发展战略鼓励废弃混凝土等废弃物的开发利用。有关部门也对相关技术与示范工程项目给予了一定的资金与政策支持，支持综合利用废弃混凝土等建筑垃圾来生产新型建材。北京城建集团一家公司曾回收 800 多吨废弃混凝土，经过处理后成功地用于砌筑砂浆、内墙和顶棚抹灰砂浆、细石混凝土楼面及混凝土垫层。湖北省襄阳市公路建设中大量回收利用了破损的混凝土路面，取得了良好的经济效益和社会效益。2003 年 7 月，同济大学利用废弃混凝土研究铺筑了一条"再生路"，随后的一年当中，"再生路"每天都要经受数百次大小车辆的碾压，路面却依然平整如初。由此不难发现，废弃混凝土的再生利用在现实生活中是实际可行的。

实际应用案例发现，再生骨料混凝土显示出优良的保水性和和易性，这一点和普通混凝土是一致的。随着废弃混凝土骨料掺量的增加，再生混凝土表观密度有规律地降低，原因是废弃混凝土骨料的表观密度小，这对降低建筑物自重、提高构件跨度是有利的。

另外，再生混凝土的抗压强度，是完全可以满足工程建设要求的，目前广泛应用于道路建设中的路基、路面、路面砖等工程；在建筑工程中主要用于基础垫层、底板、台子、填充墙和非结构构件等抗压强度要求不是很高的部位。由于对再生混凝土的耐久性还没有做深入的研究，因此，再生骨料混凝土还没有被用于房屋结构中柱、梁、板等重要部位或构件。采用加热、摩擦技术生产的再生混凝土骨料，其质量与天然骨料具有同样功能，此骨料所形成的再生混凝土完全可以用于建筑工程中梁、板、柱等重要受力构件。

4) 利用尾矿制作集料。

随着冶金工业的发展，尾矿产生量越来越多，选矿过程中，尾矿颗粒不断经水冲刷，表面较干净，无尘屑、淤泥等有害物质，其新鲜表面粗糙、具有棱角，属连续级配，其粒径分别为 5~15 mm 与 0.15~5 mm。经试验测定，其颗粒强度压碎指标值为 5%，远小于 JGJ 52—2006 中的规定标准。在地下水盐溶液及 5%Na_2SO_4 溶液中进行的 1 年浸蚀试验结果表明，颗粒表面无疏松或分层剥落现象。尾矿颗粒不必加工或经过适当的加工可得到不同的粒级，作为混凝土的粗细集料使用，所配制的混凝土具有较高的强度和较好的耐久性。

§1.2.5　集料的标准体系

1）产品标准。

《建筑用砂》（GB/T 14684—2011）、《建筑用卵石、碎石》（GB/T 14685—2011）、《粉煤灰陶粒和陶砂》（GB 2838—1981）、《天然轻骨料》（GB 2841—1981）。

2）混凝土原材料标准。

《普通混凝土用砂、石质量及检验方法标准》（JGJ 52—2006）。

3）专项标准。

《砂、石碱活性快速试验方法》（CECS 48—1993）、《铁路混凝土用骨料碱活性试验方法（岩相法）》（TB/T 2922.1—1998）、《铁路混凝土用骨料碱活性试验方法（化学法）》（TB/T 2922.2—1998）、《铁路混凝土用骨料碱活性试验方法（砂浆棒法）》（TB/T 2922.3—1998）、《铁路混凝土用骨料碱活性试验方法（岩石柱法）》（TB/T 2922.4—1998）、《铁路混凝土用骨料碱活性试验方法（快速砂浆棒法)》（TB/T 2922.5—2002）。

§1.3　水

§1.3.1　水在混凝土中的作用

水是混凝土的重要组成材料，是混凝土强度的重要影响因素。水在混凝土中的作用及对混凝土性能的影响主要体现在混凝土中的化学结合水和物理吸附水两种形态的水上。前者参与水泥的水化反应，成为水化产物的一部分，后者主要处在混凝土内的毛细孔隙中。水不仅仅是配制混凝土必不可少的材料，而且在混凝土的整个使用过程中都起着重要的作用，包括有利或不利的影响。混凝土在整个使用期间都会和水或水蒸气直接或间接地接触，二者之间存在着多方面的相互作用。了解混凝土中水的作用及其对混凝土的影响，对提高混凝土的性能、改善混凝土的质量是有帮助的。本书针对这一问题进行研讨，使人们对此有更系统的了解。

在混凝土施工过程中所涉及的水有拌合水、水化水、泌出水和养护水等四种。

1）拌合水。

没有拌合水则无法配制混凝土，关于拌合水首先要考虑的是水的质量，自来水或可饮用水是符合要求的。含有杂质的水可能会对混凝土的某些性能，如凝结时间、强度增长、颜色和长期耐久性能产生影响。由于水资源的短缺，对受污染的水的利用已引起人们的重视，在配制混凝土时可以考虑经处理的市政污水、工业废水以及用于冲洗混凝土拌合车、运输车和预拌合场地的废水。其中，一个较好的做法是把冲洗水作为拌合水的一部分使用，但应注意将水中含有的碱和固体成分等因素考虑进去。混凝土的用水量和水灰比是混凝土的和易性、强度及耐久性的重要影响因素。

2）水化水。

胶凝材料水化反应所需水，在混凝土总用水量中所占比例较少，一般为水泥用量的17%左右。混凝土拌合后水泥和水发生水化反应并形成不同的水化产物。各种水化产物中都含有水，但并不是以同样的形态存在。有些水是化学结合的，即成为水化产物的一部分，有些水则以凝胶态吸附在水化产物的界面上。在拌合物中并不是所有空间都充满固态的水化产物（固态一词包含有凝胶水），有大量的空间形成毛细孔隙，其中充满游离水。游离水可以很容易地排出和重新填充。毛细孔中必须存在一些水以使得该处未水化的水泥颗粒继续水化。

3) 泌出水。

混凝土中除了各种形态的水化水以外，可能还有泌出水。表面看来泌出水是从混凝土中向上浮出的，但实际上是比水重的固体颗粒因重力作用下沉而使水上浮。泌出水到达混凝土的表面会蒸发。泌出水的蒸发速度和其泌出速度影响塑性收缩和塑性收缩开裂。如果泌出水被裹覆在骨料颗粒下，则可能形成较大的孔洞，对混凝土的危害性极大。对于给定混凝土拌合物来说，泌出水或多或少地与拌合物的某些性能有关，但泌出水是否会裹覆在骨料下则取决于骨料的形状。在同等粒径的情况下，针、片状颗粒更容易截断水向上的泌出通路。泌出水到达混凝土的表面并蒸发逸失，能降低表面混凝土的温度。这在炎热季节是很有利的，当混凝土的温度会影响混凝土的长期强度增长时尤其如此。

4) 养护水。

混凝土的水化是一个长期而漫长的过程，而水化必须在水分充足的情况下才能正常进行。

混凝土凝结硬化后其表面温度也会受到养护水的影响。养护水蒸发时带走表面混凝土中的热量，这在炎热季节是有利的，但在寒冷季节可能会加剧混凝土的受冻。显然，养护水和拌合水的要求不同。例如纯净水或去离子水可用于拌合混凝土，但用作养护混凝土则会侵蚀混凝土；相反，许多含有有机物的水会干扰水泥的水化，但是用于养护混凝土则是无害的。此外，养护水中不能含有会侵蚀混凝土或钢筋的离子，因而，海水不能用于养护混凝土。

§1.3.2 水对混凝土性能的影响

1) 水灰比。

水灰比是指混凝土拌合物中水与水泥的重量比值，在组成材料确定的情况下，水灰比是决定混凝土强度、耐久性和其他一系列物理力学性能的主要参数。

水灰比的大小直接影响混凝土强度的大小。水灰比较大时，混凝土拌合物中水泥颗粒相对较少，颗粒间距离较大，水化生产的胶体不足以填充颗粒间的空隙，此外，过多的水分蒸发后留下较多的空隙，使混凝土强度降低；相反，水灰比较小时，水泥颗粒间距离小，水泥水化生产的胶体容易填充颗粒间的空隙，蒸发后留下的空隙也较少，混凝土强度高。但是，过低的水灰比，造成水的数量过少，水泥水化困难，部分水泥得不到充分水化，也不利于强度的提高。

水灰比影响新拌混凝土的性能。水灰比变小，浆体稠度增加，混凝土拌合物流动度降低，拌合物发涩，难以振捣密实。此时，需要较多的外加剂来提高和易性，改善混凝土的施工性能。水灰比变大，浆体稠度变稀，虽然流动性有所增加，但黏聚性和保水性变差，骨料的下沉速度变快，混凝土拌合物容易产生分层、离析和泌水现象。

水灰比对混凝土耐久性起着关键性的作用。混凝土耐久性是混凝土在使用环境下抵抗各种物理和化学作用破坏的能力，直接影响结构物的安全性和使用性能，包括抗渗性、抗冻性、抗化学侵蚀性和抗碱集料反应等。

水灰比越大，一方面，混凝土拌合物中水分越多，水分蒸发也越多，产生的塑性收缩也越大；另一方面，水灰比的增大会使混凝土拌合物凝结时间相对延长，使混凝土抵抗塑性收缩力产生的时间延长，抵抗塑性收缩力减弱，混凝土容易产生裂缝。水灰比较低时，混凝土的匀质性和粘聚性变好，产生的塑性沉降较小，塑性收缩裂缝宽度及总面积均较小。因此，在满足施工要求条件下，应尽量减小水灰比。

混凝土的收缩是由水泥凝胶体本身的体积收缩（即所谓的凝缩）和混凝土失水产生的体积收缩（即所谓的干缩）两部分组成的。水灰比的大小对混凝土干缩有很大的影响，水灰比越大，干缩越大。水灰比为 0.6 的混凝土收缩值比水灰比为 0.4 的混凝土收缩值增加约 40%。混凝土拌合物用水量越大，干缩就越大，采用外加剂控制水灰比和工作性是十分必要的。水灰比越小，混凝土因水化而产生的温度越高，其早期温度变形值也越大，混凝土的自收缩及其速率随水灰比的减小而增大，低水灰比混凝土硬化早期会产生很大的自收缩。

2）水中有害杂质。

水中的杂质有不溶于水的，也有溶于水的。不溶物就是拌合水中的泥土、悬浮物等悬浮颗粒，这类物质含量较高时会影响混凝土的质量，含量小于 2000 mg/L 时不会影响混凝土的性能，当含量继续增加，也不会对混凝土强度产生多大的影响，但对其抗渗性、抗冻性不利。《混凝土用水标准》（JGJ 63—2006）中对用于钢筋混凝土拌合用水中不溶物的容许值为小于 2000 mg/L。可溶物主要为硫酸盐、氯化物等。氯盐可引起混凝土中钢筋锈蚀，硫酸盐含量影响混凝土的体积稳定性，对钢筋和混凝土都有侵蚀性破坏。当混凝土使用集料具有碱活性时，水中的碱性物质可使混凝土发生碱集料反应破坏。水中这些物质对混凝土的破坏作用与水泥等其他材料中所含相应物质的影响是一致的。

3）水的活性。

水的活性对混凝土的强度、耐久性具有较大的影响，目前，改变水活性简便易行的方法是磁化。用磁化水拌制混凝土，可节约水泥 10%，提高混凝土的强度 10%～25%，提高混凝土的抗渗性、抗冻性。磁化水提高混凝土性能的实现与水的矿物质组成、磁场强度、流速、磁化时间等有关。

§1.3.3 混凝土用水的质量要求

《混凝土用水标准》（JGJ 63—2006）规定，凡符合国家标准《生活饮用水卫生标准》（GB 5749—2006）的生活饮用水可不经检验作为混凝土用水。当采用地表水、地下水或再生水时，除了检验其放射性应符合《生活饮用水卫生标准》（GB 5749—2006）外，还应检验 pH、不溶物、可溶物、氯离子含量、硫酸盐含量、碱含量以及凝结时间、抗压强度比、外观色泽、气味等指标与观感。

1）拌合用水应不影响混凝土的和易性及凝结，不影响混凝土强度的发展；不降低混凝土的耐久性；不加快钢筋的锈蚀、不导致预应力钢筋脆断；不污染混凝土表面。

2）用拌合用水与饮用水样进行水泥凝结时间对比试验，对比试验的水泥初凝时间差及终凝时间差均不得大于 30 min，且其初凝与终凝时间应符合 GB 175—2007 中关于水泥标准的规定。

3）用拌合用水与饮用水样进行水泥胶砂强度对比试验，拌合用水配制的水泥胶砂 3 d 和 28 d 强度不得低于用饮用水配制的水泥胶砂 3 d 和 28 d 强度的 90%。

4）拌合用水不应有漂浮明显的油脂和泡沫，不应有明显的颜色和异味。

5)拌合用水的 pH、不溶物、可溶物、氯化物、硫酸盐及碱的含量应符合表 1-9 规定。

表 1-9　拌合用水的要求

项目	预应力混凝土	钢筋混凝土	素混凝土	项目	预应力混凝土	钢筋混凝土	素混凝土
pH	≥5.0	≥4.5	≥4.5	Cl^- /(mg·L^{-1})	≤500	≤1000	≤3500
不溶物 /(mg·L^{-1})	≤2000	≤2000	≤5000	SO_4^{2-} /(mg·L^{-1})	≤600	≤2000	≤2700
可溶物 /(mg·L^{-1})	≤2000	≤5000	≤10000	碱含量 /(mg·L^{-1})	≤1500	≤1500	≤1500

§1.4　掺合料

§1.4.1　掺合料的作用机理

1)改善硬化混凝土力学行为机理。

(1)火山灰效应。

掺合料和矿物外加剂的化学成分中含有大量活性 SiO_2 及 Al_2O_3，与水泥水化产物 $Ca(OH)_2$ 等碱性物质发生二次水化化学反应时，生成的水化硅酸钙、水化铝酸钙等胶凝物质会增强混凝土的力学性能，同时掺合料和矿物外加剂消耗掉部分黏结力薄弱、对水泥石强度发展不利的 $Ca(OH)_2$，堵塞混凝土中的毛细组织，可改善混凝土中水泥石结构，提高混凝土强度与抗腐蚀能力。

(2)自紧密堆积效应。

掺合料的粒径多在 10 μm 左右，可起到填充水泥颗粒间隙的微集料作用，使混凝土形成微观层次的自紧密体系。如粉煤灰中粒径很小的微珠和碎屑，在水泥石中可以相当于未水化的水泥颗粒，极细小的微珠相当于活泼的纳米材料，能明显改善和增强混凝土及其制品的结构强度，提高匀质性和致密性。

(3)形状因子效应。

掺合料颗粒的形状和表面粗糙度与紧密堆积及界面黏结强度有密切的关系。物理和化学两个方面的综合作用，使掺掺合料的混凝土具有致密的结构和优良的界面黏结性能。

2)改善混凝土和易性机理。

(1)辅助减水机理。

流变学实验研究表明：水泥浆的流动性与其屈服应力 τ_0 密切相关，屈服应力 τ_0 愈小，流动性愈好，表现为新拌混凝土坍落度大。掺合料可显著降低水泥浆屈服应力，因此可改善混凝土的和易性，增大水泥浆的流动性。

(2)改善坍落度损失机理。

①掺合料可显著降低水泥浆的屈服应力 τ_0，由于初始 τ_0 亦较小，故可使 τ_0 值在较长的时间内维持在较低的水平上，使水泥浆处于良好的流动状态。

②混凝土坍落度损失原因之一是水分蒸发，掺掺合料的新拌混凝土具有良好的粘聚性，

且泌水性很弱，减缓了水分的蒸发速率，因此有效地抑制了混凝土坍落度损失。

③混凝土坍落度损失与水泥水化动力学有关；掺合料在改善混凝土性能的前提下，可等量替代水泥30%~50%配制混凝土，大幅度降低了水泥用量、减缓了胶凝体系的凝聚速率，从而可使新拌混凝土的坍落度损失得到抑制。

3)改善混凝土耐久性机理。

掺合料对混凝土耐久性的改善主要得益于掺合料对混凝土密实度的提高，因为掺掺合料的混凝土可形成比较致密的结构，而且显著改善了新拌混凝土的泌水性，避免形成连通的毛细孔，因此掺合料可改善混凝土的抗渗性。同理，由于水泥石结构致密，二氧化碳难以侵入混凝土内部，所以，掺掺合料的混凝土具有优良的抗碳化性能。

§1.4.2 粉煤灰

1)粉煤灰的标准体系。

(1)掺合料标准。

《用于水泥和混凝土中的粉煤灰》(GB 1596—2017)。

《粉煤灰混凝土应用技术规范》(GBJ 146—1990)。

(2)矿物外加剂标准。

《高强高性能混凝土用矿物外加剂》(GB/T 18736—2017)。

2)粉煤灰的资源化特征。

火力发电厂每天产生大量固体废物，从煤燃烧后的烟气中收捕下来的细灰称粉煤灰。粉煤灰是一种白色或灰色粉状物料，燃煤的组成、燃烧的条件与处理方法等因素，决定了粉煤灰的组成与性质。它的表观密度为 0.55~0.80 g/cm^3，孔隙率为 60%~75%，比表面积为 2900~4000 cm^2/g；主要含 SiO_2、Al_2O_3，碳及铁、钙、镁的化合物，其中硅、铝氧化物占 70% 以上；主要矿物成分为未燃尽炭粒、玻璃微珠、石英、莫来石、尾灰等。

(1)粉煤灰的化学组成。

粉煤灰中硅的含量最高，其次是铝，以复杂的复盐形式存在，酸溶性较差；铁含量相对较低，以氧化物形式存在，酸溶性好；此外还有未燃尽的炭粒、CaO 和少量的 MgO、Na_2O、K_2O、SO_3 以及其他微量元素。

(2)粉煤灰的颗粒组成。

按照粉煤灰颗粒形貌，可将粉煤灰颗粒分为三类：①玻璃微珠；②海绵状玻璃体(包括颗粒较小、较密实、孔隙小的玻璃体和颗粒较大、疏松多孔的玻璃体)；③炭粒。粉煤灰表观密度为 0.55~0.80 g/cm^3，孔隙率为 60%~75%，比表面积为 2900~4000 cm^2/g。

(3)粉煤灰的反应动力学特性。

粉煤灰中 Ca(OH)$_2$ 浆体的强度与粉煤灰反应速率之间存在着显著的相关性，但由于粉煤灰表面的釉质不利于粉煤灰中 Ca(OH)$_2$ 浆体强度的形成，该反应对早期强度的贡献较小，在反应程度超过 6%~7% 时，浆体强度才开始急剧提高。

3)粉煤灰对混凝土性能的影响。

(1)抗渗透性。

向混凝土中掺入粉煤灰，能够改善新拌混凝土的和易性，从而改善混凝土的界面结构，使其渗透通道比基准混凝土弯曲；粉煤灰中活性成分火山灰反应生成的水化硅酸钙(C-S-H)

凝胶能填塞水泥石中的毛细孔隙、堵塞渗透通道,增强了混凝土的密实度,增大了渗透阻力;同时其孔径分布与基准混凝土也不同,掺粉煤灰混凝土大孔数量较少,其渗透系数也较小,具有良好的抗渗能力。

(2)抗冻融性。

掺粉煤灰的混凝土具有良好的抗冻融性能。其对混凝土抗冻融性的影响有以下三个方面:①火山灰活性效应固定了氢氧化钙,使之不至于因浸析而扩大冰冻劣化所产生的孔隙;②形态效应能使混凝土用水量减少,明显有利于减少孔隙和毛细孔;③填充效应可使截留空气量和泌水量减少,并使孔隙细化,有助于使引气剂产生的微细气孔分布均匀,从而大大改善了混凝土的抗冻性能。

(3)抗碳化性。

粉煤灰对混凝土的碳化作用有两个方面的影响:①如用粉煤灰取代部分水泥,使得混凝土中水泥熟料的含量降低,析出的氢氧化钙数量必然减少,同时粉煤灰二次水化反应(主要吸收 $Ca(OH)_2$ 生成水化硅酸钙),均导致混凝土碱度降低,亦即混凝土抗碳化性能降低,这是不利的方面。②粉煤灰的微集料填充效应,能使混凝土孔隙细化,结构致密,在一定程度上能延缓碳化的程度,这是有利的方面。

(4)抗氯离子渗透能力。

掺粉煤灰的混凝土有较强的抗氯离子渗透能力。在混凝土中掺入粉煤灰,能够改善水泥石的界面结构,粉煤灰中活性成分发生火山灰反应生成的水化硅酸钙(C-S-H)凝胶填塞了水泥石中毛细孔隙,堵塞渗透通道,增强了混凝土的密实度,且 C-S-H 凝胶会吸附氯化物,因而提高了混凝土的抗氯离子渗透能力。

(5)抗硫酸盐能力。

抗压强度或其他情况相同时,混凝土的粉煤灰含量越高,其抗硫酸盐的能力越强:①能减少水泥用量,既减少了由水泥带入的 C_3A 含量,也减少了水泥水化生成的 $Ca(OH)_2$ 量,从而减少了与侵蚀溶液中侵蚀介质反应的 $Ca(OH)_2$ 量;②粉煤灰中活性成分的火山灰反应,减少了混凝土水化物中的游离 $Ca(OH)_2$ 量,使得具有膨胀破坏作用的钙矾石也相应减少,同时反应生成的水化硅酸钙填塞了水泥石中毛细孔隙,增强了混凝土的密实度,也降低了硫酸盐侵蚀介质的侵入与腐蚀速度。

(6)抗碱集料反应能力。

掺粉煤灰能降低混凝土的碱性,有效抑制碱集料反应。有关试验研究表明,高掺量粉煤灰混凝土浸泡在当量浓度的 NaOH 溶液中的膨胀量比相同条件下普通混凝土明显要低。其机理不仅是因混凝土中碱的稀释作用减少了水泥水化生成的 $Ca(OH)_2$ 量,而且掺合料的存在促使了碱固定于 C-S-H 中。

(7)抗钢筋锈蚀能力。

同济大学的贺鸿珠、陈志源等人在青岛小麦岛试验区海水中进行长达 11 年混凝土构件的暴露实验中发现,掺粉煤灰的混凝土的抗钢筋锈蚀能力明显提高。这与先前普遍认为在混凝土中掺粉煤灰会对钢筋造成不良影响的观点刚好相反。

4)粉煤灰在混凝土中的效应与作用。

(1)温峰削减和形貌效应。

粉煤灰能显著降低水泥水化产生的温升。在保持混凝土的胶凝材料总量不变的条件下,它的掺入能相应地降低混凝土中水泥的用量，因而，水泥的水化热量降低，掺量增大时，降低更多。尽管其本身在混凝土中将产生火山灰反应，要放出水化热，但是，这种反应滞后于水泥水化反应，而且时间也拉得很长，其反应热可以忽略。所以，粉煤灰有良好的温峰削减效应，能减少因温升过大造成的混凝土开裂，可提高混凝土的体积稳定性。粉煤灰颗粒绝大多数为玻璃球体，掺入混凝土中可减小内摩擦力，从而减少混凝土中用水量，并使混凝土孔隙结构得到改善、孔径不断细化、孔道曲折程度增大，因此，掺粉煤灰的混凝土具有良好的抗渗透能力。

（2）火山灰活性效应和吸附作用。

粉煤灰颗粒含有活性 SiO_2 和 Al_2O_3，它们不断吸收水泥水化生成的 $Ca(OH)_2$，生成水化硅酸钙和水化铝酸钙，填充水泥石毛细孔隙。水泥粒子之间填充性并不好，通常其平均粒径为 $20\sim30~\mu m$，而粉煤灰（I、II、III 级）的平均粒径比水泥小，超细粉煤灰更小，平均粒径 $3\sim6~\mu m$。因此，如果在水泥中掺入粉煤灰，则可大幅度改善胶凝材料颗粒的填充性，提高水泥石的致密度。纯粉煤灰的相对密度比水泥的相对密度要小，在取代重量相当的水泥时，可使细颗粒含量增多，这些颗粒填充在水泥粒子之间和界面的空隙中，使水泥石结构和界面结构更为致密。同时，粉煤灰中活性成分火山灰反应生成的水化硅酸钙（C-S-H）能填塞水泥石中毛细孔隙、堵塞渗透通道，从而使混凝土的抗渗性大幅提高。这样，水和侵蚀介质难以进入混凝土的内部，因而极大地提高了混凝土的耐久性。以上效应协同发挥，极大地提高了混凝土的耐久性。

（3）微集料填充效应。

填充效应可使截留空气量和泌水量减少，并使孔隙细化，有助于使引气剂产生的微细气孔分布均匀，从而大大改善了混凝土的抗冻性能。有试验表明，采用 I 级粉煤灰和低引气型高效减水剂双掺技术所制备的 C50 粉煤灰混凝土，具有良好的抗冻性，能经受 300 次（慢冻法）冻融循环。试验发现，经 50 次冻融循环后，高掺量粉煤灰混凝土有轻微的表面剥落；经 300 次冻融循环后，其出现的膨胀不会对混凝土造成危害；经 1000 次冻融循环后，试件内芯仍处于完好状态。还有研究发现，混凝土的抗冻性随粉煤灰掺量的增加而提高。如果在粉煤灰混凝土中加入引气剂，其抗冻性会大幅提高。

5）粉煤灰应用中的注意事项。

（1）碳化性能。

如用粉煤灰取代部分水泥，使得混凝土中水泥熟料的含量降低，析出的氢氧化钙数量必然减少，同时粉煤灰二次水化反应［主要吸收 $Ca(OH)_2$］生成水化硅酸钙，均导致混凝土碱度降低，即混凝土抗碳化性能降低，这是不利的方面。粉煤灰的微集料填充效应，能使混凝土孔隙细化、结构致密，在一定程度上能延缓碳化的程度，但是对防碳化扩散来说，是达不到混凝土的要求的。

（2）搅拌时间。

对于粉煤灰水泥净浆，尤其是粉煤灰掺量较大时，应该在加水之前将混合物充分搅拌，以使混合物的化学反应更加充分。掺入粉煤灰后，达到水泥净浆最大抗压强度以及最佳流动性所需搅拌时间发生了改变，并随着粉煤灰掺入量的增加而增长。

（3）细度问题。

随着粉煤灰细度的提高，混凝土拌合物初始坍落度降低；在养护龄期相同条件下，随着粉煤灰细度的增加，混凝土抗压强度逐渐增加；碳化时间相同时，随着粉煤灰细度的增加，混凝土碳化深度不断减小；随着粉煤灰细度的提高，混凝土抗压强度、动弹模量损伤增加。

（4）养护问题。

由于粉煤灰的水化速度小于水泥熟料的水化速度，故掺加粉煤灰后混凝土的早期强度低于普通混凝土，且粉煤灰掺量越高早期强度越低。但对于高强混凝土，掺加粉煤灰后混凝土的早期强度降低相对较小。粉煤灰混凝土的强度发展相对较慢，故为保证强度的正常发展，需将养护时间延长至 14 d 以上。

6）粉煤灰在混凝土中发挥作用的有利条件。

（1）水胶比。

在高水胶比的水泥浆里，水泥颗粒被水分隔开（水所占体积约为水泥的两倍），水化环境优异，可以迅速地生成表面积增大 1000 倍的水化物，有良好的填充浆体内空隙的能力。粉煤灰虽然从颗粒形状来说，易于堆积得较为密实，但是它水化缓慢，生成的凝胶量少，难以填充密实颗粒周围的空隙，所以掺粉煤灰的水泥浆的强度和其他性能总是随掺量增大（水泥用量减少）呈下降趋势。

在低水胶比的水泥浆里，不掺粉煤灰时，高活性的水泥因水化环境较差，即缺水而不能充分水化，所以随水灰比下降，未水化水泥的内芯增大，生成产物量下降，但由于颗粒间的距离减小，要填充的空隙也同时减小，因此混凝土强度得到迅速提高。这种情况下用粉煤灰代替部分水泥，在低水胶比条件下（一般认为不大于 0.4），水泥的水化条件相对改善，因为粉煤灰水化缓慢，使混凝土实际的"水灰比"增大，水泥水化加快，这种作用机理随着粉煤灰的掺量增大愈加明显（如掺量为 50% 左右，初期实际水灰比则接近水胶比的 2 倍），水泥水化程度的改善，则有利于粉煤灰作用的发挥，然而与此同时，需要粉煤灰水化产物填充的空隙已经大大减小，所以其水化能力差的弱点在低水胶比条件下被掩盖，而它降低温升等其他优点则依然起着有利于混凝土性能的作用。当然，粉煤灰代替水泥用量增大，使起激发作用的氢氧化钙含量减少，粉煤灰的水化条件劣化，所以在不同条件下存在一个最佳粉煤灰掺量，并不是越大越好。

（2）温度。

温度升高时，水泥水化的速率会显著加快。温度从 20℃ 升高到 30℃ 时，硅酸盐水泥的水化速率要加快一倍。与水泥相比，粉煤灰受温度影响更为显著，即温度升高时它的水化明显加快。所以当混凝土浇筑的环境温度与混凝土体温度较高时，对纯水泥混凝土来说，会由于温升带来不利的影响，而对掺粉煤灰的混凝土来说，则温升下降，减小了混凝土因温度开裂的危险。

（3）掺量。

增大粉煤灰掺量，可提高砂浆润滑层，降低温升，但太大的掺量也带来适应性的问题、对材料高质量的要求、碳化问题等，并不是越大越好。

§1.4.3 硅灰

硅灰是硅合金与硅铁合金制造过程中高纯石英、焦炭和木屑还原产生的副产品，是从电弧炉烟气中收集到的无定型二氧化硅含量很高的微细球形颗粒。硅灰一般含有 90% 以上的 SiO_2，且大部分为无定型二氧化硅。硅灰用于提高新拌混凝土及硬化后混凝土的性能，掺入火山灰活性的硅灰对混凝土的耐久性有明显的改善作用。

1) 硅灰的特性。

物理特性：硅灰颜色在浅灰色与深灰色之间，密度 2.2 g/cm³ 左右，比水泥（3.1 g/cm³）要轻，与粉煤灰相似，堆积密度一般在 200～350 kg/m³。硅灰颗粒非常微小，大多数颗粒的粒径小于 1 μm，平均粒径 0.1 μm 左右，仅为水泥颗粒平均直径的 1/100。硅灰的比表面积为 15000～25000 m²/kg（采用氮吸附法即 BET 法测定）。硅灰的物理性质决定了硅灰的微小颗粒具有高度的分散性，可以充分地填充在水泥颗粒之间，提高浆体硬化后的密实度。

化学特性：硅灰是硅合金与硅铁合金制造过程中高纯石英、焦炭和木屑还原产生的副产品，是从电弧炉烟气中收集到的无定型二氧化硅含量很高的微细球形颗粒。硅灰一般含有 90% 以上的 SiO_2，且大部分为无定型二氧化硅，其成分则根据合金品种不同而有所变化。

2) 对混凝土强度的作用机理。

(1) 填充效应。

混凝土在拌制时，为了获得施工要求的流动性，常需要多加一些水（超过水泥水化所需水量），这些多加的水不仅使水泥浆变稀、胶结力减弱，而且多余的水分残留在混凝土中形成水泡或水道，随混凝土硬化而蒸发后便留下孔隙，会减少混凝土实际受力面积，而且在混凝土受力时，易在孔隙周围产生应力集中。在混凝土中，内部泌水受骨料颗粒的阻挡而聚集在骨料下面形成多孔界面。在骨料界面过渡区形成的 $Ca(OH)_2$ 要多于其他区域，且 $Ca(OH)_2$ 晶体生长较大并有平行于骨料表面的较强取向性。平行于骨料表面的大 $Ca(OH)_2$ 晶体较易开裂，比水化硅酸钙（C-S-H）凝胶薄弱。水泥浆与骨料之间的界面过渡区因多孔和有许多定向排列的大 $Ca(OH)_2$ 晶体，而成为混凝土内部的强度薄弱区。混凝土掺入一定量的硅灰时，其强度有明显改善。在混凝土中，小于水泥颗粒直径 100 倍的硅灰，填充于水泥浆体的孔隙间和水泥颗粒的空隙间，其效果与水泥颗粒填充在骨料空隙之间和细骨料填充在粗骨料空隙之间一样，从微观尺度上增加混凝土的密实度，提高了其强度，这就是硅灰的"填充效应"。

水泥浆与骨料界面过渡区的硅灰，降低了混凝土的泌水，防止水分在骨料下聚集，使骨料界面过渡区与水泥净浆的显微结构相似，从而提高了界面过滤区的密实度并有效减小界面过渡区的厚度。微小硅灰颗粒成为 $Ca(OH)_2$ 的"晶种"，使 $Ca(OH)_2$ 晶体的尺寸更小，取向更随机。因此，硅灰的掺入提高了混凝土中水泥净浆与骨料的黏结强度，消除了混凝土中不同复合组分的"弱连接"问题，起着增强作用，而不仅仅是惰性的填充物。

(2) 火山灰效应。

在硅酸盐水泥水化过程中，水泥水化反应会生成水化硅钙（C-S-H）凝胶、氢氧化钙 $[Ca(OH)_2]$ 和钙矾石等水化产物，其中 $Ca(OH)_2$ 对强度有不利影响。硅灰中高度分散的 SiO_2 组分能与 $Ca(OH)_2$ 反应生成 C-S-H 凝胶，即火山灰效应。这些来源于硅灰和 $Ca(OH)_2$ 的 C-S-H 凝胶多生成于水泥水化的 C-S-H 凝胶孔隙之中，大大提高了结构密实度。也就是说，硅灰的火山灰效应能将对强度不利的 $Ca(OH)_2$ 转化成 C-S-H 凝胶，并填充在水泥水化产物之间，有力地促进了混凝土强度的增长。同时，硅灰与 $Ca(OH)_2$ 反应，$Ca(OH)_2$ 不断被消耗，会加快水泥的水化速率，提高混凝土的早期强度。

(3) 孔隙溶液化学效应。

在水泥-硅灰水化体系中，若硅灰与水泥的比率增加，则水化产物的 Ca/Si 值降低。Ca/Si 值低，相应的 C-S-H 凝胶就会结合较多的其他离子，如铝和碱金属离子等，这样就会使孔隙溶液的碱金属离子浓度大幅度降低，即孔隙溶液化学效应。增加硅灰取代水泥的比率，则孔隙溶液的 pH 降低。这是由于碱金属离子和 $Ca(OH)_2$ 与硅灰反应而消耗引起的。对于含有碱活性骨料的混凝土，硅灰这种降低孔隙碱金属离子（Ka^+、Na^+）浓度的作用非常重要，能够有效地削弱甚至消除发生碱-硅酸反应（ASR）的危害。硅灰还可提高混凝土的电阻率并大幅度降低 Cl^- 的渗透速率，防止钢筋锈蚀，提高混凝土的强度和耐久性。

3）对混凝土耐久性的影响。

混凝土的耐久性包括混凝土的抗冻性、抗渗性、抗化学侵蚀性、抗碱集料反应、抗钢筋锈蚀能力和抗磨蚀性。

（1）抗冻性。

当硅灰掺量少时，硅灰混凝土的抗冻性与普通混凝土基本相同，当硅灰掺量超过 15%时，它的抗冻性较差。通过大量的试验，这种观点基本上被证实，主要原因是当硅灰超过 15%时，混凝土膨胀量增大，相对动弹性模数降低，抗压强度急剧下降。

（2）抗渗性。

混凝土是一种透水材料，它的渗透性与它的孔隙率、孔隙分布及孔隙连通性有关。振捣密实的混凝土水灰比愈小，养护龄期愈长，则渗透性愈小。在混凝土中掺入引气剂也可降低渗透性。一般，水灰比小于 0.50 的混凝土，它的渗透系数可以达到 1×10^{-11} m/s。在海水中，混凝土的渗透性是决定混凝土工程耐久性的最重要的因素，渗透性高的混凝土在海水中很易遭破坏。由于硅灰颗粒小，为水泥颗粒的 $\frac{1}{100} \sim \frac{1}{200}$，可以充填到水泥颗粒中间的空隙中，使混凝土密实，同时硅灰的二次水化作用，使新的生成物堵塞混凝土中的渗透通道，故硅灰混凝土的抗渗能力很强。混凝土的渗透性随水灰比的增加而增大，这是因为水灰比大的混凝土密实性相对较差。一般硅灰减少渗透性的效果要大于强度的增加，特别在硅灰以小掺量掺入低强混凝土时更是如此。对于掺入一定量的硅灰的高性能混凝土，水灰比通常小于 0.4，且有超细微粒填充，因此，掺入硅灰的高性能混凝土具有非常好的抗渗能力。

（3）抗化学侵蚀性。

加入硅灰可以明显降低混凝土的渗透性及减少游离的 $Ca(OH)_2$，从而提高混凝土的抗化学侵蚀能力。在混凝土中掺入硅灰，能减少 $Ca(OH)_2$ 含量，增加混凝土密实性，有效提高抗弱酸腐蚀能力，但在强酸或高浓度的弱酸中不行，因混凝土中的 C-S-H 在酸中分解；另外，它还能抗盐类腐蚀，尤其是对氯盐及硫酸盐类，因为硅灰混凝土较密实，孔结构得到改善，从而减少了有害离子的传递速度及减少了可溶性的 $Ca(OH)_2$ 和钙矾石的生成，达到了增加水化硅酸钙晶体的效果。

（4）抗碱集料反应。

碱集料反应必须具备三个条件：①混凝土中的集料具有活性；②混凝土中含有一定量可溶性碱；③有一定的湿度。缺少这三个条件中的任何一个都不能发生碱集料反应。在混凝土中加入硅灰，因硅灰粒子提高了水泥胶结材料的密实性，减小了水分通过浆体的运动速度，使得碱集料膨胀反应所需的水分减少，也由于减少了水泥浆孔隙液中碱离子的浓度，故减少了碱集料反应的危险。

（5）抗钢筋锈蚀能力。

混凝土高碱性给普通钢筋混凝土中的钢筋提供了形成钝化膜的条件，一旦钝化膜破坏，钢筋就会发生电化学腐蚀，腐蚀速度取决于水分以及氧气进入混凝土的速度。加入硅灰可以改善密实性，增加电阻率，所以，抵抗钢筋锈蚀的性能得到了很大改善，硅灰改善电阻率的作用是随着硅灰含量的增加而增强的。

(6)抗磨蚀性。

水工结构中的高速水流泄水建筑物护面材料具有高抗冲磨与抗空蚀要求。在混凝土中加入硅灰可以改善混凝土的抗磨蚀性。加入硅灰可改善混凝土的抗磨蚀性，是由于改善了浆体自身的抗磨性和硬度，以及改善水泥浆骨料界面的黏结强度，从而使粗骨料在受到磨损作用时难以被冲蚀。

4)硅灰用于混凝土中的注意事项。

硅灰应同时与高效减水剂使用，且水胶比不宜过大，一般情况下，掺用硅灰时水胶比小于0.4才能发挥其特有的性能，才具有技术经济意义。由于硅灰的颗粒极其细微，具有非常大的比表面积，需水量较大，且掺用硅灰的混凝土随着硅灰掺量的增加，坍落度损失和黏性增加，可泵性降低，因此不宜在混凝土中大量掺用硅灰。一般合适的掺量为取代水泥质量的5%~10%。硅灰如果与粉煤灰、磨细矿粉同时使用，混凝土性能可以得到更好的改善。掺用硅灰的混凝土对塑性收缩裂缝很敏感，因此，应加强对混凝土结构的保湿养护，养护时间应不少于14 d。如果掺硅灰的混凝土得不到适当的养护，则很难发挥出硅灰的效用。掺用硅灰的混凝土应适当延长搅拌时间，使硅灰能均匀分散在混凝土中，从而达到预期的效果。由于硅灰密度较轻，施工时混凝土不宜过度振捣，也不宜过多收面，否则，将引起其颗粒上浮于混凝土表面，不仅影响硅灰的效果，而且将增加混凝土表面的塑性收缩裂缝。

§1.4.4 矿粉

矿粉是将水淬粒化高炉矿渣经过粉碎加工后，达到规定细度的一种具有潜在活性的矿物掺合料，比表面积可达400 cm²/g以上，具有颗粒超细、活性较大的特点，可作为混凝土的掺合料取代部分水泥，是生产高性能混凝土的组成材料之一，也是目前商品混凝土公司广泛采用的原材料之一。

1)矿粉对混凝土的物理化学作用。

矿粉用作混凝土的掺合料能提高混凝土的综合性能，其作用表现在：(1)改善胶凝材料物理级配；(2)对 Cl^- 的物理吸附作用；(3)改善混凝土界面结构；(4)减少水泥初期水化物的相互连接。

矿粉混凝土水化时能产生较多的 C-S-H 凝胶，而 C-S-H 凝胶会吸附一部分 Cl^- 从而阻止其向混凝土内部渗透，因此能改善混凝土抗氯离子渗透的能力。混凝土中性能较弱的部分集中在水泥浆体与集料间的界面层，这主要是 $Ca(OH)_2$ 引起的，掺入矿粉能减小 $Ca(OH)_2$ 晶体尺寸，不仅有利于混凝土力学性能的提高，还有利于耐久性的改善。矿粉能减少水泥水化初期水化产物的连接，具有一定的减水作用，并能改善混凝土坍落度的经时损失。

2)微集料效应。

与粉煤灰类似。

3)矿粉与粉煤灰的区别。

(1)两者来源不同。

(2)两者化学组成不同，一般粉煤灰的 SiO_2、Al_2O_3 的含量很高，但 CaO 却非常低(仅为1%~5%)；磨细矿粉则具有与普通硅酸盐水泥非常相近的化学组成。

（3）两者水化活性不同，粉煤灰不具有自身水化硬化特性，只能在有活性激发剂（如硅酸盐水泥等）作用下，才能具有强度；磨细矿粉却具有自身水化硬化特点，能在加水拌合后自行水化硬化并具有强度，当有硅酸盐水泥激发时，其活性能得到更充分的发挥。

（4）两者的允许掺量不同。

4）矿粉在混凝土中应用的注意事项。

（1）严格控制矿粉质量，特别是矿粉的比表面积。

使用立磨生产的矿粉，由于设备先进，矿粉质量稳定，其比表面积均控制在 400～500 m²/kg。使用球磨生产的矿粉比表面积很难达到 400 m²/kg 以上，虽然通过延长粉磨时间勉强可以超过 400 m²/kg，但很难长期稳定。一旦矿粉比表面积降低，会给商品混凝土生产带来一系列的问题，如混凝土黏聚性下降，保水性变差，出现泌水，甚至离析；混凝土凝结时间延长，早期强度降低，甚至会影响到 28 d 强度。因此，在使用球磨工艺生产的矿粉时应加强检测，严格控制矿粉的比表面积。

（2）注意矿粉的掺量。

在商品混凝土生产中，很少单独使用矿粉，当其他掺合料供应不足，需要单掺矿粉时，以 30%～40% 为宜，生产大体积混凝土时可以提高掺量至 50%。在与粉煤灰复合使用时，总取代量不宜超过 50%，矿粉掺量宜控制在 30% 以内，且需随着混凝土强度的提高逐步提高矿粉的使用比例。在初期使用矿粉时，矿粉掺量尽量控制在 20% 以内，以便熟悉其性能。

尽管在实验室试配时，矿粉掺量超过 50% 对混凝土强度不会产生影响，但在生产时会存在很多不可预见的问题。一是矿粉掺量过高，使薄壁构件混凝土散热快，很快与外界环境温度一致，混凝土凝结时间会延长，不利于施工。二是混凝土黏度问题，随着混凝土强度等级的提高，混凝土的胶凝材料用量也逐步增加，混凝土的黏聚性增大。比表面积在 400 m²/kg 以上的矿粉很可能会进一步增加混凝土黏度，因此，在配制高标号混凝土时，也需要限制矿粉的掺量。

（3）针对粉煤灰质量的差异，选择不同的矿粉掺量。

商品混凝土搅拌站在使用矿粉时，常常与粉煤灰联合使用，这是因为粉煤灰比矿粉廉价，单掺矿粉不利于混凝土成本的降低，同时也会产生一些不利于混凝土耐久性的因素。虽然单掺粉煤灰可以有效降低混凝土成本，但掺加粉煤灰以后，混凝土早期强度低，大大限制了其掺量。矿粉和粉煤灰复合使用有利于二者"优势互补"，改善混凝土性能。

矿粉与Ⅱ级粉煤灰复合使用时，总取代量不宜超过 40%；矿粉与Ⅰ级粉煤灰复合使用时，总取代量不宜超过 50%。二者的复掺比例应根据混凝土强度等级、工程部位、环境气候等多种因素综合考虑。

（4）养护非常重要。

在生产实践中，由于受施工进度、结构形式、养护手段和施工人员素质等因素的影响，混凝土的养护经常得不到重视，特别是竖向结构，如剪力墙、柱等，常常出现一些问题。因此商品混凝土搅拌站技术人员应加强与施工单位的沟通，采用合理的养护方式，确保掺加矿粉的混凝土的质量。当养护温度适宜，湿度较大时，混凝土中水分蒸发少，胶凝材料水化充分，混凝土孔隙率及孔隙平均尺寸减小，同时由于矿物掺合料二次水化的产物阻隔了水分子通道，提高了混凝土的抗渗透能力，进而提高了混凝土的耐久性。

（5）注意调整混凝土的凝结时间。

在商品混凝土中使用矿粉可以延长凝结时间，具有一定的缓凝作用。混凝土的初凝、终凝时间比不掺矿粉的基准混凝土推迟 1～2 h。因此，商品混凝土公司应根据气温调整混凝土的凝结时间，尤其是冬季施工应适当降低矿粉的掺量，调整混凝土配合比，使用早强型高效减水剂。

（6）注意调整混凝土的用水量。

在商品混凝土中使用矿粉，一方面可以改变胶凝材料颗粒级配，减小胶凝材料空隙率，降低用水量；另一方面矿粉与水泥的矿物成分有本质的区别，矿粉对外加剂的吸附量一般小于水泥，使较多的外加剂释放到水泥颗粒间起分散作用，可增加混凝土的流动性。因此在使用矿粉时，应注意用水量的调整。矿粉的掺量不同，用水量也有差异，应根据试验情况，适当降低混凝土用水量。

§1.4.5　沸石粉

沸石粉是沸石岩经磨细后形成的一种粉状掺合料，沸石岩是含水硅铝酸盐矿物，在火山爆发过程中形成，属于火山灰材料，有三十多个品种，用作混凝土掺合料的主要是斜发沸石和涤光沸石。其主要化学成分是：SiO_2（60%～70%），Al_2O_3（10%～30%），可溶硅（5%～12%），可溶铝（6%～9%）。沸石结构中有许多孔穴和孔道，它们常常被水分子填充，这些水分子可在某一特定温度下加热而脱除，但不破坏沸石结构，沸石脱水后留下的孔穴和孔道，变成了如海绵或泡沫的构造，具有吸附的性质。

天然沸石作为一种火山灰质掺合料，在水泥混凝土中可发挥出火山灰效应，增加混凝土强度与密实度。但沸石粉与一般的火山灰质材料又有所不同，它是细微晶材料，又具有多孔结构、内表面积大、吸附和离子交换能力强的特征。掺入水泥混凝土后，在搅拌初期，由于沸石吸水，一部分自由水被沸石粉吸附走，在水化硬化过程中，当水泥进一步水化时，沸石粉便排出原来吸附的水分，使水泥石的水化更加充分，具有内养护的功能。掺入沸石粉可以显著提高混凝土拌合物的黏聚性和保水性，坍落度略有降低。掺有天然沸石粉的混凝土的耐久性具有很大的优势，表现为优良的抗渗性与抗冻性，特别是对降低混凝土的碱含量，预防碱集料反应具有优异的抑制作用。沸石粉之所以能抑制碱集料反应，主要是通过离子交换而降低水泥石细孔溶液中 Na^+ 及 K^+ 的浓度。

§1.4.6　偏高岭土

偏高岭土是由高岭土在 700～800℃ 条件下脱水制得的白色粉末，平均粒径 1～2 μm，SiO_2 和 Al_2O_3 含量 90% 以上，特别是 Al_2O_3 含量较高。在混凝土中的作用机理与硅灰及其他火山灰相似，除了微粉的填充效应和对硅酸盐水泥的加速水化作用外，主要是活性 SiO_2 和 Al_2O_3 与 $Ca(OH)_2$ 作用生成 C-S-H 凝胶和水化铝酸钙（C_3AH_{13}、C_3AH_6）、水化硫铝酸钙（C_2AH_8）。由于其极高的火山灰活性，故有超级火山灰（super-pozzolan）之称。

研究结果表明，掺入偏高岭土能显著提高混凝土的早期强度和长期抗压强度、抗弯强度及劈裂抗拉强度。由于高活性偏高岭土对钾、钠和氯离子的强吸附作用和对水化产物的改善作用，能有效抑制混凝土的碱集料反应和提高抗硫酸盐腐蚀能力，一般随着偏高岭土掺量的提高，混凝土的坍落度将有所下降，因此需要适当增加用水量或高效减水剂的用量。

§1.4.7　掺合料的复掺

1）掺合料复掺的效应。

掺合料复掺（即粉煤灰、硅灰和矿粉等复合使用）能补偿单掺的不足，使单组分充分发挥各自的效应。又由于各组分颗粒形态、细度、化学组成均有不同,有可能相互激发、相互补充,可对水泥石的孔隙结构产生复合胶凝效应,复合胶凝效应包括三个方面的作用:诱导激活效应、表面微晶化效应和界面耦合效应。

2)复掺时,复合比例的选择。

考虑强度增长速度和耐久性指标的控制,具体参见高性能混凝土。

§1.5 外加剂

§1.5.1 混凝土外加剂的历史与发展

19世纪30年代,美国E. W. 斯克堪彻申请了用亚硫酸盐纸浆废液改善混凝土和易性、提高强度和耐久性的专利,拉开了现代混凝土外加剂的序幕。日本研究人员在1962年研制出了萘系高效减水剂,并且在两年后作为商品销售于各种建筑材料企业中。而在日本研制出萘系高效减水剂之后的一年,远在欧洲的联邦德国也研制出了三聚氰胺磺酸盐甲醛缩合物;苏联在之后不久研制出了一种新型的超塑化剂——Anuaccah,其主要由含有硫酸盐的丙烯酸盐废料组成。与此同时,多环芳烃磺酸盐甲醛缩合物也出现了市场当中。上述三种减水剂都能够有效地分散水泥,在不引气的前提下大量地减少水泥的需水量。这三种材料与普通塑化剂有着非常大的区别,因此在美国被称为高效减水剂,而在加拿大则被称为超塑化剂。日本成了首先使用高强度混凝土的国家,即使是在普通施工工艺的情况下,也能够利用高效减水剂来制备出高强度的混凝土。联邦德国在20世纪70年代初首先利用三聚氰胺高效减水剂配置出了流态混凝土,使其能够达到泵送要求,有效提高了混凝土的施工效率。流态混凝土的应用,提高了混凝土的工作性能,方便了混凝土的施工,具有节能、省工、省力、高效的优点,更促进了新的施工工艺的产生和商品混凝土的发展。

我国的外加剂工业起步于20世纪50年代,基本经历了四个阶段。

1)起步阶段。20世纪50~60年代,主要是引气剂和早强剂、防冻剂的应用。

2)减水剂的应用。20世纪70~80年代,普通减水剂与高效减水剂应用快速发展。

3)产品的规范与质量提高。20世纪80~90年代,各种外加剂标准相继制定,提高了外加剂质量。

4)高性能减水剂产生与发展。20世纪90年代至今,随着20世纪90年代出现的高性能混凝土(HPC),市场对外加剂提出了更高的要求,复合型外加剂、新的更高性能外加剂得到发展。我国部分年份的各品种混凝土外加剂产量见表1-10、表1-11。

表1-10 2007年我国各品种混凝土外加剂产量　　　　　　　　单位:万吨

品种	高效减水剂						高性能减水剂	木质素磺酸盐	引气剂	膨胀剂	速凝剂	葡萄糖酸盐
	萘系	蒽系	洗油系	氨基磺酸盐	脂肪族	密胺系						
产量	197.42	4.63	1.64	9.94	11.56	0.413	41.43	17.51	0.34	100	35.41	4.5

注:①表中高性能减水剂按照20%液体计算,其余外加剂均已折成固体计算;

②不包括各类复合外加剂。

表 1-11　2011—2015 年中国各品种混凝土外加剂的产量　　　　单位:万吨

年度	合成减水剂							膨胀剂	引气剂	速凝剂		缓凝剂
	高性能减水剂	高效减水剂					普通减水剂					
	聚羧酸系	萘系	蒽系	氨基磺酸盐	脂肪族	密胺系	木质素磺酸盐			粉剂	液体	
2015 年	621.95	180.62	0.63	5.09	35.21	2.72	5.54	393.43	1.41	27.23	46.96	58.68
2013 年	497.81	357.59	2.30	15.07	68.17	0.80	12.50	150.10	3.79	107.65	3.45	6.02
2011 年	239.11	302.61	0.50	22.44	62.19	0.50	18.01	135.00	3.32	99.15	5.00	5.95

注:①表中高性能减水剂按照 20%液体计算,其余外加剂均折成固体计算;
　　②不包括各类复合外加剂。

§1.5.2　混凝土外加剂的分类

根据《混凝土外加剂的分类、命名与定义》规定,混凝土外加剂按其主要功能分为四类:

1)改善工作性能的外加剂:减水剂、泵送剂、引气剂。

2)调节凝结硬化时间的外加剂:缓凝剂、早强剂、速凝剂。

3)改善耐久性的外加剂:阻锈剂、防水剂、引气剂。

4)改善其他性能的外加剂:加气剂、着色剂、膨胀剂、防冻剂。

§1.5.3　常用混凝土外加剂简介

1)减水剂。

(1)定义。

在混凝土坍落度基本相同的条件下,能减少拌合用水的外加剂叫减水剂。按其减水率的大小可分为普通减水剂和高效减水剂。减水率在 5%~10%的减水剂称为普通减水剂;减水率大于 10%的减水剂称为高效减水剂。

(2)主要作用。

①在不减少单位用水量的情况下,改善新拌混凝土的和易性,提高流动性;

②在保持一定和易性时,减少用水量提高混凝土的强度;

③在保持一定强度情况下,减少单位水泥浆用量,节约水泥;

④改善新拌混凝土的可泵性以及混凝土的其他物理力学性能。

(3)作用机理。

分散作用:水泥加水拌合后,由于水化作用,水泥颗粒表面形成双电层结构,使之形成溶剂化水膜,且水泥颗粒表面带有的异性电荷使水泥颗粒间产生缔合作用,使水泥浆形成絮凝结构,10%~30%的拌合水被包裹在水泥颗粒之中,不能参与自由流动和润滑作用,从而影响了混凝土拌合物的流动性。当加入减水剂后,由于减水剂分子能定向吸附于水泥颗粒表面,使水泥颗粒表面带有同一种电荷(通常为负电荷),形成静电排斥作用,促使水泥颗粒相互分散,絮凝结构解体,释放出被包裹部分的水,参与流动,从而有效地增加了混凝土拌合物的流动性。

润滑作用：减水剂中的亲水基极性很强，因此水泥颗粒表面的减水剂吸附膜能与水分子形成一层稳定的溶剂化水膜，这层水膜具有很好的润滑作用，能有效减小水泥颗粒间的滑动阻力，从而使混凝土流动性进一步提高。

空间位阻作用：减水剂结构中具有亲水性的支链，伸展于水溶液中，从而在所吸附的水泥颗粒表面形成有一定厚度的亲水性立体吸附层。当水泥颗粒靠近时，吸附层开始重叠，即在水泥颗粒间产生空间位阻作用，重叠越多，空间位阻斥力越大，对水泥颗粒间凝聚作用的阻碍也越大，使得混凝土的坍落度保持良好。

接枝共聚支链的缓释作用：新型的减水剂如聚羧酸减水剂在制备过程中，在减水剂的分子上会接枝上一些支链，该支链不仅可提供空间位阻效应，而且在水泥水化的高碱度环境中，该支链还可慢慢被切断，从而释放出具有分散作用的多羧酸，这样就可提高水泥粒子的分散效果，并控制坍落度损失。

(4)适用范围。

几乎适用于各种混凝土。

(5)主要品种。

普通减水剂应用最多的是木质素磺酸盐及其衍生物、高级多元醇及多元醇复合体、羟基羧酸及其盐、聚乙烯醚及其衍生物等。高效减水剂主要有萘磺酸盐甲醛缩合物、多环芳烃磺酸盐甲醛缩聚物、胺基磺酸盐、三聚氰胺磺酸盐甲醛缩聚物、聚羧酸系减水剂等。

2)早强剂、早强减水剂。

(1)定义。

早强剂是加速混凝土早期强度发展，并对后期强度无显著影响的外加剂。早强减水剂是兼有早强和减水功能的外加剂。

(2)主要作用。

早强剂的主要作用在于加速水泥水化速度，促进混凝土早期强度的发展，既具有早强功能，又具有一定减水增强功能，可提高混凝土早期强度、缩短施工周期。早强减水剂还可以改善拌合物流动性，节约水泥。

(3)作用机理。

不同种类早强剂的作用机理不同，大致有两种观点。一是对水泥水化起催化作用，促使氢氧化钙浓度降低，加速 C_3S 的水化；二是与水化产物发生反应，生成新的水化物质，促进水泥的水化。

(4)适用范围。

常温、低温和最低温度不低于−5℃环境中施工的有早强或防冻要求的混凝土工程。

(5)主要品种。

早强剂主要有无机盐类(氯盐类、硫酸盐类)、有机胺、有机与无机的复合物三大类。常用的早强剂有氯盐类早强剂、硫酸盐类早强剂、钙盐系列早强剂、有机胺类早强剂。

3)缓凝剂、缓凝减水剂。

(1)定义。

缓凝剂是一种能推迟水泥水化反应，从而延长混凝土凝结时间，使新拌混凝土较长时间保持塑性，方便浇注，提高施工效率，同时对混凝土后期各项性能不会造成不良影响的外加剂。缓凝减水剂是兼有缓凝和减水功能的外加剂。

（2）主要作用。

缓凝剂可延长凝结时间，方便施工。缓凝减水剂除具有上述功能外，还可以改善混凝土流动性，提高混凝土各龄期的强度。

（3）作用机理。

一般来说，有机类缓凝剂大多对水泥颗粒以及水化产物新相表面具有较强的活性作用，吸附于固体颗粒表面，延缓了水泥和浆体结构的形成。无机类缓凝剂，往往是在水泥颗粒表面形成一层难溶的薄膜，对水泥颗粒的水化起屏障作用，阻碍了水泥的正常水化。这些作用都会导致水泥的水化速度减慢，延长水泥的凝结时间。缓凝剂对水泥缓凝的理论主要包括吸附理论、生成络盐理论、沉淀理论和控制氢氧化钙结晶生产理论。多数有机缓凝剂有表面活性，它们在固液界面产生吸附，改变固体粒子表面性质，即亲水性。它们分子中的羟基吸附在水泥粒子表面，阻碍水泥水化过程，使晶体相互接触受到屏蔽，改变了结构形成过程。

（4）适用范围。

缓凝剂、缓凝减水剂可用于大体积混凝土、碾压混凝土、炎热气候条件下施工的混凝土、大面积浇筑的混凝土、避免冷缝产生的混凝土、需要较长时间停放或长距离运输的混凝土、自流平免振混凝土、滑模施工或拉模施工的混凝土及其他需要延缓凝结时间的混凝土。缓凝减水剂可制备高强高性能混凝土。

缓凝剂、缓凝减水剂宜用于5℃以上施工的混凝土工程，不宜单独用于有早强要求的混凝土及蒸养混凝土。

（5）主要品种。

缓凝剂的种类按其化学成分可分为无机缓凝剂和有机缓凝剂两大类；从分子量的大小或合成方法的角度可以分为有机化合物和聚合物两大类。研究较多的有机物主要是有机膦酸（盐）；用作缓凝剂的聚合物通常是低聚物，其分子量一般为数千，多通过共聚反应制得，研究较多的聚合物是含有羧基、膦酸基、磺酸基的聚合物。相对来说，羟基羧酸（盐）、有机膦酸（盐）等有机物类缓凝剂掺量较少，但比较敏感；而聚合物类缓凝剂掺量较大，但掺量与稠化时间线性关系较好。

4）速凝剂。

（1）定义。

速凝剂是指能使混凝土迅速凝结硬化的外加剂。

（2）主要作用。

速凝剂掺入混凝土后，能使混凝土在 5 min 内初凝，1 h 就可产生强度，1 d 强度提高 2~3 倍，但后期强度会下降，28 d 强度为不掺时的 60%~90%。

（3）作用机理。

①生成水化铝酸钙而速凝；

②加快水泥水化速率而速凝；

③形成水化铝酸钙骨架并促进硅酸三钙水化而速凝；

④迅速形成大量钙矾石。

（4）适用范围。

速凝剂主要用于矿山井巷、铁路隧道、饮水涵洞、地下工程以及喷锚支护时的喷射混凝土或喷射砂浆工程中。

（5）主要品种。

最常用的传统速凝剂是硅酸钠（水玻璃，改性硅酸钠）、铝酸盐速凝剂（以上两种都是液体形式），碱土金属的碳酸盐或其氢氧化物（粉状），以及无碱速凝剂。

5）引气剂。

（1）定义。

引气剂又称加气剂，是一种憎水性表面活性剂，溶于水后加入混凝土拌合物内，在搅拌过程中能产生大量微小气泡。

（2）主要作用。

引气剂能在混凝土拌合物的拌合过程中引入大量均匀分布的、闭合而稳定的微小气泡，改善混凝土拌合物的和易性、保水性和黏聚性，提高混凝土流动性。

（3）作用机理。

引气剂的作用机理在于：在混凝土搅拌过程中能使其大量包裹微小的气泡，而这些微小的气泡又能稳定地存在于混凝土体内。

引气剂为表面活性剂，其界面活性作用基本上与前述的减水剂相似，而区别在于减水剂的界面活性作用主要发生在液—固界面上，而引气剂的界面活性作用主要发生在气—液界面上。含有引气剂的水溶液拌制混凝土时，由于引气剂能显著降低水的表面张力和界面能，使水溶液在搅拌过程中极易产生许多微小的封闭气泡，气泡直径大多在 200 μm 以下，引气剂分子定向吸附在气泡表面，形成较为牢固的液膜，使气泡稳定而不易破裂。

（4）适用范围。

引气剂适用于抗冻、防渗、抗硫酸盐、泌水严重的混凝土，贫混凝土，轻骨料混凝土以及对饰面有要求的混凝土等。

（5）主要品种。

引气剂主要有松香树脂类、烷基苯磺酸盐类、脂肪醇磺酸盐类。

6）泵送剂。

（1）定义。

泵送剂是能改善混凝土拌合物泵送性能的外加剂。泵送性，就是混凝土拌合物顺利通过输送管道，不阻塞、不离析、黏塑性良好的性能。

（2）主要作用。

提高拌合物的和易性，降低泵送阻力，改善泵送性能。

（3）作用机理。

①减水组分；

②缓凝组分；

③引气组分；

④增稠组分。

（4）适用范围。

泵送施工混凝土；特别适用于大体积混凝土、高层建筑、超高层建筑和滑模施工。

（5）主要品种。

普通泵送剂、高效泵送剂。

7）防水剂。

（1）定义。

防水剂是能降低混凝土在静水压力下透水性的外加剂。

（2）主要作用。

防水剂可提高混凝土的密实性、防渗性，提高拌合物的和易性，降低泵送阻力，改善泵送性能。

（3）作用机理。

①混入微细粒子，填充混凝土孔隙；

②与水泥的水化反应过程中生成的可溶性成分结合，形成稳定的产物；

③混入憎水性的物质或生成憎水性成分；

④形成防水性的薄层。

（4）适用范围。

防水剂适用于工业与民用建筑的屋面、地下室、隧道、巷道给排水池、水泵站等有防水抗渗要求的混凝土工程。

（5）主要品种。

无机化合物类：如硅酸钠（水玻璃）、三氯化铁、三氯化铝、锆化合物、硅酸质粉末系（如粉煤灰、硅灰）等。有机化合物类：有机类防水剂可分为两类，一类是憎水性的表面活性剂，如硬脂酸、棕榈酸、油酸、松香酸及其皂类、有机硅憎水剂；另一类是天然和合成的聚合物乳液及水溶性树脂。

8）膨胀剂。

（1）定义。

膨胀剂是与水泥、水拌合后经水化反应生成钙矾石、氢氧化钙或钙矾石和氢氧化钙，使混凝土产生体积膨胀的外加剂。

（2）主要作用。

膨胀剂的主要作用是补偿混凝土硬化过程中的干缩和冷缩，避免混凝土开裂。

（3）作用机理。

膨胀剂通过氢氧化钙或钙矾石或二者共同产生体积膨胀作用增加混凝土密实性。

（4）适用范围。

混凝土膨胀剂可以应用于各种抗裂防渗混凝土，尤其适用于与防水有关的地下、水工、海工、地铁、隧道和水电等钢筋混凝土结构工程。

（5）主要品种。

混凝土膨胀剂按水化产物分为硫铝酸钙类混凝土膨胀剂（代号 A）、氧化钙类混凝土膨胀剂（代号 C）、硫铝酸钙-氧化钙类混凝土膨胀剂（代号 AC）。

§1.5.4　使用外加剂应注意的事项

1）外加剂的选用。

几乎各种混凝土都可以掺用外加剂，但必须根据工程需要、施工条件和施工工艺等选择合适的外加剂：一般混凝土主要采用普通减水剂、早强剂；高强混凝土采用高效减水剂；气温高时，掺用引气性大的减水剂或缓凝减水剂；气温低时，一般不用单一缓凝型减水剂，多用复合早强减水剂；为了提高混凝土的抗水性，采用防水剂；高层建筑采用泵送混凝土时应使用泵送剂等。为了发挥各种外加剂的特点，不宜相互代用。同时，外加剂对不同的水泥有适应性问题，使用中必须检测控制。

2）外加剂的质量。

关注外加剂的质量，外加剂使用前必须按标准进行检测，符合标准要求的外加剂才能用于配制混凝土。

3）水泥的选用。

在原材料中，水泥对外加剂的影响最大，水泥品种不同，将影响减水剂的减水、增强效果，其对减水效果影响最为明显。高效减水剂对水泥更有选择性，不同水泥减水率的相差较大，水泥矿物组成、掺合料、调凝剂、碱含量、细度等都将影响减水剂的使用效果，如掺有硬石膏的水泥，会使某些掺减水剂的混凝土产生速硬或使混凝土初凝时间大大缩短。为此，当水泥可供选择时，应选用对减水剂较为适应的水泥，提高减水剂的使用效果；当减水剂可供选择时，应选择施工用水泥较为适用的减水剂，且为使减水剂发挥更好的效果，在使用前，应结合工程进行减水剂选择试验。

4）适应性检验。

为了确保工程质量，根据现有的标准，应先对外加剂进行适应性检验[如对减水剂在使用前首先要作匀质性试验，一般应测定减水率和含固量(含水率)等]，然后再进行混凝土试配(如检验减水剂混凝土的性能，一般至少应测定坍落度损失、减水率、含气量和抗压强度4项)。

5）外加剂掺量。

每种外加剂都有适宜的掺量，即使同一种外加剂，不同的用途也有不同的适宜掺量。外加剂掺量过大，不仅在经济上不合理，而且可能造成质量事故。对有引气、缓凝作用的减水剂，尤其要注意不能超掺量。木钙掺量大于水泥重量的 0.5%，会引入过量空气而使初凝缓慢，降低混凝土强度。高效减水剂掺量过小，失去高效能作用，而掺量过大，则会由于泌水而影响质量。氯盐的限制是众所周知的，过量会引起钢筋锈蚀。

6）掺加方法。

外加剂的掺加方法大体分为先掺法(在拌合水之前掺入)、同掺法(与拌合水同时掺入)、滞水法(在搅拌过程中减水剂滞后于水 1~2 min 加入)、后掺法(在拌合后经过一定的时间才按 1 次或几次加入到具有一定含量的混凝土拌合物中，再经 2 次或多次搅拌)。不同品种的减水剂，由于作用机理不同，其最佳掺加方法也不一样。如对于萘系高效减水剂，为了避开水泥中的 C_3A、C_4AF 矿物成分的选择性吸附，以后掺法为好，又如木钙类减水剂，由于其作用机理是大分子保护作用，故不同的掺加方法影响不显著。影响减水剂掺加方法的因素主要有水泥品种、减水剂品种、减水剂掺量、掺加时间及复合的其他外加剂等，均宜通过试拌确定。

7）施工特点。

掺减水剂的混凝土坍落度损失一般较快，应缩短运输及停放时间，否则需要增加保坍措施。在运输过程中应注意保持混凝土的匀质性，避免分层，掺缓凝型减水剂要注意初凝时间的延缓。蒸养混凝土中外加剂若使用不当，混凝土表面会出现起鼓、胀裂酥松等质量问题，强度也显著下降，因此在蒸养混凝土中要注意如下问题：选择合适的外加剂，如引气类外加剂就不宜使用；要控制外加剂掺量；要有一定的预养期和升温期；要通过试验确定恒温温度和时间。

8)养护。

添加外加剂的混凝土,其施工性能及硬化后的性能均与不掺外加剂混凝土有很大的不同,有的延长混凝土的凝结,有的早期强度增长特别快,大多数外加剂使混凝土的收缩量增加,而膨胀剂使混凝土体积膨胀。因此掺外加剂的混凝土更应该注意养护,保持混凝土在潮湿条件下养护是混凝土达到设计要求的关键条件与避免混凝土开裂的重要步骤。

§1.5.5 外加剂系列新标准介绍

1)《混凝土外加剂》(GB 8076)历次修订情况

GB 8076历次修订情况见表1-12。

表1-12 GB 8076历次修订情况

内容	GB 8076—1987	GB 8076—1997	GB 8076—2008
大类	普通减水剂、高效减水剂、早强减水剂、缓凝减水剂、引气减水剂、早强剂、缓凝剂和引气剂等八种	比1987版增加了缓凝高效减水剂品种,规定了九种外加剂的性能指标	增加了高性能减水剂和泵送剂
品种			对高性能减水剂、高效减水剂和普通减水剂划分了类型,即某类外加剂分早强型、标准型和缓凝型
等级			取消了合格品,在原一等品性能指标的基础上,对产品技术指标进行了调整
检测项目		取消了90 d抗压强度比的指标,收缩率比用28 d值表示;统一了一等品和合格品的相对耐久性指标的表示方法,修订后一等品和合格品相对耐久性指标,都用冻融200次后动弹性模量的保留值表示;增加了粉状外加剂细度要求的规定;增加了外加剂总碱量的测定	增加了部分产品的混凝土试验的项目(如坍落度和含气量1 h的经时变化量);删除了原标准中钢筋锈蚀的测试方法,采用GB/T 8077中电位滴定法测外加剂中的氯离子含量,并制定了用离子色谱法测定混凝土外加剂中氯离子含量的测定方法
指标调整		调整缓凝剂、缓凝减水剂的凝结时间指标,仅规定初凝时间,取消对终凝时间指标的限制;调整引气剂和引气减水剂的含气量指标,仅规定其含气量下限指标	调整了匀质性项目的技术指标(如含固量、含水率、密度等)

续表1-12

内容	GB 8076—1987	GB 8076—1997	GB 8076—2008
基准配合比		将试验混凝土的坍落度由60 mm±10 mm提高到80 mm±10 mm；改变了外加剂按科研单位或生产厂推荐掺量下限检测的规定，采用按科研单位或生产厂推荐掺量进行检测试验	提高了混凝土外加剂性能检验专用基准水泥的比表面积；取消了代用水泥

2）GB 8076—2008标准的基础研究内容。

（1）确定标准框架，涵盖外加剂种类。

（2）确定基准水泥比表面积技术指标，使之更接近实际使用的水泥。最终将基准水泥的比表面积提高为$(350+10)\,m^2/kg$。

（3）确定各种混凝土外加剂基准混凝土的配合比。

①检验高性能减水剂、泵送剂，混凝土水泥用量为360 kg/m³，砂率为43%～47%。

②其余外加剂品种的检测按GB 8076—1997规定的基准混凝土进行，但由于卵石资源的缺乏，检验外加剂采用碎石，水泥用量统一规定为330 kg/m³。

（4）确定钢筋锈蚀评价方法，通过氯离子含量检测值控制外加剂对钢筋的锈蚀作用，避免新拌砂浆法或硬化砂浆法的误判。

3）JG/T 223—2017聚羧酸系高性能减水剂。

JG/T 223—2017聚羧酸系高性能减水剂见表1-13。

表1-13　JG/T 223—2017聚羧酸系高性能减水剂

标准	JG/T 223—2017			GB 8076—2008		
定义	以羧基不饱和单体和其他单体合成的聚合物为母体的减水剂			比高效减水剂具有更高的减水率、更好的坍落度保持性能、较小的干燥收缩，且具有一定引气性能的减水剂		
主要产品类型	早强型	标准型	缓凝型	早强型	标准型	缓凝型
代号	A	S	R	HPWR-A	HPWR-S	HPWR-R
泌水率比/%	≤60	≤50	≤70	≤60	≤50	≤70
含气量/%	≤6.0			≤6.0		
1 h坍落度经时变化/mm	—	≤80	—	—	≤80	≤60
凝结时间差/min	−90～+90	−90～+120	>+120	−90～+90	−90～+120	>+90
收缩率比/%	≤110			≤110		
28 d抗压强度比/%	≥140			≥130	≥140	≥130

4）GB 8076—2008 标准与国外同类标准的对比。

（1）匀质性指标。GB 8076—2008 参考 EN 934-2—2001 调整了匀质性项目的技术指标，更有利于企业的生产控制。

（2）高性能减水剂的技术要求。GB 8076—2008 参考 JIS A 6204—2006 确定了高性能减水剂的技术要求，我国标准的指标稍高于日本标准，如日本标准减水率为 18%，而我国减水率为 25%。

（3）高效减水剂的技术要求。GB 8076—2008 中高效减水剂减水率从原来 12% 提高到 14%，稍高于 JIS 和 ASTM 标准（12%）。

（4）普通减水剂技术要求。GB 8076—2008 采用了原 GB 8076—1997 的性能指标，这些指标稍高于日本标准（4%）。

（5）引气剂技术要求。GB 8076—2008 增加了 1h 含气量的变化值（-1.5%~+1.5%）。

5）GB 8076—2008 标准应用注意事项。

（1）检测用原材料。

取消代用水泥，必须用基准水泥检验外加剂，基准水泥应具有代表性、稳定性，以及其与外加剂有良好的适应性。水泥的品质指标（除满足 42.5 强度等级硅酸盐水泥技术要求外）还要求：熟料中铝酸三钙（C_3A）含量 6%~8%、熟料中硅酸三钙（C_3S）含量 55%~60%、熟料中游离氧化钙（fCaO）含量不得超过 1.2%、水泥中碱（$Na_2O+0.658K_2O$）含量不得超过 1.0%、水泥比表面积（350+10）m^2/kg。我国水泥品种多，各个水泥厂成分变化大，但对同一个厂其成分变化不大，故目前外加剂除了采用 GB 8076—2008 验收外加剂质量外，更重要的是在实际使用中根据各厂水泥调整适应性。

符合《建筑用砂》（GB/T 14684—2011）中 II 区要求的中砂，其细度模数为 2.6~2.9，含泥量小于 1%，砂率为 36%~40%。砂细度和质量对基准混凝土和试验混凝土的强度、减水率、含气量等性能均有明显的影响。砂细度模数为 2.6 和 2.9 时，减水率较高（平均为 18%），且二者的数值非常接近，细度模数为 2.3 和 3.18 时，除引气量较大的减水剂外，减水率偏低（平均为 15%）。

符合《建筑用卵石、碎石》（GB/T 14685—2011）要求的公称粒径为 5~20 mm 的碎石或卵石，采用二级配，其中 5~10 mm 占 40%，10~20 mm 占 60%，满足连续级配要求，针、片状物质含量小于 10%，空隙率小于 47%，含泥量小于 0.5%。如有争议，以碎石结果为准。

（2）试验条件及控制的要求。

①混凝土振动方法对含气量的影响。

不论是振动台还是插入式振捣器，随振捣时间的延长，所得的含气量都有所降低，不过振动台由 5~30 s 振捣所测结果降低较少。经试验研究并结合我国外加剂的情况，规定掺外加剂混凝土用标准振动台振实时间为 15~20 s。

②混凝土的搅拌。

混凝土搅拌时应采用符合《混凝土试验用搅拌机》（JG 3036—1996）要求的公称容量为 60 L 的单卧轴式强制搅拌机。搅拌机的拌合量应不少于 20 L，不宜大于 45 L。外加剂为粉状时，将水泥、砂、石、外加剂一次性投入搅拌机，干拌均匀，再加入拌合水，一起搅拌 2 min；外加剂为液体时，将水泥、砂、石一次性投入搅拌机，干拌均匀，再加入掺有外加剂的拌合水，一起搅拌 2 min。出料后，在铁板上人工翻拌至均匀，再行试验。

③混凝土配合比。

基准混凝土配合比按普通混凝土配合比设计规程 JGJ 55—2011 进行设计，掺外加剂混凝土和基准混凝土的水泥、砂、石的比例不变。掺非引气型外加剂的受检混凝土和其对应的基准混凝土的水泥、砂、石的比例相同。配合比设计应符合以下规定：

a）水泥用量：掺高性能减水剂或泵送剂的基准混凝土和受检混凝土的单位水泥用量为 360 kg/m³；掺其他外加剂的基准混凝土和受检混凝土的单位水泥用量为 330 kg/m³。

b）砂率：掺高性能减水剂或泵送剂的基准混凝土和受检混凝土的砂率为 43%～47%；掺其他外加剂的基准混凝土和受检混凝土的砂率为 36%～40%；但掺引气减水剂或引气剂的受检混凝土的砂率应比基准混凝土的砂率低 1%～3%。

c）外加剂掺量：按生产厂家指定掺量。

d）用水量：掺高性能减水剂或泵送剂的基准混凝土和受检混凝土的坍落度控制在（210±10）mm，用水量为坍落度在（210±10）mm 时的最小用水量；掺其他外加剂的基准混凝土和受检混凝土的坍落度控制在（80±10）mm。

6）GB 23439—2017 混凝土膨胀剂。

GB 23439—2017 混凝土膨胀剂见表 1-14。

表 1-14　GB 23439—2017 混凝土膨胀剂

标准	GB 23439—2017	JC 476—2001
分类和代号	规定了代号和标记方法	
类型	按限制膨胀率分为 Ⅰ 型和 Ⅱ 型	
总碱量	若使用活性集料用户要求低碱膨胀剂时，不大于 0.75%，或协商	0.75%
比表面积	200 m²/kg	250 m²/kg
细度	取消 0.08 mm 筛筛余要求	
水中 7 天限制膨胀率≥	Ⅰ 型 0.035%，Ⅱ 型 0.050%	0.025%
水中 28 天限制膨胀率≤	取消	0.10%
空气中 21 天限制膨胀率≥	Ⅰ 型 -0.015%，Ⅱ 型 -0.010%	-0.020%
7 天抗压强度	22.5 MPa	25 MPa
28 天抗压强度	42.5 MPa	45 MPa
膨胀剂掺量	内掺 10%	内掺 12%
配比	（0.9+0.1）∶2∶0.4	（0.88+0.12）∶2∶0.4

参考文献

[1] 郑文忠，邹梦娜，王英. 碱激发胶凝材料研究进展[J]. 建筑结构学报，2019，40(1)：28-39.

[2] 乔龄山，乔彬. 多组分水泥颗粒分布的优化[J]. 水泥，2017(10)：4-9.

［3］蒋彬，江宏伟，陈玉，等.高活性贝利特水泥及混凝土性能研究［J］.混凝土，2018(8)：86-91，99.

［4］侯贵华，沈晓冬，许仲梓.高硅酸三钙硅酸盐水泥熟料组成及性能的研究［J］.硅酸盐学报，2004，32 (1)：85-89.

［5］周玲，单建军.提高矿渣水泥早期强度的研究［J］.建材技术与应用，2004(2)：3-5.

［6］李北星，张国志，李进辉.高性能轻集料混凝土的耐久性［J］.建筑材料学报，2009(5)：533-538.

［7］汪新道，文蓓蓓，樊勇.双掺技术在泡沫混凝土中的应用研究［J］.新型建筑材料，2014(5)：86-88.

［8］巴明芳，柳俊哲，贺智敏，等.钢渣微粉改性水泥基钢渣骨料混凝土的配制及性能［J］.材料导报，2013 (22)：119-124.

［9］张红巍.改善水泥与外加剂相容性的措施［J］.水泥，2019(8)：24-25.

［10］姚佳良，张起森.原材料引起的路面水泥混凝土耐久性问题分析［J］.公路，2006(1)：164-168.

［11］姚佳良，刘晓波.路面水泥混凝土复合外加剂研究及施工质量控制［J］.公路，1998(8)：28-31.

［12］姚佳良.水泥混凝土异常凝结初探［J］.混凝土，1998(4)：25-27.

第 2 章

混凝土结构与性能

§2.1　混凝土的微观结构

§2.1.1　混凝土内部结构的三个层次

材料的性能与其内部结构有着密切的依存关系，材料的内部结构决定了其性能，适当地改变其结构可以改变其性能，这就是结构与性能之间的关系。混凝土材料也是如此，在研究混凝土的各种性能时，必须从混凝土的内部结构来认识混凝土内在的影响因素和变化规律。

在混凝土的结构中，大颗粒粗骨料的间隙由小颗粒粗骨料填充；小颗粒粗骨料的间隙由细骨料填充；浆体填充粗、细骨料的间隙并包裹骨料，形成润滑层，以满足浇注成型时的流动性要求。

微观层次(microlevel)。微观层次材料的结构单元尺度在原子、分子量级，即 $10^{-10} \sim 10^{-6}$ m，着眼于水泥水化物的微观结构分析，由晶体结构及分子结构组成，可用电子显微镜观察分析，是材料科学的研究对象。

细观层次(mesolevel)。细观层次从分子尺度到宏观尺度，其结构单元尺度为 $10^{-6} \sim 10^{-3}$ m，着眼于粗细骨料、水泥水化物、孔隙、界面等细观结构，组成多相复合材料，可按各类计算模型进行数值分析。在这个层次上，混凝土被认为是一种由粗骨料、硬化水泥砂浆和它们之间的过渡区(黏结带)组成的三相材料，通常其砂浆力学性能也比较稳定，可以由试验直接测定。

宏观层次(macrolevel)。宏观层次的特征尺寸在 10^{-3} m 以上，混凝土作为非均质材料存在着一种特征体积，一般认为是相当于 3~4 倍的最大骨料体积。当小于特征体积时，材料的非均质性质将会十分明显；当大于特征体积时，材料假定为均质。有限元计算结果反映了一定体积内的平均效应，这个特征体积的平均应力和平均应变的关系成为宏观的应力应变关系。

§2.1.2　混凝土的微观结构

材料宏观结构一般是指肉眼可见的、粗大的微结构；肉眼不可见的界限大约在 1 mm 的五分之一。而微结构是指宏观结构中用显微镜放大才可见的部分。一个固体各个相的类型、数量、尺寸、形状及其分布即构成了该固体的微结构。

材料领域的进步首先在于可以从内部的微观结构认识到其性能由来的机理。换句话说，性能可以通过使材料微结构适当地变化得到改进。虽然混凝土是应用最为广泛的结构材料，但它的微结构是不均质且高度复杂的，所以研究它的微结构至关重要。

混凝土通常被认为由骨料相(增强相)、浆体相(基体相)和过渡区(界面相)三个部分组成。从宏观上看，骨料颗粒分散在水泥浆的基体中。

骨料相中，普通混凝土所用骨料按粒径大小分为细骨料和粗骨料，直径大于 4.75 mm 的称为粗骨料，粒径小于 4.75 mm 的称为细骨料。

硬化水泥浆体又称水泥石，是固、液、气三相并存的复杂体系，是混凝土的基相，对硬化混凝土的性能起着关键性作用。硬化水泥浆体的特点：不均匀，含多种固相、孔隙和水。固相：水化硅酸钙(C-S-H)、水化硫铝酸钙微晶、氢氧化钙片状晶体、未水化水泥。孔隙：层间孔、毛细孔(微小)、气孔(大)。水分：毛细孔水、层间水、吸附水和化学结合水。

界面过渡区是一个在粗骨料颗粒附近的小区域，界面过渡区在大骨料周围以 10~50 μm 厚度的薄壳存在，一般要比混凝土的两个主要组成相，即骨料与水泥浆本体，都薄弱。界面过渡区对混凝土力学性能的影响要远比其尺寸产生的影响大得多。

从微观水平上看，混凝土微结构的复杂性显而易见。微结构中的两相不是彼此均匀分布的，且微结构本身也不是匀质的。

混凝土微结构的独特之处：一是粗骨料颗粒附近小范围存在界面过渡区(颗粒周边呈 0~10 μm 厚度的薄壳)；二是三相中的每一个相本身也是多相的；三是混凝土的微结构不是材料固有的特性(因为水泥浆和过渡区是随时间、环境温度与湿度而变化的)。靠近集料颗粒存在一个薄弱的过渡区(厚度 10~50 μm 的薄层)，一般要弱于浆体相和骨料相，但它对混凝土力学性能的影响远大于其反映的尺度。而三相中的任一相，其本身实际上还是多相体，例如花岗岩颗粒里除微裂缝、孔隙外，还不均匀地镶嵌着石英、长石和云母三种矿物。与其他工程材料不同，混凝土结构中的两相硬化水泥浆体和过渡区是随时间、温度与湿度环境不断变化着的。

1)骨料相的微结构。

骨料相主要影响混凝土的单位质量、弹性模量和尺寸稳定性。混凝土的这些性质在很大程度上取决于骨料的表观密度和强度，而骨料的物理特性要比化学特性更具有决定性。

孔隙率和粗骨料的形状和构造也会影响混凝土的性能。由于比混凝土其他两相的强度高，骨料相通常不直接影响普通混凝土的强度，除非是多孔和软弱颗粒。

2)水化水泥浆体的微结构。

水化水泥浆体在这里是指由硅酸盐水泥制备的浆体。硅酸盐水泥是一种灰色粉末，呈多棱角颗粒，粒径为 1~5 μm。它通过粉磨熟料和少量硫酸钙得到，熟料是由氧化钙和硅、铝、铁的氧化物经高温反应产生的几种化合物非匀质混合生产出的。熟料基本组成约为 C_3S、C_2S、C_3A 和 C_4AF。

水化水泥浆体的低倍(200×)放大电子显微镜照片表明其结构是不均匀的；在某些区域致密，而在另一些区域则空隙很多。通过高倍放大，可以分辨多孔区各个水化相。例如，氢氧化钙的大块晶体、钙矾石的细长针状结晶以及水化硅酸钙的纤细状聚集体等在 2000× 和 5000× 放大倍数可以观察到。

水化水泥浆体的固相包括：水化硅酸钙(C-S-H 可占 50%~60% 的体积，是决定浆体性能的主要相，细小纤维状，见图 2-1)；氢氧化钙(具有确定比例的化合物，它形成六方片状的大晶体，形貌呈多样特征，见图 2-2)；水化硫铝酸钙(针状结晶，见图 2-3)以及未水化的水泥颗粒。

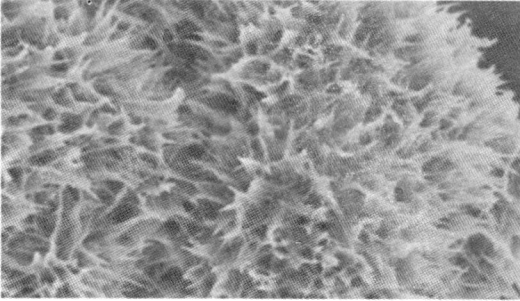

图 2-1　水化硅酸钙的微结构

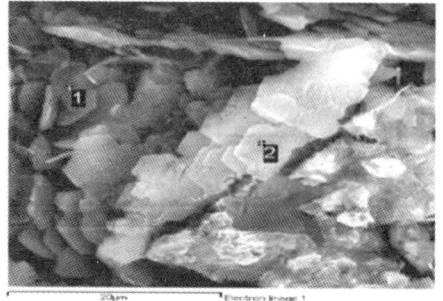

图 2-2　六方片状的 $Ca(OH)_2$ 晶体

水化硅酸钙形态主要为结晶差的纤维状、针棒状、网状和内核状的凝胶胶粒，均在微米级内，粒子间主要靠范德华力作用，是水泥石强度的主要来源。

图 2-3　水化硫铝酸钙的电子显微镜照片

水化水泥浆体里的孔隙包括：C-S-H 中的层间孔(这些微孔中的水分会被氢键所占有，在一定条件下会失去并产生干缩和徐变)；毛细孔(它代表没有被水化水泥浆体的固相产物所填充的空间。毛细孔的体积和尺寸由新拌水泥浆中未水化水泥颗粒的间距即水灰比，以及水泥水化的程度决定)；气孔(毛细孔的形状是无规则的，气孔则一般呈球形。混凝土拌合过程中水泥浆体里通常会带入少量空气)，可分为凝胶孔、毛细孔、非毛细孔三类。

§2.1.3　混凝土的孔结构

1)孔结构的介绍及分类。

国际混凝土界的著名教授 P. K. Mehta 指出"混凝土世界与人类世界一样是非线性的,在非线性中还有着不连续性"。为了描述混凝土水泥浆体内部孔隙的尺寸范围(包括 7 个数量级)有多么宽广,Mehta 教授列出了相似的范围:以人的身高(相当于 C-S-H 中的层间孔)为起点,经过类似埃菲尔铁塔、珠穆朗玛峰等 6 个级别的变化后,以火星直径(相当于浆体中带入的气孔)为终点。

不同的国家对孔的划分有不同的说法,但基本是相通的。我国吴中伟先生根据不同孔径对混凝土性能的影响,将混凝土中的孔划分为四个等级,分别为<20 nm 的无害孔级、20 nm~50 nm 的少害孔级、50 nm~200 nm 的有害孔级和>200 nm 的多害孔级,并指出增加 50 nm 以下孔的比例、减少 100 nm 以上的孔含量,可显著改善混凝土的性能。而著名学者 Powers 认为,当孔隙率低于 20%时,水泥石的渗透系数非常小,而当孔隙率大于 25%时,水泥石的渗透系数随着孔隙率的增大而急剧增加。

目前在实际工作与研究中,孔隙率(porosity)、孔型(pore type)、孔径分布(pore size distribution)、孔的状态(pore state)及其测试与评价已成为混凝土材料科学研究的重要内容。

2)孔结构对混凝土的影响。

混凝土的孔结构特征强烈地影响着混凝土材料的抗渗性、气密性、抗冻性、抗腐蚀性等物理特性和强度、刚度、韧性等力学行为。而普遍认为孔结构对抗渗性的影响,会进一步加剧其他性能的变化(物理特性和力学行为等)。混凝土中的孔隙不是只有负作用,也有正面作用。例如在水泥的水化过程中必须有一定量的毛细孔作为提供水化反应的供水通道,以保证水化反应的正常进行;此外,在保证总孔隙率不变的情况下,将大孔改为细孔,则可以提高混凝土的强度和抗渗性;在保证足够强度的情况下,孔隙也可以使混凝土自重减轻。

图 2-4 反映了孔隙率与渗透性的关系,普遍反映不同水灰比下渗透系数随着孔隙率的增加而增加,但并非线性关系。

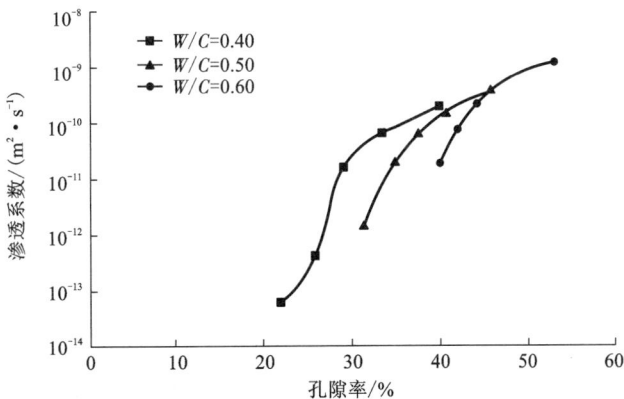

图 2-4　孔隙率与渗透性之间的关系

3）影响混凝土孔结构的因素。

（1）水灰比。

水灰比对水泥混凝土抗渗性的影响见图 2-5。水灰比对水泥石孔径分布的影响见图 2-6。

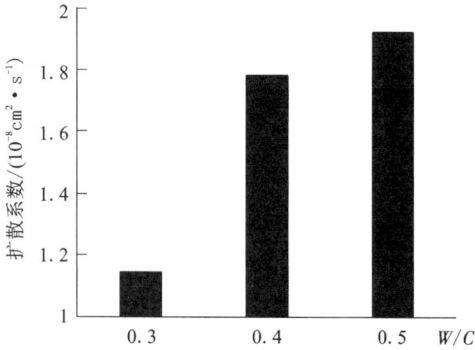

图 2-5　水灰比对水泥混凝土抗渗性的影响

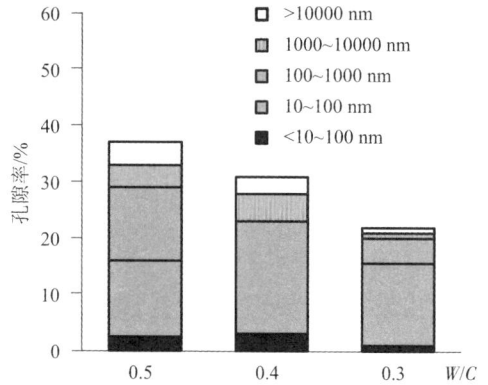

图 2-6　水灰比对水泥石孔径分布的影响

（2）水化龄期。

水化龄期对孔隙分形维数与总孔隙数的影响见图 2-7、图 2-8。分形维数是分形几何理论及应用中最为重要的概念和内容，它是度量物体或分形体复杂性和不规则性的最主要的指标，是定量描述形自相似性程度大小的参数。孔隙分形维数可以用来定量描述孔隙的复杂程度。

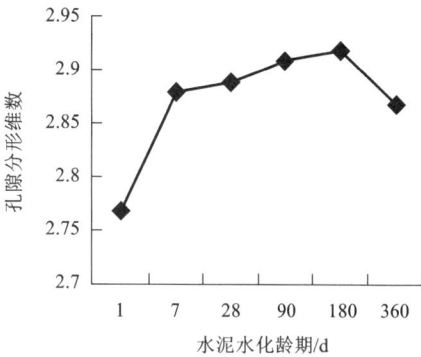

图 2-7　孔隙分形维数的变化

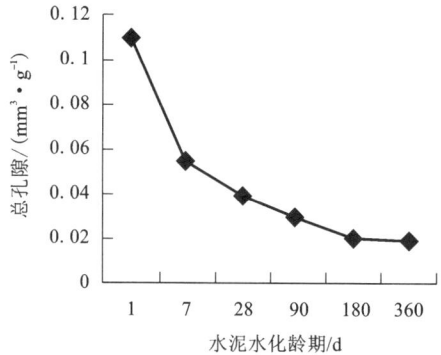

图 2-8　总孔隙的变化

（3）水泥的矿物组成。

水泥熟料单矿物水化后，总孔隙率越低、凝胶孔含量越多的组分，其分形维数越高，分形维数大小顺序为 $C_3S > C_2S > C_4AF > C_3A$，分形维数越高，材料的凝胶孔越多，有害孔越少。

（4）养护条件。

养护条件对水泥石孔隙分布的影响见表 2-1。

表 2-1　养护条件对水泥石孔分布的影响

养护条件	总孔隙 /(cm³·g⁻¹)	孔分布/%				抗压强度 /MPa	分形 维数
		>10³ nm	10³~10² nm	10²~10 nm	10~4 nm		
90℃, 11 h	0.107	5.3	3.9	68.0	22.8	61.5	2.8162
20℃, 28 d	0.051	22.6	5.7	26.0	41.4	81.0	2.8828
0℃, 28 d	0.096	6.5	44.7	33.2	15.6	33.5	2.7302

4) 改善混凝土孔结构的方法。

(1) 降低水灰比：通过掺入高效减水剂或者调整混凝土配合比，使各种固体颗粒具有较好级配的方法来减少混凝土用水量，以实现降低水灰比。水泥水化后，多余水分越多，在浆体中留下的孔隙就越多，故改变水灰比将改变硬化浆体中的孔隙率。水灰比除改变总孔隙率外，对孔级配也有影响。水灰比越低，最可几孔径就越小，最可几孔径是孔容积随孔径的变化率最大的孔径，当水灰比降至 0.4 以下时，就几乎消除了大于 15 nm 以上的大孔。降低水灰比不仅可以减少总孔隙率，而且可以使凝胶孔相对含量增多，毛细孔相对含量减少。

(2) 掺入适量的细矿粉：掺入细矿粉(如粉煤灰、硅灰、火山灰等)有利于初始孔隙"细化"。有些细矿粉(如粉煤灰)还具有减水作用，这些作用都有利于改善混凝土的孔结构。但掺入细矿粉时应注意适量，掺入过多的矿粉将导致胶凝材料的水化速度减慢，反而会导致孔结构的恶化。

(3) 采用聚合物浸渍混凝土：聚合物进入混凝土中，可以填充混凝土的孔隙，这不仅可以使混凝土的孔隙率降低，混凝土的孔分布也将得到显著改善。

(4) 加强养护：可提高水泥的水化程度。水胶比的大小决定了混凝土的初始孔隙率，而水泥水化形成的水化产物可以填充这些孔隙。显然，水泥的水化程度越高，所形成的水化产物越多，它的填充作用也就越强。因此，从改善混凝土孔结构的角度来说，加强混凝土的养护使水泥有较好的水化条件是十分重要的。

(5) 采用特殊工艺以达到"无孔"：D. L. Roy 教授用热压的方法，使水泥浆体抗压强度达到 600 MPa，经热压后，可达到几乎无孔隙。

5) 混凝土孔检测的方法。

(1) 压汞法。

汞对一般固体是不润湿的，界面张力会抵抗其进入孔中，如果要使汞进入孔中则必须在外部施加压力。对于圆柱形的孔模型，汞能进入的孔的大小与压力符合 Washburn 方程，通过控制不同的压力，即可测出压入孔中汞的体积，由此得到对应于不同压力的孔径大小的累积分布曲线或微分曲线。基于毛细孔中汞不润湿液体这一原理，不仅可测得大孔的比表面积，而且还可测样品的孔隙率及孔径分布状况，操作简单、迅速，但该方法所得结果受到诸多因素影响。对同一物质要注意以下几点：

① 实验用汞一定要纯净，加压介质要纯净，排除气泡的干扰。

② 待分析的样品要经过干燥处理，表面清洗。

③ 要保持分析条件的一致，如用压力扫描法分析时要用相同的扫描及升压速率。

(2) 气体吸附法。

气体吸附法(BET 法)是测量比表面积的经典方法,该方法因以著名的 BET 理论为基础而得名,BET 是三位科学家(Brunauer、Emmett 和 Teller)的首字母缩写,三位科学家在朗格缪尔(Langnuir)的单分子层吸附理论的基础上推导出多分子层吸附公式 BET 方程,使其成为颗粒表面吸附科学的理论基础,广泛应用于颗粒表面吸附性能研究及相关检测仪器的数据处理中。BET 法具体包括静态法和动态法,常用的吸附质为氮气或二氧化碳,但由于混凝土是碱性复合系统,若采用二氧化碳作为吸附质,则容易发生反应导致结果严重偏大,所以一般采用氮气。与压汞法相反,该法可测中微孔,而对大孔的测定会产生较大的误差,并且测试时间较长。

(3)压力法。

压力法(pressure method)是在现场和实验室中最常用的新拌混凝土含气量测定方法。该法依据新拌混凝土在给定压力下的体积变化,这个体积变化被认为是完全由空气被压缩引起的,波义耳定律被用来计算混凝土的含气量。在我国测定混凝土含气量多用此方法,但不能给出气泡大小、气泡间距等参数。

英国化学家波义耳(Boyle),在 1662 年根据实验结果提出:"在密闭容器中的定量气体,在恒温下,气体的压力和体积成反比关系。"这个理论称之为波义耳定律,即在定量、定温下,理想气体的体积与气体的压力成反比。

(4)X 射线小角衍射。

当 X 射线照到试样上,如果试样内部存在纳米尺寸的密度不均匀区(1~100 nm),则会在入射 X 射线束周围 2°~5°的小角度范围内出现散射 X 射线,即 X 射线小角度散射(small angle X-ray scattering,简称 SAXS)。由于孔中的电子浓度和固体电子浓度不同,也可产生小角度散射,其作用和在空气中分布同样大小的固体粒子相同,在常压下能够测定 2~30 nm 的细孔孔径分布,且可以在试样不进行去气和干燥处理的条件下测定材料的比表面积。

优点:不需考虑介质和表面的相互作用问题;不需要对样品进行抽空、干燥等预处理;实验过程不破坏原始的结构状态;实验重复性高;可以测出包括闭口孔在内的所有孔,且可能存在的封闭孔和细颈孔等均不影响测定效果。

不足:在趋向大角一侧的强度分布往往都很弱,且起伏较大。

§2.1.4　水化水泥浆体中的水分

如果按水泥重量计算,反应完全生成 C_3S 需要 24%的水,反应完全生成 C_2S 需要 21%的水。据估计,与波特兰水泥化合物发生化学反应平均需要水泥重量 23%的水,这 23%的水与水泥发生化学结合,因此被称为结合水。凝胶孔隙中吸收了一定量的水,这种水被称为层间水(凝胶水)。结合水和层间水是相辅相成的。如果水量不足以填满凝胶孔,凝胶本身的形成将停止,如果凝胶的形成停止,就不存在凝胶孔的问题。据进一步估计,需要大约 15%水泥重量的水来填充凝胶孔隙。因此,完成化学反应和占据凝胶孔隙内的空间,总共需要水泥重量 38%的水。如果仅使用等于水泥重量 38%的水,则可以注意到所得的浆料将完全水合,并且多余的水将无法形成不希望产生的毛细孔;如果使用超过 38%的水,那么过量的水将导致不良的毛细孔。因此,使用的水高于最低要求的水(38%),多余的毛细孔会更多。这一切都是在假定水合作用是在密封的容器中进行的,且是在该容器中不会发生进出浆料的水分的条件下估计的。

可以看出，随着水灰比的增大，毛细孔变大。水灰比越低，水泥颗粒越紧密。随着水化的进行，当无水水泥体积增加时，水化产物也随之增加。由于完全水合作用而导致的凝胶体积的增加，可能会填满之前被水占据的空间，达到 0.6 左右的水灰比。如果水灰比大于 0.7，水合产物体积的增加将永远不足以填满由水产生的空隙。这种混凝土将永远作为多孔体存在，也就是说凝胶占据的空间越来越大。据估计，凝胶的体积大约是未水化水泥体积的两倍。

随着高压电子显微镜的发展，加上制作薄切片技术的进步，使得高分辨率的照相和衍射测量成为可能，同时减少了观察过程中对样品的损害；扫描电子显微镜可提供立体图像和水泥浆结构的详细图片。这些有助于进一步了解骨料的水泥结合情况、微裂缝和水泥浆体的孔隙率。

毛细孔水：存在于 5 nm 以上的孔隙中的水。它不受固体表面所施加的吸引力影响。从水化水泥浆中毛细水的行为来看，毛细水可分为两类：在大于 50 nm 的大孔隙中的水，它的去除不会引起任何体积变化，被称为自由水；在小毛细管中由毛细张力保持的水（5~50 nm），去除它可能导致系统收缩。

吸附水：靠近固体表面的水。在吸引力的影响下，水分子被物理吸附到水化水泥浆体中的固体表面。因为单个水分子的结合能随着离开固体表面的距离而降低，所以当水化水泥浆被干燥到 30% 的相对湿度时，大部分的吸附水会损失掉。吸附水的损失是水化水泥浆体收缩的主要原因。

层间水：与 C-S-H 结构相关的水。有人认为，在 C-S-H 的层与层之间，单分子水层牢固地被氢键所键合，夹层水仅在强烈干燥（即相对湿度低于 11%）时才会流失，当层间水消失时，C-S-H 结构会显著收缩。

结合水：各种水泥水化产物微观结构的组成部分。这些水在干燥时不会流失，它是在水合物受热分解时形成的。

§2.1.5　水化水泥浆体中的微结构与性能关系

硬化混凝土的工程特性强度、尺寸稳定性与耐久性，不仅受配合比影响，还受水化水泥浆体的性质影响，而它又取决于微结构的特征（固相和孔的类型、数量及分布）。

1）强度。

强度主要来源于水化物层间的范德华引力，结合力虽弱，但 C-S-H、钙矾石微晶表面巨大（100~700 m²/g，约为水化前水泥颗粒的 1000 倍），作用之和非常可观，并且与氢氧化钙、未水化水泥及骨料间的黏结也很牢固。水泥浆体与集料的界面黏结以界面黏着和机械咬合的物理结合为主，以集料与浆体之间化学反应结合为辅。水化水泥浆体固相产物强度，主要来源于范德华力。两固相表面间的黏附力来自这种物理作用。

2）尺寸稳定性。

保水的水化水泥浆体在尺寸上是不稳定的，只要保持相对湿度在 100%，实际上就没有发生尺寸变化。然而，当暴露在通常远低于 100% 的环境湿度下时，材料会开始失水和收缩。

3）耐久性。

水化了的水泥浆体是碱性的，因此暴露于酸性水中时对材料是有害的。在这类条件下，不透水性或水密性就成为决定耐久性的首要因素。硬化的水泥浆体可像致密的岩石一样不透水。同时，即使骨料非常致密，混凝土的渗透性也要比水泥浆体低一个数量级。这说明混凝土的渗透性更主要的影响来自界面过渡区。

§2.1.6　混凝土中的过渡区

粗骨料颗粒和水化水泥浆体之间存在着过渡区，虽然它的组成和水化水泥浆体相同，但其微结构与性能不同于水泥浆体。过渡区通常是一个薄弱面，因此对混凝土的力学性能有很大的影响。

由于干燥收缩或温度变化，即使在加载结构之前，过渡区也会产生微裂纹。当结构加载并处于高应力水平时，这些微裂纹会扩展，并会形成较大的裂纹，从而导致黏结失败。因此，过渡区通常是链条中最薄弱的一环，被认为是混凝土中的强度限制区域。由于存在过渡带，混凝土的应力水平要比散浆或骨料的强度低得多。

过渡区的发展顺序：首先，新压实的混凝土中，大颗粒骨料周围会形成水膜。随后，水泥浆本体中，钙、硫酸根、氢氧根以及铝酸根离子，结合生成钙矾石和氢氧化钙。由于水灰比比较大，这些靠近粗骨料的结晶产物为较粗大的晶体，因此形成比水泥浆或砂浆本体更多孔隙的构架，板状的氢氧化钙晶体趋向形成定向层。最后，随着水化的进展，结晶不良的 C-S-H 和次生的钙矾石、氢氧化钙晶体开始填充在大钙矾石和氢氧化钙晶体构架之间的孔隙里，这有助于提高过渡区的密实度。

强度：水化产物和骨料颗粒之间的黏结力也是范德瓦耳斯引力，过渡区中任意一点的强度取决于孔的体积和尺寸。过渡区是链条中最薄弱的一环，被视为混凝土中的强度限制相（短板）。

在早期，特别是发生大量内泌水时，界面过渡区中孔的体积和尺寸比水泥浆或砂浆本体大。结晶化合物，如氢氧化钙及钙矾石，其尺寸和数量在界面过渡区中也较大。这些作用导致混凝土中过渡区的强度低于水泥浆本体。

界面过渡区的特征主要有以下几种：C-S-H 凝胶较少，AFt 浓度较大；存在大的、定向生长的 CH；空隙率较大、结构疏松。

§2.1.7　混凝土微观结构分析制样与仪器

微观结构分析包括运用 X 射线衍射分析（XRD）、差热-热重分析（DTA-TG）、扫描电子显微镜观察和 X 射线能谱分析（SEM-EDS）及压汞法孔结构分析（MIP）和核磁共振研究高性能混凝土的水化产物、显微结构和孔结构。已有研究表明，高性能混凝土的水化产物是低 C/S 比的 C-S-H 凝胶、CH 和 C_3AH_6，其显微结构致密，孔结构以孔径小于 10 nm 的凝胶孔为主。合理的水化产物组成和致密的微观结构决定了高性能混凝土具有优异的耐久性。

1）微观分析样品制备。

对普通混凝土进行编号，混凝土试件经过 85℃蒸汽养护 6 h，然后脱模在标准养护室养护至 28 d，破型后收集不同要求的样品，用无水乙醇终止水化，然后对混凝土中的砂浆进行不同的微观测试工作。

2）试验仪器。

（1）X 射线衍射分析（XRD）。

XRD 即 X-Ray Diffraction（X 射线衍射）的缩写，是通过对材料进行 X 射线衍射，分析其衍射图谱，获得材料的成分、材料内部原子或分子的结构或形态等信息的研究手段。试样需经过玛瑙碾钵碾磨后进行扫描。

（2）差热-热重分析（DTA-TG）。

热分析法是利用热学原理对物质的物理性能或成分进行分析的总称。根据国际上关于热分析法的定义，热分析是在程序控制温度下，测量物质的物理性质与温度关系的一门技术。同步热分析将差热分析（DTA）与热重分析（TG）结合为一体，在同一次测量中利用同一样品可同步得到热重与差热信息。差热分析是在程序控制温度下，测量物质和参比物之间的温度差与温度关系的一种技术。热重分析是在程序控制温度下，测量物质的质量与温度变化关系的一种技术。

（3）扫描电子显微镜观察和 X 射线能谱分析（SEM-EDS）。

X 射线能量色散谱仪（EDS）工作原理：当 X 光量子发射后由 Si(li) 探测器接收后给出电脉冲信号，电脉冲信号经放大器放大整形后送入多道脉冲分析器，然后在显像管上把脉冲数-脉冲高度曲线（X 光量子的能谱曲线）显示出来。

采用扫描电子显微镜（SEM）观察试样形貌，SEM 分辨率为 3.5 nm，仪器加速电压为 20 kV。用 X 射线能量色散谱仪可进行微区元素分析，EDS 分辨率为 131.7 eV，测量时间为 50 s。试样分析前断口表面喷金，微区分析系统需要标准样品校正。

（4）压汞法孔结构分析（MIP）。

采用压汞法孔结构测定仪可测定混凝土的孔结构，最大水银压力为 378 MPa。

§2.1.8　高性能混凝土的高耐久性形成原理

1）孔结构特征优化。

混凝土由水泥石、集料与界面组成，三者都含有孔隙，它们是离子扩散渗透的通道。普通水泥混凝土（OPC）的结构特征决定了侵蚀性离子一般通过界面向水泥石内渗透。高性能水泥混凝土（HPC）的孔隙率低，孔径分布向小孔方向移动，表明其密实度很高。

2）界面效应强化。

水泥石与集料的界面过渡区是一个结构不均匀的区域，CH 晶体发生取向，CH 和 AFt 晶体尺寸、孔隙率和孔径较大，这显著降低了混凝土的抗腐蚀性。HPC 不仅水胶比很低，而且硅灰、粉煤灰等矿物掺合料在界面区发生火山灰反应，减少了界面内具有取向性的 CH 含量，使其界面过渡区消失，从而切断了侵蚀性离子沿界面渗透的通道。

3）水化产物合理。

CH 和 C_3AH_6 是混凝土内易受腐蚀的水化产物。HPC 中 C_3AH_6 的含量相对较少，火山灰反应显著降低了 CH 含量，并减小了其晶体尺寸。此外，火山灰反应导致 HPC 内形成了大量的低 C/S 比的 C-S-H 凝胶，其结构致密。因此，HPC 的水化产物更加合理，提高了混凝土在腐蚀环境中的稳定性。

4）钢筋难以锈蚀。

混凝土结构的钢筋锈蚀条件是：孔隙溶液的 pH 小于 11.5，或者 Cl^-/OH^- 大于 0.63。

第一，硅灰等矿物掺合料主要吸收孔隙溶液的 K^+ 和 Na^+，对 OH^- 浓度影响较小，其 pH 维持在 12.8 以上；第二，HPC 的 Cl^- 扩散系数较小，大部分 Cl^- 在扩散过程中被结合，钢筋界面处的自由 Cl^- 极少，不足以破坏钝化膜；第三，混凝土中钢筋的锈蚀速度大致与混凝土电阻率成反比，当电阻率在 0.65 kΩ·m 以上时腐蚀几乎为零，当电阻率在 1 kΩ·m 以上时，即使混凝土受到氯盐污染，钢筋腐蚀速度也很低，而 HPC 的电阻率可达到 2.5 kΩ·m，因此，在 HPC 中钢筋的电化学反应难以进行。

§2.2 混凝土工作性

§2.2.1 工作性的提出

现代混凝土施工工艺应包括集中搅拌、远距离运输、泵送、振捣或不振捣、自密实自流平或水下浇筑等。混凝土的工作性必须满足施工工艺要求才能实现高效施工，保证工程质量。混凝土的工作性(又称和易性)指的是混凝土拌合物在进行搅拌、运输、浇筑以及捣实成型等施工作业时，能够使混凝土拌合物组成成分保持均匀，不发生分层、离析、泌水等现象，并且具有良好的塑性以及易于密实成型的性能。混凝土拌合物的工作性包括流动性、黏聚性以及保水性。因此，混凝土的工作性与混凝土力学性能、耐久性密切相关；硬化混凝土出现质量问题绝大部分是由于新拌混凝土本身存在缺陷。施工对混凝土和易性的要求取决于结构物的尺寸、形状、钢筋间距、运输、浇捣等施工方法和施工设备，以及施工气温等因素。目前，在一般的施工规范中主要提出流动性的要求，对于黏聚性和保水性还没有具体标准，但应当尽可能使拌合物具有较小的析水率和较好的黏聚性，即不易产生离析。

1)工作性的概念。

混凝土拌合物的工作性是混凝土工艺的一项重要内容。T. C. Powers 对工作性的提法是："塑性混凝土拌合物决定其浇灌难易与对离析抵抗程度的性质，包括流动性与黏聚性两者的综合效应。"英国的 Glanville, Collins 与 Matthews 于 1947 年提出"工作性是决定产生完全密实所需要'有用内功'数量的混凝土性质"，明确了"有用内功"作为对灌溉成型难易的定量测度。

P. Hallstrom 在 1955 年提出：稠度(工作性同义语)＝稳定性，黏聚性，液性及流动性。

K. Newman 在 1960 年提出：工作性＝易密性，流动性，稳定性及终饰性能。

O. J. Uzomaka 在 1970 年提出：工作性＝易密性，摊铺性能及稳定性。

此式第一种提法指孔隙的减少，第二种提法意味着改变形状的时间，第三种提法即均匀黏聚性。我国黄大能在 1981 年的提法与这些提法相似。

流变学是研究物质流动和变形的科学，是近代力学的一个分支。对水泥混凝土而言，则是研究水泥砂浆、砂浆和混凝土混合了黏、塑、弹性的演变，以及硬化混凝土的强度弹性模量和徐变等问题。

流变学提供的参数摆脱了仪器设计和试验条件的干扰，提出了表征物性的参数。研究材料的流变特性，要研究材料在某一瞬间的应力和应变的定量关系，这种关系常用流变方程来表示。

而一般材料的流变方程的建立，都基于以下三种理想材料的基本模型的基本流变方程：

(1)虎克(Hooke)固体模型，它表示具有完全弹性的理想材料(应力与应变成正比关系，应变与时间无关)。

(2)圣维南(St. Venant)固体模型，它表示超过屈服点后，只有塑性变形的理想材料。

（3）牛顿（Newton）液体模型，它表示只具有理想黏性材料（材料的变形和应力随时间变化的变形特性称为黏性，理想的黏性流体其流动形变可用牛顿定律来描述：应力与应变速率成正比），理想黏性体的形变随时间线性发展。

水泥净浆和新拌混凝土的流动，作为第一次近似常用宾汉姆（Bingham）模型及公式来描述，即

$$\tau = \tau_f + \eta_{pl} \frac{d\gamma}{dt} \tag{2-1}$$

式中：τ 为剪切应力，τ_f 为屈服强度，Pa；$d\gamma/dt$ 为剪切速率即速度梯度，$1/s$；η_{pl} 为塑性黏度，Pa·s，其曲线见图 2-9。

从图中可以看出，宾汉姆体在 $\tau \leqslant \tau_f$ 时，不发生流动。因此，圣维南体是宾汉姆体黏性为零时的特殊形式。同时，$\tau > \tau_f$ 后，宾汉姆体就按牛顿理想液体的规律产生流动。

T. P. Tassios 在 1973 年总结文献，编制了混凝土拌合物工作性分解表（表 2-2），将工作性分解为几个方面，罗列了人们从工程角度希求的材料行为，将所牵涉的工程性质最后归结为材料的基本流变性质。

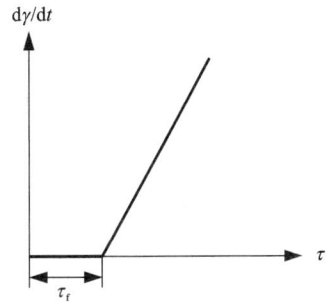

图 2-9　Bingham 模型流变曲线

表 2-2　混凝土拌合物工作性分解

实际需要	希求行为	牵涉的工程性质	对应的流变性质
运输、浇灌的需要；流动性（Mobility）；另加特殊需要，譬如"可泵性"	开始流动的阻力小；流动过程中阻力小；流动和变形而无内部断裂	表面的润滑液性（Fluidity）；可塑性	净浆边界层的 τ_f 要低（C 低，φ 低）；塑性黏度 η_{pl} 低；临界剪应变 δ_u 要大；较高内黏聚力 C
稳定性；运送和操作中的均匀性	保水力；净浆承受粗骨料相对运动的能力	泌水；离析	较高内黏聚力 C；较高塑性黏度 η_{pl}
易密实性（在指定的固实程序中达到最大密实程度）	内部阻力微小；表面阻力微小	内摩擦力；黏附力	τ_f 低（C 低，φ 低）；压缩模量 E 低，临界法向压力 σ_u 低
终饰抹面性能（Finish ability）	包含适宜百分率的内聚性净浆	可塑性；泌水	较高临界剪应变 δ_u；较高内黏聚力 C

注：τ_f 为临界剪应力（屈服强度）；η_{pl} 为塑性黏度；δ_u 为临界剪应变；C 为内黏聚力；φ 为未搅动新拌混凝土的内摩擦角；E 为压缩模量；σ_u 为临界法向压力。

混凝土的工作性是由混凝土的流动性、黏聚性、保水性等性质组成的总体概念。混凝土的流动性是指混凝土拌合物在自重或者施工振捣的作用下能够产生流动并能够均匀、密实地填满其浇筑模板的性能。混凝土拌合物的黏聚性是指混凝土拌合物在进行搅拌、运输、浇筑以及捣实成型等施工作业时，具有一定的黏聚力，不会使混凝土拌合物在施工过程中产生分层、离析等现象，从而使得混凝土获得整体均匀的性能。混凝土拌合物的保水性是指混凝土拌合物在施工时，混凝土拌合物具有一定的保水能力，使得混凝土拌合物在施工的过程中以及施工后不致产生严重的析水(或称为泌水)现象的性能。

§2.2.2 工作性的试验方法与影响因素分析

1)试验方法。

混凝土的工作性是针对混凝土拌合物的稠度而言的，混凝土的工作性包括混凝土拌合物中的砂、石、水泥、水混合起来便于搅拌的性能；同时也是其自重流动(即易于运输、易于浇密、易于抹平以及不发生泌水、离析)等一系列性能的综合。简要来说，工作性好的混凝土即为使用较少的功能，就可以浇筑出最为密实的混凝土。混凝土的工作性是由混凝土的流动性、黏聚性、保水性等性质组成的总体概念，因此很难用一个确切的技术指标进行表达，已有工作性试验有：

(1)稠度试验。

(2)坍落度和坍落扩散度试验。

(3)密实因数试验。

(4)球体贯入试验。

(5)Vebe 试验。

(6)流动度试验。

(7)漏斗试验。

混凝土拌合物工作性目前的试验方法以坍落度法以及维勃稠度法为主要试验方法。

2)新拌混凝土工作性影响因素的分析。

新拌混凝土的工作性主要有以下影响因素。

(1)水泥浆数量。

水泥浆的数量对混凝土的流动性有着直接影响。在水泥混凝土拌合物的水灰比不变的情况下，水泥浆的数量越多，水泥混凝土拌合物的流动性会越大；但如果水泥浆的数量过多，则会导致拌合物出现流浆现象；水泥混凝土拌合物的保水性以及黏聚性均会受到较大的影响。当水泥浆数量过多时，不仅会降低拌合物的强度和耐久性，并且会浪费水泥。但是如果水泥浆的数量较少，从而不能很好地包裹骨料和填充砂石的空隙，同样会降低水泥混凝土拌合物的流动性以及黏聚性。因此，控制好水泥浆的用量才能配制出工作性较好的拌合物。所以水泥浆的数量对拌合物的工作性有着很大的影响。

(2)砂率。

砂率即混凝土拌合物中砂的质量占砂石总质量的百分数。砂率的大小可反映出砂和石子两者之间的关系。当砂率过小时，砂浆就不能很好地包裹石子，不能在石子表面形成很好的润滑层，从而导致了混凝土拌合物的流动性较差，同时也会对混凝土拌合物的黏聚性以及保水性产生较为严重的影响。当砂率过大时，会导致骨料的空隙率以及总表面积较大，在水泥浆数量不变的情况下，混凝土拌合物会显得较为干稠，从而使得流动性变差。因此，砂率既不能过大，也不能太小，必须选用合理砂率。合理砂率即在坍落度以及水灰比不变的条件下，能够使得水泥用量最省的砂率；或者当水的用量以及水泥用量一定时，能使得混凝土拌合物达到最大的流动性、黏聚性以及保水性的砂率。所以，砂率对混凝土拌合物的工作性也有着较大的影响。

（3）水灰比。

水灰比的大小决定了水泥浆的稀稠程度。当混凝土拌合物的水灰比过大时，会降低混凝土拌合物的黏聚性以及保水性，可能会出现流浆、离析等现象，因而会对混凝土的强度和耐久性产生较为严重的影响。如果水灰比过小，则会造成水泥浆干稠，甚至会使得水泥浆不能够正常水化，流动性也得不到满足，从而使得施工操作困难，难以保证施工质量。因此水灰比对混凝土拌合物的工作性同样有着较大的影响。

（4）其他因素。

除以上因素外，其他因素对混凝土拌合物的工作性也有着较为明显的影响，如水泥的种类、水泥的细度、骨料的性质、温度、时间以及外加剂的种类等。通过试验可以证明，用粉煤灰水泥配制的混凝土流动性、黏聚性、保水性均较好，但使用矿渣水泥配制的混凝土保水性较差，用卵石配制的混凝土流动性较碎石配制的混凝土要好。影响水泥混凝土拌合物工作性的因素有很多，因此在施工时应着重注意实际情况。

流态混凝土（FLC）和高性能混凝土（HPC）的工作性应满足现代混凝土施工工艺的要求：

①大坍落度及坍落度损失小。
②泌水小，抗离析，均匀性好。
③可泵性好。
④填充性好。

只有将混凝土配合比设计与复合超塑化剂（CSP）配方设计结合才能取得最佳技术效果。结合 HPC 和 FLC 新拌混凝土工作性要素的分析，可以认为复合超塑化剂的配方设计时应解决三个主要矛盾：

①大坍落度与坍落度损失的矛盾。
②变形能力与抗离析性的矛盾。
③流动性与黏聚性的矛盾。

3）新拌混凝土坍落度损失。

新拌水泥混凝土的坍落度损失也称为混凝土流动性的经时损失，具体是指混凝土拌合物的坍落度值随拌合后的时间延长而逐渐减小的性质，对普通混凝土来说是一种常见的特性，其根本原因是混凝土中的拌合用水由于水泥水化而逐渐消耗，部分水分还会蒸发到空气中，时间越长，混合料的流动性越小，最终混凝土失去塑性，获得强度。

在日常的施工与生产过程中，如果新拌混凝土坍落度损失较大，当新拌混凝土到达现场时，坍落度将会低于施工标准最低坍落度的要求。如果此时运抵施工现场的混凝土被迫退回，则会造成一定的经济损失；如果当混凝土拌合物出现坍落度过大，则会造成混凝土质量的问题，从而又会影响到混凝土生产。

因此在配制流态混凝土、商品混凝土、泵送混凝土和高性能混凝土时，为了满足施工工艺要求，必须控制新拌混凝土的坍落度损失。

控制新拌混凝土的坍落度主要是控制初始坍落度和入泵前或摊铺前的坍落度，这二者之间的差值是由运输时间或工艺过程的要求决定。

§2.2.3 坍落度损失的影响与控制

坍落度损失快时不能满足施工工艺的要求。如果初始坍落度较大(>20 cm)，同时要求坍落度不损失，这样会使混凝土凝结较慢、拌合物长时间保持大流动状态，容易造成泌水和离析或表面产生干缩裂缝。

流态混凝土是根据施工工艺的要求控制坍落度损失，而不是坍落度不损失或损失越慢越好。因为对于泵送和浇筑工艺的混凝土以坍落度为 15~18 cm 更有利。不同混凝土所需要的坍落度见表2-3。

表2-3　各种混凝土所要的坍落度

混凝土类型	大流动混凝土/cm	泵送混凝土/cm	流态混凝土/cm	高性能混凝土/cm	自密实混凝土/cm
初始坍落度	12~15	15~18	18~22	18~22	22~24

1)影响流态混凝土坍落度损失的因素。

(1)水泥的成分对坍落度损失的影响。

水泥矿物组成，特别是 C_3A 和 C_3S 的含量、含碱量、混合材品种和掺量、石膏的形式和掺量，以及水泥粒子的形貌、颗粒分布和比表面积等都会影响坍落度损失的速度。其基本规律是：

①含 C_3A 高(>8%)、碱含量高(>1%)、比表面高的水泥，坍落度损失速度加快。

②掺硬石膏作调凝剂的水泥，或在水泥粉磨过程中使部分二水石膏转变成半水石膏或无水石膏以及三氧化硫含量不足时，坍落度损失难以控制或损失较快。

③水泥中含活性大或需水量比大的混合材，坍落度损失较快，反之则损失较慢(如石灰石粉、矿渣及粉煤灰等)。

④水泥的形貌、颗粒组成及分布不合理(指磨机类型和粉磨工艺)，坍落度损失较快。

⑤出厂温度较高的水泥(指散装水泥)，坍落度损失较快。

(2)游离水分的含量。

水泥浆体中存在结合水、吸附水和游离水，游离水的存在使浆体具有一定的流动性。这三种水分的比例在水泥水化过程中是变化的。水泥加水后，C_3A 开始水化，消耗大量水分产生化学结合水。

随着初期水化进行会产生大量凝胶，使分散体的比表面积大大增加，并由于表面吸附作用产生大量吸附水(凝胶水)。结合水和吸附水的产生使游离水减少、浆体的流动性逐渐降低，从而产生流动性经时损失。通过掺复合超塑化剂产生分散作用和控制水化过程可以使结合水和吸附水量减少而游离水相应增多，因此能减小流动性损失。

(3)矿物细掺料的影响。

矿物细掺料对流态混凝土坍落度损失的影响主要有三个方面：

①矿物细掺料的需水量比(分别测定试验样品和对比样品达到同一流动度 130~140 mm 加水量之比)应小于 100%,否则坍落度损失较快。

②矿物细掺料的活性适中,活性大时坍落度损失较快。

③矿物细掺料的细度应适中,比表面积太大使混凝土用水量增大、坍落度损失加快。

(4)混凝土配合比及砂率的影响。

在配制流态混凝土时,合适的砂率能保证好的工作性和强度,必须按公式计算得到最佳砂率。而传统配合比设计方法认为砂率越低强度越高,显然不能满足流态混凝土对工作性的要求。另外,试验证明,砂率低时流态混凝土保水性差,容易产生泌水、离析和板结;砂率高时坍落度损失较快,不能满足工作性要求。流态混凝土砂率(砂体积与砂石体积之和的比值百分率)公式为:

$$SP = \frac{V_{es} - V_e + W}{1000 - V_e} \times 100\% \qquad (2-2)$$

式中:V_{es} 为干砂浆体积,$V_{es} = V_c + V_f + V_a + V_s$,$V_c$、$V_f$、$V_a$、$V_s$ 分别表示水泥、细掺料、空气、砂子的体积,l/m^3;V_e 为浆体体积,$V_e = W + V_c + V_f + V_a$,$W$ 为用水量,l/m^3。

由此式可以看到各种因素对砂率的影响:

①砂率随着用水量增加而增大。

②砂率随着浆体体积增加而减小。

③砂率随着石子最大粒径的增大而减小。

(5)环境温度的影响。

温度影响水泥水化和硬化的速度,随着温度增高,水泥水化和硬化的速度加快。因此环境温度影响流态混凝土的坍落度损失速度。其表现为:

①气温低于 10℃时,流态混凝土坍落度损失较慢或几乎不损失。

②气温在 15℃~25℃时,由于气温变化大,坍落度损失难以控制。

③气温在 30℃以上时,水泥的凝结时间并不进一步加快,同时气温变化范围小,因此坍落度损失反而容易控制。

(6)复合超塑化剂(CSP)的作用与配合比设计。

上述各种因素都会影响流态混凝土的坍落度损失速度,但是最终通过掺复合超塑化剂(composite superplasticizer)使坍落度损失得到控制。为了满足这一要求必须针对影响坍落度损失的因素,混凝土的组成和配比,以及施工工艺要求进行复合超塑化剂的配方设计。

设计基本原则是:

①CSP 的相对减水系数(M_t)应满足流态混凝土的初始坍落度要求。

②CSP 的掺量决定流态混凝土初始坍落度的大小。

④CSP 等效缓凝系数(N_t)决定坍落度损失控制程度,N_t 越大,控制越好。

⑤凝结时间差($\Delta t = t_2 - t_1$)决定流态混凝土的硬化速度,t_2 为 CSP 中缓凝组分的终凝时间,分,t_1 为 CSP 中缓凝组分的初凝时间,分。

(7)等效缓凝系数。

$$T = (t_1 - t_0)/t_0 \qquad (2-3)$$

式中:T 为相对缓凝系数;t_0 为空白水泥的初凝时间,分;t_1 为掺缓凝剂时水泥初凝时间,分。

$$N_t = T/T_s \qquad (2-4)$$

式中：N_t 为等效缓凝系数；T_s 为掺 0.1% 的糖时相对缓凝系数；T 为掺一定量的缓凝剂时的相对缓凝系数。

常用的缓凝剂和缓凝减水剂的等效缓凝系数（N_t）见表 2-4。

表 2-4　缓凝剂掺量与 N_t 的关系

掺量/%	0.10	0.15	0.20	0.25	0.30	0.35
木钙	—	—	0.18	0.23	0.35	0.45
糖蜜	0.20	0.40	0.30	—	—	—

2）延缓坍落度损失的方法。

延缓坍落度损失的方法包括：

（1）增加超塑化剂掺量、提高初始坍落度。

（2）调整 CSP 中缓凝组分的组成和剂量。

（3）采用木钙配制泵送剂时，其掺量不得超过 0.15%，并且同时掺稳泡剂。

（4）采用高效缓凝引气减水剂时应同时掺稳泡剂。

（5）发现欠硫化现象时应补充可溶性 SO_3。

（6）能延迟水化诱导期的早强剂也能控制坍落度损失。

（7）适当降低砂率可延缓坍落度损失。

以上延缓坍落度损失的方法可单独使用或复合使用，但是 CSP 的等效减水系数和等效缓凝系数必须满足流态混凝土的工作性要求。

3）"欠硫化"现象。

"欠硫化"现象指采用某些硅酸盐水泥配制流态混凝土时，用调整泵送剂中缓凝剂的掺量和品种的方法不能控制坍落度损失，即使缓凝组分超剂量掺用，坍落度损失仍然较快。产生"欠硫化"现象的原因是水泥中可溶性 SO_3 的含量不足，或因外部因素使石膏溶解度降低，破坏了 SO_3 与 C_3A 和碱含量的平衡，使水泥凝结较快，浆体很快失去流动性。

（1）泵送剂降低了石膏的溶解度，使 SO_3 不足。

（2）最佳石膏量是铝酸三钙的一半，掺加掺合料使 SO_3 总量减小。

（3）掺含碱量高的外加剂改变了石膏与 C_3A 的平衡。

（4）二水石膏脱水变为半水石膏，由于半水石膏吸水引起的假凝现象。

§2.2.4　泌水、离析和"滞后泌水"

1）泌水、离析和"滞后泌水"概念。

在新拌水泥混凝土浆体中，非耐久性材料所形成的薄弱层主要由冲淡的水泥浆和一些细集料组成，在新拌混凝土放置时，固相的塑性沉降使水泥浆上浮。由于水分蒸发，导致自由水含量减少、水灰比减小，在毛细管作用下混凝土内部的水分移向表面层，在贫水泥的混合物中，水的迁移还会将一些小粒子带到表面层，由此造成泌水现象。一般来说，水分的上浮会导致泌水通道的形成，混凝土的渗透性增加，混凝土的致密性与材料间的界面强度降低，易引发塑性收缩。泌水特性可用测量泌水率和泌水量表示。如果泌水仅是由水的渗透引起的，蒸发速率不大于泌水率，则不会产生不好的效果，甚至有利于增加混凝土强度，即"正常泌水"是无害的。混合物运送时可能会使一些粗集料从混合物中分离出来，造成混凝土质量不均匀，即离析。一些例证发现，离析可能导致产品的缺陷和蜂巢状开放孔产生。离析可能产生在输送、振捣或浇筑操作过程中，它的主要因素是混合物中颗粒尺度和比重不同。提高坍落度、减少水泥用量或增加集料的最大粒径和数量将增加离析的趋向，组成物正确的级配和操作可以使这一问题得到控制。

混凝土是多相聚集体，新拌混凝土的工作性很大程度上取决于混合物的均匀性和稳定性。如果混合物产生相分离，就会使材料组成不均匀，最终导致材料结构缺陷或结构破坏。如果新拌混凝土的保水性、黏聚性和稳定性不足以抵抗重力和其他外力（如振动、泵压等）的作用，就会产生泌水、离析和板结（分层）。

2）流态混凝土的泌水和离析。

（1）流态混凝土产生离析的主要原因。

配制流态混凝土时流动性与黏聚性会失去平衡，当黏聚性低时，混合物在重力或其他外力作用下产生相分离，破坏了材料组成的均匀性和稳定性，导致离析。通常泌水是离析的前奏，离析必然导致分层（板结），在此情况下存在堵泵的危险。但是少量泌水对防止混凝土表面裂缝产生有利，特别是夏季施工时。

流态混凝土产生离析的主要原因：

①砂率偏低使混合物保水性降低，或砂中含>4.75 mm 粒料（豆石）使实际砂率降低。

②水泥用量少于 250 kg/m³，或<0.25 mm 的粉料少于 350 kg/m³ 使浆体积少于 310 L/m³。

③石子级配不好，或采用单一粒级石子。

④用水量偏大使混合物黏聚性降低。

⑤CSP 减水率高，并含易泌水组分。

调整混凝土配合比、CSP 的掺量和成分完全可以解决离析问题。

（2）FLC 的 V_e、V_{es} 和 SP 与抗离析性的关系。

某工程 C30 混凝土（卵石最大半径 25 mm）的配合比及体积分析见表 2-5。

表 2-5　C30 防渗混凝土配合比

编号	W	C	S	G	W/C	$SP/\%$	抗离析性
1	164	364	708	1150	0.45	38	泌水离析
2	164	364	774	1068	0.45	42	稍泌水
3	164	364	792	1050	0.45	43	不泌水
4	164	364	810	1032	0.45	44	正常

注：W、C、S、G 分别为水、水泥、砂、石头的质量，kg/m³；W/C 为水灰比；SP 为砂率。

表 2-6 某工程 C30 防渗混凝土体积分析

编号	W	V_c	V_s	V_g	V_e	V_{es}
1	164	116	267	426	295	398
2	164	116	292	396	295	423
3	164	116	299	389	295	430
4	164	116	306	382	295	437

注: V_g 为石子的体积,L/m³; V_{es} 为干砂浆体积, $V_{es}=V_c+V_f+V_a+V_s$, V_c、V_f、V_a、V_s 分别表示水泥、细掺料、空气、砂子的体积,L/m³; V_e 为浆体体积, $V_e=W+V_c+V_f+V_a$, W 为用水量,L/m³。

试验研究表明:

①$V_e>330$ L/m³、$V_{es}\geq430$ L/m³ 时,拌合物具有好的工作性。

②$V_e<330$ L/m³、$V_{es}>430$ L/m³ 时,不泌水但黏聚性小、和易性较差。

③$V_e=330$ L/m³、$V_{es}<430$ L/m³ 时,保水性差、易泌水。

④$V_e<330$ L/m³、$V_{es}<430$ L/m³ 时,严重泌水、离析、分层(板结)。

3)"泌水-离析-分层"现象的产生和解决方法。

"泌水-离析-分层"现象可通过图 2-10 所示方法控制。

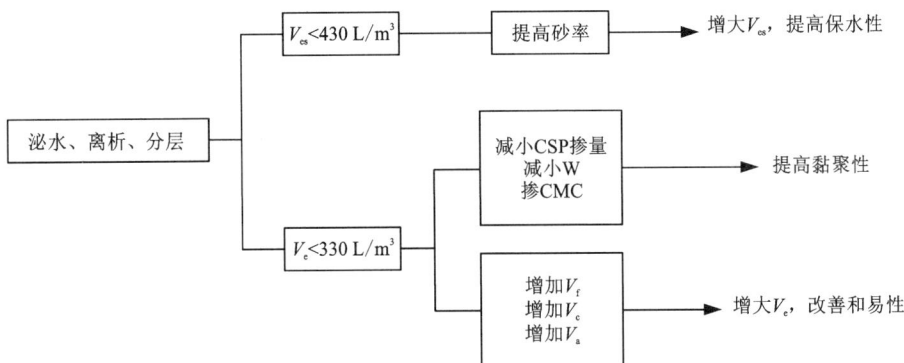

图 2-10 "泌水-离析-分层"产生与调整方法

注:CMC(絮状羧甲基纤维素,一种增稠剂)

4)胶凝材料、砂、石的体积与抗离析性关系。

由表 2-5 和表 2-6 中的数据可以看出,这种 C30 防渗混凝土的配合比不合理,由于用水量太少,使浆体体积不够,故拌合物和易性差,容易产生泌水和离析。

从表 2-6 的体积分析可以看出:

编号 1: $V_e=295$ L/m³<330 L/m³; $V_{es}=398$ L/m³<430 L/m³,因此必然产生泌水。

编号 4: $V_e=295$ L/m³<330 L/m³; $V_{es}=437$ L/m³>430 L/m³,因此理论上不泌水,但实际却是泌水,其原因是采用了单一粒级的碎石,在此情况下必须提高砂率。

对于编号 4:

$$SP=\frac{V_{es}-V_e+W}{1000-V_e}\times100\%=\frac{437-295+164}{1000-295}\times100\%=44\%$$

考虑采用单一粒级的因素,其砂率至少为 44%(编号 3)。

5）防止泌水和离析的措施。

（1）石子级配合理，单一粒级的石子应提高 3%～5% 的砂率。

（2）引气可减小泌水，特别是用卵石配制低标号混凝土时。

（3）掺增稠剂 CMC 时，可提高拌合物的黏聚性和保水性，防止泌水和离析。

（4）合理的砂率能保证好的工作性和强度，流态混凝土的砂率应在 40%～50%。产生泌水的主要原因是砂率偏低。

（5）掺粉煤灰（FA），特别是配制低标号 FLC 时，FA 掺量可大于 20%，从而提高其保水性。

（6）减少用水量或 CSP 的掺量，从而减小游离水量，提高拌合物的黏聚性。

以上措施应针对具体情况分析产生泌水的原因，采取一种或综合方法。

6）"滞后泌水"现象。

流态混凝土试配试验时混合物工作性没问题，即初始坍落度、坍落度损失的控制、泌水率比和抗离析性等都符合要求，但是，在混凝土浇筑后，当时不泌水，而经过 1～2 h 后，产生大面积泌水，这种现象为"滞后泌水"。产生"滞后泌水"的原因可能与矿物细掺料的吸水平衡有关。

$$W_2 = W - W_1 \tag{2-5}$$

式中：W 为细掺料的初始吸水量，kg/m^3；W_1 为细掺料的平衡吸水量，kg/m^3；W_2 为吸水平衡后放出的水量，kg/m^3。

通常矿物细掺料为多孔性粒子（吸水率高），混合物加水搅拌时粒子开始大量吸水（过饱和吸水 W），放置一定时间（1～2 h）逐渐达到吸水平衡（W_1），同时释放出自由水（W_2）。粒子吸水平衡示意图如图 2-11。

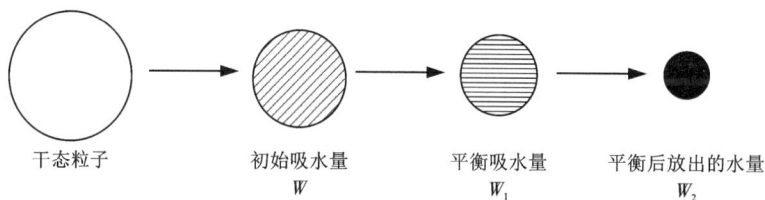

| 干态粒子 | 初始吸水量 W | 平衡吸水量 W_1 | 平衡后放出的水量 W_2 |

图 2-11　粒子吸水平衡示意图

在此情况下自由水的作用：

（1）若拌合物的保水性差，释放出的自由水将导致混凝土"滞后泌水"；

（2）若拌合物的保水性好，释放出的自由水将使拌合物的坍落度提高 1～2 cm。当粉煤灰掺量大于 18% 配制流态混凝土时，有时发生经时（60 min）坍落度大于初始坍落度（1～2 cm）的情况。

流态混凝土"滞后泌水"并不是普遍现象，是在一定条件下产生的。除了上述吸水平衡的原因之外，由于 CSP 缓凝作用过强使拌合物长时间保持大流动状态也是造成"滞后泌水"的原因。如果产生了"滞后泌水"，其解决方法是适当提高砂率和减小粉煤灰掺量。

§2.2.5　新拌混凝土的填充性能

新拌混凝土的填充能力是评价混凝土工作性的一项指标。它不仅可以评价流动中混凝土的变形能力，而且也是评价抗离析性的重要依据。通常变形能力与抗离析性是相互矛盾的，变形能力的提高会导致抗离析能力减小。近年来外加剂的研究带来了新型混凝土，如 HPC、自密实混凝土和水下混凝土，它们具有与普通混凝土不同的特性，即具有很好的填充能力。

新拌混凝土在流动中没有障碍物的条件下，可以用坍落度和坍落流动值表示混凝土的工作度，但是在模板中有复杂钢筋的条件下浇注混凝土(要求不振捣自流平)时，坍落度和坍落流动值就不能直接表示工作度。这样，必须用填充性这一指标来定量地评价混凝土的工作性。

新拌混凝土的填充能力取决于其变形能力和抗离析性。在低坍落度时，新拌混凝土的填充能力主要由变形能力控制；而高坍落度时主要由抗离析性控制。图 2-12 表示坍落度与工作度之间的关系，说明变形能力与抗离析性是相互矛盾的，特别在大坍落度时更是如此。

外加剂的作用：掺高效减水剂和缓凝剂复合的外加剂虽然能提高变形能力，解决大流动性混凝土坍落度损失问题，但是抗离析性没有改善，无法解决变形能力与抗离析性之间的矛盾。要解决这一矛盾，提高工作性，必须掺用增稠剂(或称稳定剂)。

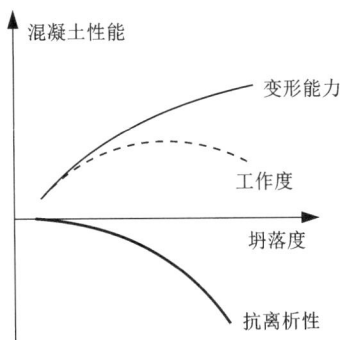

图 2-12　坍落度和工作度之间的关系

增稠剂是一类能显著增加水的黏度的物质，它们是天然或合成的水溶性高分子化合物，如纤维素衍生物、聚丙烯酸钠、聚丙烯酰胺、聚乙烯醇、藻朊酸钠等。3%的甲基纤维素就可以将水的黏度增加 1 万倍。使用增稠剂的目的在于提高分散介质的黏度，增加分散体系的稳定性，减少分层和离析。

增稠剂的作用：增稠剂作为外加剂掺入混凝土中，提高了水的黏度，从而影响新拌混凝土的流变性质。通过矿渣浆剪切实验，研究抗剪力与纤维素增稠剂掺量之间的关系：少量增稠剂能减小抗剪力，但掺量大时抗剪力反而提高(图 2-13)。增稠剂的掺量为矿渣粉重量 0.2%时，抗剪力为最小。

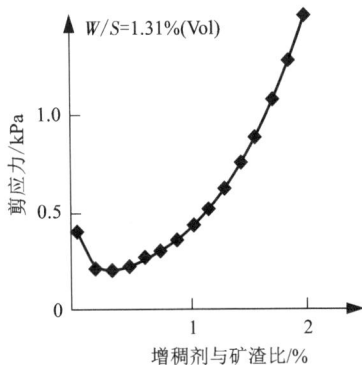

图 2-13　矿渣浆的剪应力(τ)与增稠剂掺量的关系

在配制自密实高性能混凝土时无须振捣,因此要拌合物具有好的填充性能。只有当拌合物的流动性(或变形能力)与抗离析性处于平衡时,填充性能最好。

图 2-14 表示混凝土拌合物的流动性和抗离析性与配合比因素之间的关系。当用水量、外加剂掺量增大时,流动性增大,而抗离析性降低。通过调整用水量、砂率以及 CSP 的组成和掺量,可以使流动性与抗离析性达到平衡,在此情况下拌合物的填充性最佳(曲线 3 的斜线范围)。

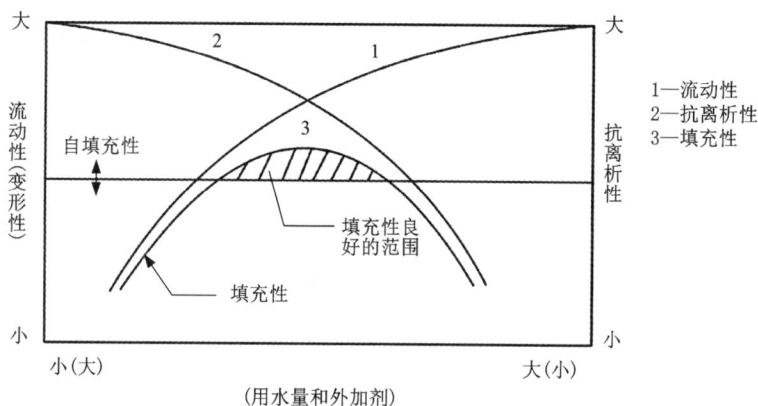

图 2-14　流动性及抗离析性和配合比因素之间的关系概念图

新拌混凝土填充性的调整是通过采用增稠剂和高效减水剂的掺量调整的,图 2-14 中的斜线区是具有良好的填充性的范围。它们主要用于以下几个方面。

1)改善集料在水泥浆中的悬浮性,提高结构物整体的填充能力;产生稳定和均匀的力学性能,减少嵌入钢筋后的结构缺陷,增加对钢筋的握裹力,减少深层结构的顶筋效应;加强水化水泥浆和集料的结合,以提高混凝土的抗渗性。

2)可得到具有抗冲蚀性的流动性混凝土;增加水下混凝土的施工能力,降低混浊度,确保施工要求的力学性能。

3)应用于喷射混凝土,可修补被破坏的建筑物,增加混凝土的抗下沉能力,便于厚混凝土层施工。这种特殊水泥灌浆料的流变性能适用于水下封堵大坝、海岸建筑物、大的基础或岩石的裂缝,也可用于浇注后张力管,这种构件要求具有高抵抗沉降和泌水的能力,确保钢筋应力。

§2.2.6　高效减水剂对水泥的适应性

1)高效减水剂对水泥的适应性。

高效减水剂对水泥的适应性是通过坍落度损失程度判断的。高效减水剂在低水灰比的混凝土中的一个突出问题是不同程度上存在坍落度损失快的现象;而在另一些情况下,水泥和水接触后,在开始的 60~90 min,大坍落度仍能保持,没有离析和泌水现象。前者,外加剂和水泥是不适应的,而后者是适应的。适应性取决于水泥矿物组成(主要是 C_3A、C_3S)、可溶 SO_3 和碱含量。

(1)适应性好(充分兼容):高可溶 SO_3 和高碱量水泥。

（2）适应性稍差（兼容稍差）：中等可溶性硫酸盐和碱含量的水泥。

（3）不适应（不兼容）：可溶性硫酸盐少和低碱水泥。

（4）最佳可溶性碱量为 0.4%～0.6%。

2）外加剂对水泥早期水化放热过程的影响。

掺外加剂能控制水泥早期水化过程（预诱导期和诱导期），使诱导期延长，并且能够不同程度地提高水泥水化的放热速率，这样就能减小坍落度损失。根据这一观点，能延长水化诱导期的不仅是缓凝剂，还可以是早强剂和特殊高分子化合物。高效减水剂几乎未改变水化放热主峰出现时间，仅在一定程度提高放热速率。掺外加剂水泥水化放热曲线如图 2-15 所示。

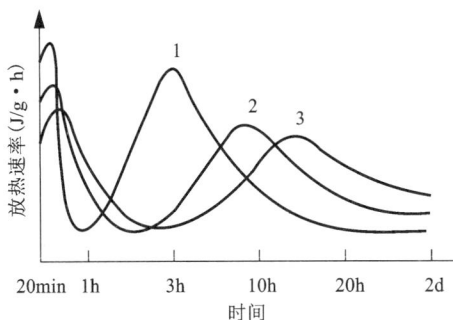

图 2-15　掺外加剂水泥水化放热曲线

1—PC42.5 水泥；2—掺 0.05% 糖；3—掺 0.05% 葡萄糖酸钠

3）坍落度损失与"欠硫化"现象的关系。

产生"欠硫化"现象的原因是水泥中可溶性 SO_3 的含量不足，或外部因素使石膏溶解度降低，破坏了 SO_3 与 C_3A 和碱含量的平衡，使水泥凝结较快，浆体很快失去流动性。

采用高浓萘系高效减水剂配制 CSP，会使坍落度损失加快，而改用低浓萘系高效减水剂配制的 CSP，可使坍落度损失减小。因为低浓萘系高效减水剂中硫酸钠含量高（20% 左右），能补充 SO_3 的不足。另外，在 CSP 中含增加石膏溶解度或代替石膏作用的辅助剂，也可以减小坍落度损失。因此为了避免"欠硫化"现象的产生，CSP 应由高效减水剂、缓凝剂和辅助剂组成。

§2.3　混凝土的力学性能和变形性能

§2.3.1　力学性能

硬化后的混凝土在未受外力作用之前，由于水泥水化造成的物理收缩和化学收缩引起砂浆体积变化，或者因泌水在集料下部形成水囊，会导致集料界面可能出现界面裂缝。在施加外力时，微裂缝处出现应力集中，随着外力的增大，裂缝延伸和扩展，最后导致混凝土破坏。因此，混凝土的受压破坏实质是其内部裂缝失稳扩展到贯通的过程。

1）混凝土的立方体抗压强度。

《混凝土物理力学性能试验方法标准》（GB 50081—2019）规定：制作边长 150 mm 的立方体标准试件，在标准条件（温度 20℃±2℃，相对湿度 95% 以上）下，养护 28 d 龄期，测得的抗

压强度值作为混凝土的立方体抗压强度值，用 f_{cu} 表示，即

$$f_{cu} = \frac{F}{A} \qquad (2-6)$$

式中：f_{cu} 为混凝土的立方体抗压强度，MPa；F 为破坏荷载，N；A 为试件承压面积，mm^2。

采用标准试验方法测定强度是为了使混凝土的质量有可比性。实际工程中，混凝土的养护条件(温度、湿度)不可能与标准养护条件一样，为了掌握结构中混凝土实际达到的强度，往往把混凝土试件放在与实际工程相同的条件下养护，称自然养护，在规定龄期进行试验，将测得的抗压强度值作为现场质量控制的依据。

2)混凝土立方体抗压标准强度与强度等级。

混凝土立方体抗压标准强度，又称混凝土立方体抗压强度标准值，是指按标准方法制作和养护的边长为 150 mm 的立方体试件，在 28 d 龄期，用标准试验方法测得的强度总体分布中具有不低于 95%保证率的抗压强度值，用 $f_{cu, k}$ 表示。

3)混凝土轴心抗压强度。

由棱柱体试件测得的抗压强度称为轴心抗压强度(f_{cp})。《混凝土物理力学性能试验方法标准》(GB 50081—2019)规定采用 150 mm×150 mm×300 mm 的标准棱柱体试件进行抗压强度试验，也可以采用非标准尺寸的棱柱体试件进行抗压强度试验。当混凝土强度等级<C60时，用非标准试件测得的强度值均应乘以尺寸换算系数，换算系数对 200 mm×200 mm×400 mm 的试件为 1.05，对 100 mm×100 mm×300 mm 的试件为 0.95。当混凝土强度等级>C60 时宜采用标准试件；使用非标准试件时，尺寸换算系数应由试验确定。

4)劈裂抗拉强度。

《混凝土物理力学性能试验方法标准》(GB 50081—2019)规定，劈裂抗拉强度采用标准试件边长为 150 mm 的立方体，按规定的劈裂抗拉装置检测劈裂抗拉强度。在立方体试件中心平面内用圆弧垫条施加两个方向相反、均匀分布的压力，当压力增大至一定程度时试件就沿此平面劈裂破坏。

混凝土劈裂抗拉强度按式(2-7)计算：

$$f_{ts} = \frac{2F}{\pi A} = 0.637 \frac{F}{A} \qquad (2-7)$$

式中：f_{ts} 为劈裂抗拉强度，MPa；F 为破坏荷载，N；A 为试件劈裂面面积，mm^2。

§2.3.2 变形性能

硬化混凝土除了受荷载作用产生变形以外，在未受荷载作用的情况下，由于各种物理或化学的因素也会引起局部或整体的体积变化，产生变形。硬化混凝土的非荷载变形包括化学减缩、热胀冷缩、干缩湿胀等。

1)温度变形。

混凝土与其他材料一样，会随着温度的变化产生热胀冷缩的变形。混凝土的温度线膨胀系数为$(6\sim12)\times10^{-6}$ mm/(m·℃)，即温度每升降 1℃，每米混凝土胀缩$(6\sim12)\times10^{-6}$ mm。对于抗拉强度低的混凝土来说，温度降低引起冷缩应变造成的影响较大。混凝土温度变形，除由于降温或升温造成的影响外，还有混凝土内部与外部的温差影响。对大体积混凝土工程，必须尽量减少混凝土发热量。目前常用的方法如下：

（1）采用低热水泥和最大限度减少水泥用量。

（2）选用热膨胀系数低的集料，减小热变形。

（3）预冷原材料，在混凝土中埋冷却水管，表面绝热，调节表面温度下降速率，减小内外温差；

（4）对混凝土合理分缝、分块、减轻约束等。

2）干湿变形。

混凝土在干燥过程中，首先发生气孔水和毛细水的蒸发。气孔水的蒸发并不引起混凝土的收缩。毛细孔水的蒸发，使毛细孔中形成负压，随着空气湿度的降低，负压逐渐增大，产生收缩力，导致混凝土收缩。空气湿度进一步降低，水泥凝胶体颗粒的层间水、吸附水甚至凝胶水也依次脱离混凝土本体，由于分子引力的作用，粒子间距离变小，使凝胶体产生紧缩。混凝土的这种体积收缩，在重新吸水后部分可以恢复，但仍有残余变形不能完全恢复。

混凝土的湿胀变形量很小，一般无损坏作用；但干缩变形是混凝土最主要的体积变形，对混凝土性能危害较大。干缩主要是水泥石产生的，因此，降低水泥用量、减小水灰比是减小干缩的关键。

3）自身收缩。

自身收缩是混凝土在没有干燥和外界因素影响下产生的收缩，水泥水化产物的总体积小于水化前反应物的总体积，又称为化学收缩。试验和计算表明，当水灰比较大（>0.40）时，混凝土中有足够的水进行水化反应和填充凝胶孔与毛细孔，产生的自身收缩很小，因此在结构设计中不把它从较大的干燥收缩中区分出来处理，而是在干燥收缩中一并计算。当水灰比较小（<0.40）时，混凝土由于水泥的水化反应和凝胶吸水，使内部的孔隙失水干燥，引起较大的自身收缩，严重时会导致开裂。因此，对于高强混凝土，自身收缩是一个较突出的问题，应注意防止因自缩产生的开裂。自身收缩是不可恢复的，其收缩量随混凝土龄期的延长而增加，大致与时间的对数成正比。一般在混凝土成型后 40 d 内收缩量增加较快，以后逐渐趋向稳定。

4）在荷载作用下的变形。

混凝土在荷载作用下的变形包括在短期荷载作用下的变形以及徐变。

（1）在短期荷载作用下的变形：混凝土内部结构中含有砂石集料、水泥石（水泥石中又存在着凝胶、晶体和未水化的水泥颗粒）、游离水分和气泡，这就决定了混凝土本身的不均质性。它不是完全的弹性体，而是一种弹塑性体。受力时，混凝土既会产生可以恢复的弹性变形，又会产生不可恢复的塑性变形，其应力与应变关系不是直线而是曲线。混凝土的受力破坏过程实际上是混凝土裂缝的发生和发展过程，也是混凝土内部结构由连续到不连续的演变过程。

（2）徐变：混凝土在恒定荷载的长期作用下，沿着作用力方向的变形随时间不断增长，一般要延续 2~3 年才逐渐趋于稳定。这种在长期荷载作用下产生的变形，称为徐变。当混凝土受荷载作用后，即时产生瞬时变形，瞬时变形以弹性变形为主。随着荷载持续时间的增长，徐变逐渐增长，且在荷载作用初期增长较快，以后逐渐减慢并稳定，混凝土在变形稳定后，如卸去荷载，则部分变形可以产生瞬时恢复，部分变形在一段时间内逐渐恢复，称为徐变恢复，但仍会残余大部分不可恢复的永久变形，称为残余变形。

混凝土徐变可以消除钢筋混凝土内部的应力集中，使应力重新较均匀地分布，对大体积混凝土还可以消除一部分由于温度变形所产生的破坏应力；但在预应力钢筋混凝土结构中，徐变会使钢筋的预加应力损失，影响结构的承载能力。

§2.4　混凝土耐久性

§2.4.1　耐久性概念与意义

1）混凝土耐久性。

混凝土由于其具有广泛的通用性，是当今世界上最主要的建筑材料，同时也是世界上消耗最多的建筑材料之一；混凝土之所以运用如此广泛是因为其具有较为良好的耐久性。混凝土的耐久性，指的是混凝土材料在长期使用过程中，抵抗因服役环境外部因素和材料内部原因造成的侵蚀和破坏，而保持其原有性能不变的能力，也可以称之为混凝土抵抗物理和化学侵蚀（如冻融、高温、碳化、硫酸盐侵蚀等）作用并长期保持其良好的使用性能和外观完整性，从而维持混凝土结构的安全、正常使用的能力。同时，混凝土的耐久性是一个统称，混凝土的耐久性包括抗渗性、抗冻性、抗侵蚀性、混凝土的碳化以及混凝土的碱–骨料反应。

2）混凝土构筑物的服役寿命。

混凝土构筑物的服役寿命是指其受到服役环境因素的侵蚀和破坏，导致其使用性能下降到最低设计值时，所经历的时间（年）。在现行国家标准《混凝土结构设计规范》（GB 50010—2010）中，明确规定混凝土结构设计采用极限状态设计方法。现行设计规范划分了两个极限状态，即承载能力极限状态和正常使用极限状态，而将耐久性能的要求列入正常使用极限状态之中，且以构造要求为主。将混凝土的耐久性与工程的使用寿命相联系，是使用期内结构保持正常功能的能力，这一正常功能不仅包括结构的安全性，而且更多地体现在适用性上。

3）混凝土耐久性的重要性。

当混凝土结构的耐久性不足或者未满足规范要求时，会造成较为严重的影响。比如会大幅缩短其工程的使用寿命，从而会影响到正常使用以及造成较大的安全隐患，增加混凝土构筑物的维护成本；同时也会浪费大量水泥，从而造成资源被大量损耗；又由于废弃的混凝土比较难以处置，因此还会有较为严重的环境污染、经济损失以及国土破坏等弊端。因此，混凝土的耐久性对混凝土以及施工本身来说具有重要的意义。

混凝土耐久性的重要性如下：

（1）保证混凝土构筑物运行的安全性。

（2）延长混凝土构筑物的服役寿命。

（3）节约混凝土构筑物维护成本。

（4）节约自然资源，减少消耗。

（5）改善人类居住的环境条件。

§2.4.2　混凝土性能劣化的模式与劣化因素

1）劣化模式。

环境是直接作用于混凝土材料上的，环境对混凝土的作用主要是温度与湿度及其变化（干湿交替、冻融循环等），以及环境中存在的水、气、盐、酸等有害介质引起的；环境作用所造成的材料劣化通常表现为混凝土内部钢筋的锈蚀以及混凝土的腐蚀与损伤。

混凝土劣化的模式有很多种：

混凝土组成改变、体积膨胀、裂缝、表面开裂、表面剥落、溶蚀、磨损、结构疏松、承载力下降、弹性模量降低、质量损失、体积增长等。

2）劣化因素。

混凝土的劣化分为内因和外因两大因素，内因是混凝土性能劣化的决定因素，外因则是混凝土劣化的必要条件。混凝土性能劣化的内因即混凝土的组成以及结构存在有导致混凝土性能劣化的不利因素，通常有以下几点：

混凝土中的组成因素：

（1）水泥：混凝土所选用的水泥中通常含有的有害组分是碱以及可溶性氯盐，其中可溶性氯盐会带来有害的氯离子，氯离子的渗透能力极强，极易渗透到混凝土的内部并腐蚀钢筋，从而使得混凝土内部的钢筋表面局部产生腐蚀电池效应（其化学式为：$Fe-2e=Fe^{2+}$、$2Cl^-+Fe^{2+}+nH_2O=FeCl_2 \cdot nH_2O$）。虽然各类规范对水泥中含有的可溶性氯盐以及碱性物质的含量有着较为明确的规定，但其他原材料中带有的该类物质往往难以避免，有时甚至会有人为的因素使得水泥中可溶性氯盐以及碱含量严重超标。

（2）粗骨料：水泥中通常含有一些活性骨料，这些活性骨料可以与水泥中的碱发生化学反应，从而会导致混凝土结构发生开裂现象。这种现象即碱−骨料反应。在通常情况下，集料中的活性硅会与水泥中的碱性氧化物发生化学反应，这种化学反应的结果是在骨料的表面生成结构十分复杂的碱硅酸凝胶（化学式为：$R_2O+SiO_2=R_2SiO_3$）。这些结构复杂的碱硅酸凝胶会在水分充足、能够不断吸水的情况下，使自身体积膨胀很多倍，从而使得水泥石发生胀裂，同时产生胶体外流等现象，使混凝土结构发生较为严重的损坏。碱−骨料反应的破坏通常是长期的，并且难以逆转，遭到碱−骨料反应破坏后混凝土结构的性能通常是不能恢复的。

（3）外加剂：许多水泥混凝土的外加剂中有碱的存在，有的防冻剂中也含有氯盐以及硝酸盐。

混凝土结构方面的因素：

（1）混凝土的早期开裂：混凝土的早期开裂危害很大，由于混凝土的开裂会导致混凝土的第一道"保护屏障"被破坏，外界有害组分将极易进入到结构的内部，同时还极易引发混凝土内部的钢筋发生锈蚀。

（2）渗透作用：如果混凝土的水灰比过高，往往会导致水泥的界面结构比较薄弱，混凝土中将存在许多渗透通道，使得混凝土的抗渗性降低，从而使有害物质能够通过渗透作用进入到混凝土内部。

外因也是导致混凝土性能劣化的一大关键要素，通常结构完好的混凝土受到外界环境因素的影响导致混凝土发生破坏的形式有以下几点：

（1）冻融破坏：冻融破坏即混凝土在饱水状态下，由于冻融循环作用而产生的结构破坏。其原理是渗入到混凝土中的水由于温度发生变化导致结冰，从而使得内部体积膨胀引起混凝土的结构破坏。其影响因素为混凝土构件内部的孔结构、水的饱和程度、混凝土构件的受冻龄期以及混凝土自身的强度。预防措施是在制备混凝土时加入一定量的引气剂，从而能够保证混凝土中的含气量在 5%～6%，让混凝土内部冻结的冰能够有体积膨胀的空间，不对混凝土结构产生压力。

（2）硫酸盐侵蚀破坏：其原理是侵入到混凝土内部的硫酸根离子与水泥石中的水化铝酸钙发生反应生成高硫型水化硫铝酸钙，即钙矾石。由于钙矾石中含有大量的结晶水，会使得钙矾石的体积发生膨胀，从而导致混凝土结构发生破坏。其方程式为：

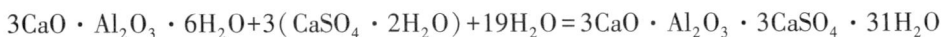

$$3CaO \cdot Al_2O_3 \cdot 6H_2O + 3(CaSO_4 \cdot 2H_2O) + 19H_2O = 3CaO \cdot Al_2O_3 \cdot 3CaSO_4 \cdot 31H_2O$$

其中，该破坏的外界条件为有可溶性的硫酸盐存在，其内在因素为混凝土内部结构中有渗透通道，在组成上有能够与硫酸盐反应的钙离子以及铝酸根离子。当混凝土内部有氯盐存在时，将通过膨胀通道来加速扩散的过程，会加剧钢筋混凝土中钢筋的腐蚀。当硫酸盐与氯盐复合存在时，会严重降低钢筋混凝土的耐久性以及服役寿命，从而造成极大的安全隐患。预防措施有在钢筋的表面涂防锈剂从而提高混凝土结构的抗渗等级，以及使用电极法驱除氯离子。

（3）碳化：混凝土的碳化指的是混凝土内部水泥石中的氢氧化钙、C-S-H 凝胶等与空气中的二氧化碳在湿度适宜时发生化学反应，生成了碳酸钙和水，也称之为混凝土的中性化。碳化是一种长期普遍的性能劣化现象，碳化对混凝土的性能影响有利有弊，但总体来说是弊大于利。碳化的优势在于碳化作用产生的碳酸钙能够填充水泥石的孔隙，放出的水分也有助于未水化水泥水化反应的进行，从而可以提高混凝土碳化层的密实度，有利于提高混凝土的抗压强度。但是碳化对混凝土性能同样具有很大的弊端，混凝土的碳化会大幅减弱混凝土对内部钢筋的保护作用，使钢筋发生锈蚀，导致混凝土结构开裂；同时也增加了混凝土的收缩作用；也会使得混凝土内部的氢氧化钙大量流失，导致了 C-S-H 凝胶分解，使得混凝土粉化。碳化的外界条件是空气中的二氧化碳，内在因素是混凝土结构致密差，混凝土的抗碳化性能差。预防措施是提升混凝土的致密性，以及增加外部保护层。

（4）外力的破坏：外力的破坏通常存在于路面以及桥面板的破坏，外因和内因分别为车辆的超载和设计等级不够。预防措施为限超以及提高路面等级。

§2.4.3 混凝土的抗渗性

水灰比是影响混凝土耐久性的基本点，另一个需要考虑的要点是混凝土的渗透性。当我们谈论混凝土的耐久性时，通常从混凝土的渗透性开始讨论，因为它比水灰比对耐久性的影响更为广泛和直接。例如，作为混凝土渗透率的一个考虑因素，水灰比并不直接参与到过渡区微裂纹的形成与发展，而初始阶段的微裂纹非常小，以至于这并不会增加渗透性。但是，由于干燥收缩、热收缩和外部施加的载荷，微裂纹会随着时间的推移而扩展，这将增加系统的渗透性。

对许多建筑材料来说，水是它们生产过程的重要原料之一，同时也是它们破坏过程中的主要介质之一。水也是多数结构混凝土出现耐久性问题的核心。不仅物理劣化过程与水有关；同时作为传输侵蚀性离子的介质，水又是其化学劣化过程的一个根源。混凝土的抗渗性是反映混凝土耐久性的一个重要指标。混凝土内部存在孔隙通道是其渗水的根本原因。

孔隙通道包括混凝土中可蒸发水蒸发后留下的孔道、拌合物泌水时在骨料和钢筋下方形成的水囊与水膜、各种原因引起的混凝土体积变形所产生的收缩裂缝、混凝土在荷载作用下的变形等，这些都是混凝土抗渗性的影响因素。

孔隙通道的范围和尺寸取决于水灰比，这是影响膏体渗透性的主要因素之一。在较低的水灰比下，不仅孔隙通道的范围较小，而且直径也较小，在低水灰比下产生的孔隙通道将在几天内被水泥的水化产物填满。只有过高的水灰比（比如大于 0.7）导致的过大的空腔不会被水化产物填满，而是作为未分段的空腔保留下来，这是影响膏体渗透性的最主要的原因。

从理论上讲,将低渗透率的骨料引入水泥浆中,由于骨料颗粒拦截了流动通道并使水被迫采取迂回路线,因此有望降低系统的渗透性。与纯水泥浆相比,具有相同水灰比和龄期的混凝土应具有较低的渗透系数。但从实际的测试数据来看,情况并非如此。骨料的引入,尤其是较大尺寸骨料的引入,反而大大增加了渗透性。其原因在于过渡区产生的微裂纹的发展。关于在过渡区产生的微裂纹的大小,意见不一。然而,干燥收缩、热收缩和外部施加的载荷可能引起脆弱的过渡区在早期就产生裂纹,导致过渡区的裂缝尺寸比水泥浆体中存在的大多数孔隙通道大得多。

最佳比例的火山灰材料的使用会降低混凝土的渗透性,这是由于可溶、可浸出的 $Ca(OH)_2$ 转化成胶结产物,使用引气剂会使得混凝土多孔,但与普遍的看法相反的是,当用量高达 6% 时,会使混凝土更不透水。高压蒸汽养护的混凝土与压碎的二氧化硅一起降低了渗透性,这是由于形成了较粗的 C-S-H 凝胶、较低的干燥收缩率和 $Ca(OH)_2$ 加速转化成胶结产物。

工程实践证明,采用适宜的原材料及良好的生产、浇筑与养护操作,当水泥用量为 300~350 kg/m³、水灰比为 0.45~0.55,制备出的 28 d 抗压强度为 35~40 MPa 的混凝土,在大多数环境条件下可以呈现足够低的渗透性和良好的耐久性能。

硬化水泥浆体或混凝土因毛细作用(而不是压力梯度)吸收或吸附水分于其孔隙里的性质,称为吸水性。试验表明,吸水性大小主要反映混凝土靠近表层的抗渗性。

混凝土的抗渗性以抗渗等级来表示。抗渗等级是以 28 d 龄期的标准抗渗试件,按规定逐级加压方法试验,以不渗水时所能承受的最大水压力来表示,划分为 P2、P4、P6、P8、P12 等等级,它们分别表示能抵抗 0.2 MPa、0.4 MPa、0.6 MPa、0.8 MPa、1.2 MPa 的水压力而不渗透。

混凝土的抗渗等级以每组 6 个试件中有 4 个试件未出现渗水时的最大水压力乘以 10 来确定。混凝土的抗渗等级应按下式计算:

$$P = 10H - 1 \tag{2-8}$$

式中:P 为混凝土抗渗等级;H 为 6 个试件中有 4 个试件渗水时的水压力,MPa。

§2.4.4 混凝土的抗冻性

混凝土结构,尤其是暴露在大气中的混凝土结构,会经历冻融循环,因此会遭受霜冻的破坏作用。在寒冷国家,影响混凝土耐久性的非常重要的因素之一是霜冻的作用。霜冻作用是对混凝土耐久性影响最大的风化作用之一,在极端条件下,混凝土的寿命可以缩短到只有几年,因此,增强混凝土抗冻性是非常重要的,并已研究了 70 多年。

1)混凝土的抗冻性的定义。

在吸水饱和状态下,混凝土能够经受多次冻融循环而不破坏,也不显著降低其强度的性能,称为混凝土的抗冻性。

2)引起冻害的原因。

新拌混凝土含有大量的自由水,如果这些自由水处于冰点温度,就会形成不连续的冰透镜体。水在结冰时体积膨胀约 9%。新拌混凝土中形成的冰透镜体会破坏新拌混凝土的结构,对混凝土造成几乎永久性的破坏。新拌混凝土一旦经受霜冻作用,如果以后在高于冻结温度的温度下硬化,将无法恢复结构完整性。因此,在寒冷的天气浇筑混凝土时,需要注意的基本要点是新浇混凝土的温度应保持在0℃以上，硬化混凝土也不应承受极低的温度。据估计，硬化混凝土中水的冻结可能会产生大约14 MPa的压力。混凝土的强度应大于其在任何时间点承受的应力，以承受破坏作用。

3)冻害破坏的外观模式。

冻害破坏的外观模式主要有剥落、龟裂、分层等形式。

4)构筑物最易受损的位置。

北方气候环境下混凝土路面、桥面板、挡土墙等位置最易受损。

5)混凝土冻害机理。

关于混凝土受冻破坏机理，各国学者进行了很多研究并提出众多学说，如静水压理论、渗透压理论、Fagerlund的临界饱水程度理论、Cady的双机制理论以及Setzer的微冰晶透镜模型理论。其中以美国的T. C. Powers提出的静水压理论、Powers和Helmuth的渗透压理论较受重视。

静水压理论：(1)冰首先在混凝土的冻表面上形成，把试件内部封闭起来。(2)由于结冰膨胀所造成的压力迫使水分向内进入饱和度较小的区域。(3)混凝土渗透性较大时，形成水压梯度，对孔壁产生压力。(4)随着冷却速度的加快、水饱和度的提高和气孔间隔的增大以及渗透性和气孔尺寸的减小，水压将会增高。(5)当水压超过了混凝土抗拉极限强度时，孔壁就会破裂，混凝土受到损害。(6)如果在气温上升结冰融解之后又发生冻结，这种反复出现的冻融交替具有累积的作用，使混凝土的裂缝扩张、表面剥落直至完全瓦解。

渗透压理论：含有未冻水的孔与含冰和离子溶液的大孔之间的渗透压(毛细孔与凝胶孔内溶液之间的浓度差会引起凝胶孔中的离子向毛细孔中的扩散，从而形成了渗透压)，趋于平衡时使孔壁的压力增加。即使水中没有离子溶解，水分子从小孔到含冰孔扩散时也有类似渗透压作用。

6)水结冰产生压力的机理。

水结冰产生压力的机理包括水压、渗透压、毛细孔中冰结晶生长压。

7)水压。

(1)结冰前，两个孔中的水均处于低压。

(2)冷却前锋到达上面的孔，孔压增加，周围混凝土处于高压水环境中。

(3)冷却前锋继续穿过上面的孔，高压水到达下面的孔，引起流体进入下面的孔，流体通过毛细孔中间高度约束的通道时会产生水压并加速破坏作用。

8)提高混凝土抗冻性的方法。

提高混凝土抗冻性的方法为：降低水灰比、保证混凝土良好的养护、加入引气剂、提高骨料的抗冻性、选用抗冻骨料、减少混凝土中孔隙尺寸和水的存在。

9)混凝土中的孔对其抗冻性的影响。

(1)引入的气孔：搅拌中引入的孔隙孔径为10 mm~1 cm，通常是空的；外加剂引入的气孔孔径为0.1~0.2 mm，一般是干燥的。

引入的气孔作用机理：水压很高，可使毛细孔间的水泥石破坏；引入的气孔可以释放水压，避免高压水的产生；大量的空气泡减小了水释放的平均距离；引入的气孔有利于混凝土抗冻害性能的改善。

(2)毛细孔：由可蒸发水挥发留下的孔径为0.01~5 mm；含水；水的冰点为-1℃~-8℃，

取决于孔隙水中离子浓度。

（3）凝胶孔：C-S-H 凝胶内部的孔，其孔径为 1~10 nm；含有化学结合水；由于化学键而抗冻，典型冰点为-78℃。

混凝土抗冻性试验有慢冻法、快冻法、单面冻融法（盐冻法）三种方法，用的较多是快冻法（用 28 d 龄期、吸水饱和状态下的试件，进行低温冰冻、水中融化循环试验，经过一定循环次数后测定试件的强度或弹性模量和质量）。

评价指标：以强度降低不超过 25%、质量损失不超过 5% 时所能承受的最大冻融循环次数 N 为抗冻指标——抗冻标号 D 或耐久性系数 K_m：

$$K_m = PN/300 \tag{2-9}$$

式中：N 为混凝土试件冻融循环试验至相对弹性模量下降到 60% 以下时的冻融循环次数；P 为经 N 次冻融循环后试件的相对弹性模量。

根据快冻法将混凝土分为以下抗冻等级：F10、F15、F25、F50、F100、F150、F200、F250、F300 等九个等级，分别表示混凝土能够承受反复冻融循环次数为 10 次、15 次、25 次、50 次、100 次、150 次、200 次、250 次和 300 次。抗冻等级≥F50 的混凝土称为抗冻混凝土。

§2.4.5 混凝土的硫酸盐侵蚀

大多数土壤含有钙、钠、钾和镁形式的硫酸盐。它们存在于土壤或地下水中。由于硫酸钙的溶解度低，地下水含有更多的其他硫酸盐和更少的硫酸钙。硫酸铵经常存在于农业土壤和水中，来自化肥的使用或来自污水和工业废水。沼泽地、浅水湖泊中有机物的腐烂常常导致 H_2S 的形成，这种物质可以通过细菌作用转化为硫酸。混凝土冷却塔中使用的水也可能是混凝土硫酸盐侵蚀的潜在来源。因此，硫酸盐侵蚀在自然或工业环境中很常见。

离子在混凝土中的扩散（diffusion of ion in concrete）：离子的扩散行为虽与水在混凝土中的传输不同，但它要以水为载体。离子（或原子、分子）在浓度梯度作用下运动，即扩散过程，其传输速率由菲克（Fick）定律求得。

§2.4.5.1 混凝土的硫酸盐侵蚀

固体硫酸盐不会严重侵蚀混凝土，但是当化学物质在溶液中时，它们会进入多孔混凝土并与水化水泥产品反应。在所有硫酸盐中，硫酸镁对混凝土的损害最大，典型的白色外观是硫酸盐侵蚀的迹象。

硫酸盐侵蚀表示混凝土或砂浆中水泥浆体体积增加，这是由于水泥水化产物和含有硫酸盐的溶液之间的化学作用。在硬化的混凝土中，铝酸钙水合物（C-A-H）可以与来自外部的硫酸盐反应，反应产物是硫铝酸钙，在水化水泥浆体的框架内形成。由于固相体积的增加可达 227%，会导致混凝土逐渐发生崩解。

1）导致混凝土硫酸盐侵蚀的原因：硫酸根离子与混凝土中水泥水化物之间的化学反应，形成有害化合物，而导致混凝土组成和结构的破坏、强度下降、表面剥离等。

2）硫酸根离子的来源：海水、有机物环境（垃圾、生活污水）、工业废料、土壤和地下水、水泥熟料。

通过干湿循环实验，当出现抗压强度耐蚀系数达到 75% 或干湿循环次数达到 150 次或达到设计抗硫酸盐等级相应的干湿循环次数三种情况之一后，及时进行抗压强度实验，抗压强

度耐蚀系数应按下式进行计算:

$$K_f = \frac{f_{cn}}{f_{c0}} \times 100 \qquad (2-10)$$

式中: K_f 为抗压强度耐蚀系数,%; f_{cn} 为 N 次干湿循环后受硫酸盐腐蚀的一组混凝土试件的抗压强度测定值,MPa,精确至 0.1 MPa; f_{c0} 为与受硫酸盐腐蚀试件同龄期的标准养护的一组对比混凝土试件的抗压强度测定值,MPa,精确至 0.1 MPa。

抗硫酸盐等级应以混凝土抗压强度耐蚀系数下降到不低于 75% 时的最大干湿循环次数来确定,并应以符号 KS 表示。我国将设计抗硫酸盐等级分为 KS15、KS30、KS60、KS90、KS120、KS150、KS150 以上。

§2.4.5.2 混凝土硫酸盐侵蚀的劣化模式

1) 劣化模式:体积膨胀、开裂(从构件的边缘和角上开始)、表面剥落、质量损失、强度下降、外观劣化——发白。

2) 最易发生的部位:大坝、桥墩、地下基础、水工设施。

§2.4.5.3 混凝土硫酸盐侵蚀机理

1) 钙矾石型侵蚀机理。

外部硫酸根离子渗入水泥石中,与单硫型硫铝酸钙、氢氧化钙、水反应形成钙矾石:

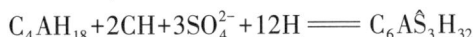
$$C_4AH_{18} + 2CH + 3SO_4^{2-} + 12H = C_6A\hat{S}_3H_{32}$$

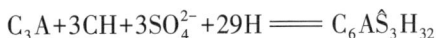
$$C_3A + 3CH + 3SO_4^{2-} + 29H = C_6A\hat{S}_3H_{32}$$

钙矾石体积膨胀产生拉应力,拉应力导致混凝土内部开裂破坏。

钙矾石形成的膨胀机理:

(1) 结晶压力机理:膨胀由钙矾石晶体生长引起,产生的结晶压力作用于水泥石内部和骨料表面过渡区。

(2) 肿胀理论(swelling theory):膨胀由孔溶液中钙矾石结晶生长引起,晶体有很大的表面,吸附水而肿胀,导致膨胀压力。

2) 石膏型侵蚀机理。

化学反应:

硫酸根离子渗入混凝土中的水泥石内,与氢氧化钙 CH 反应,形成二水石膏:

$$CH + \hat{S} + H = C\hat{S}H_2$$

石膏的形成导致强度降低,接着膨胀、开裂,将水泥石转变为糊状、无胶结力的物质。

硫酸盐溶液中阳离子(Na^+、Mg^{2+})的不同,可能将 C-S-H 凝胶转变为石膏。

硫酸钠侵蚀:

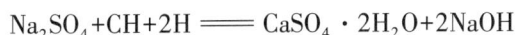
$$Na_2SO_4 + CH + 2H = CaSO_4 \cdot 2H_2O + 2NaOH$$

硫酸镁侵蚀:

$$MgSO_4 + CH + 2H = CaSO_4 \cdot 2H_2O + Mg(OH)_2$$

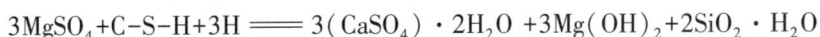
$$3MgSO_4 + C\text{-}S\text{-}H + 3H = 3(CaSO_4) \cdot 2H_2O + 3Mg(OH)_2 + 2SiO_2 \cdot H_2O$$

3) 碳硫硅钙石型硫酸盐侵蚀。

硫酸根离子 SO_4^{2-} 侵入硬化混凝土中,在碳酸盐或 CO_3^{2-} 或 CO_2 的存在下,与 C-S-H 凝胶反应就形成碳硫硅钙石：

$$3Ca^{2+}+SO_4^{2-}+CO_3^{2-}+C\text{-}S\text{-}H+12H_2O \Longrightarrow Ca_3[Si(OH)_6](CO_3)(SO_4)\cdot12H_2O$$

碳硫硅钙石是一种糊状、松软、毫无胶凝能力的物质，因而能使水泥石变成糊状、无黏结力的物体，严重破坏混凝土的结构，降低混凝土的强度，同时也会伴有膨胀性破坏，但膨胀性破坏不是碳硫硅钙石导致的典型破坏。

碳硫硅钙石型硫酸盐侵蚀最易发生的部位：低温环境下的结构物、潮湿环境下的结构物、地下基础、桥墩、隧道。

4）C-S-H 分解型硫酸盐侵蚀。

混凝土水泥中水化物有 C-S-H 和 $Ca(OH)_2$，生产水泥时需加入一定量石膏（$CaSO_4$），且在硫酸盐环境下，水泥中的 Ca^{2+} 可能和环境水中的 SO_4^{2-} 反应生成 $CaSO_4$，当水泥中的水化产物 $Ca(OH)_2$ 与潮湿空气接触生成 $CaCO_3$，或在水泥中加入一定石灰石填料，这些条件加上充足的水会发生如下反应：

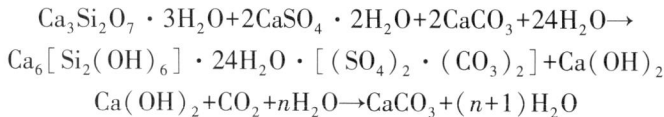

$$Ca_3Si_2O_7\cdot3H_2O+2CaSO_4\cdot2H_2O+2CaCO_3+24H_2O\rightarrow$$
$$Ca_6[Si_2(OH)_6]\cdot24H_2O\cdot[(SO_4)_2\cdot(CO_3)_2]+Ca(OH)_2$$
$$Ca(OH)_2+CO_2+nH_2O\rightarrow CaCO_3+(n+1)H_2O$$

§2.4.5.4　如何阻止混凝土的硫酸盐侵蚀

提高混凝土的质量和抗渗性（加入减水剂）、限制水泥中 C_3A 矿物含量（<5%）、使用中低热水泥、使用抗硫酸盐水泥、掺加火山灰质矿物外加剂、表面涂层保护盐结晶均可抵抗由硫酸盐侵蚀引起的开裂。混凝土因孔隙中盐发生结晶的物理作用，可能会造成严重的损害，许多多孔材料都可能由于与其接触的饱和溶液析晶过程产生的压力引起开裂。盐结晶只能发生在一定温度下溶质的浓度超过饱和浓度的时候，过饱和度越大，结晶压越大。例如岩盐 NaCl 在过饱和度 =2，8℃时，产生的结晶压可达 55.4 MPa，足以让岩石或混凝土开裂。

硫酸盐存在于大多数水泥和一些骨料中：来自这些或其他混合成分的过量水溶性硫酸盐会导致混凝土膨胀和破裂。为防止这种情况，混凝土混合物中水溶性硫酸盐的总含量（以 SO_3 表示）不应超过混合物中水泥质量的 4%。硫酸盐含量应计算为混合物各种成分的总和。

1）使用抗硫酸盐水泥。

抵抗硫酸盐侵蚀的最有效方法是使用 C_3A 含量低的水泥。一般来说，已经发现 C_3A 含量为 7% 时，硫酸盐溶液中性能好的水泥和性能差的水泥之间会有一个粗略的划分。

2）使用优质混凝土。

设计良好、浇筑和压实的混凝土密实且不透水，具有较高的抗硫酸盐侵蚀能力。同样，水灰比较低的混凝土也表现出较高的抗硫酸盐侵蚀能力。

3）使用引气剂。

使用大约 6% 的引气剂对混凝土的抗硫酸盐性有益。这可能是由于减少了离析，改善了和易性，减少了泌水，从总体上提高了混凝土的抗渗性。

4）使用火山灰。

掺入火山灰材料或用火山灰材料代替部分水泥可以减少硫酸盐侵蚀。火山灰的掺入将可浸出的氢氧化钙转化为不可溶、不可浸出的水泥产品。这种火山灰作用是混凝土抗渗性的原因。同时，氢氧化钙的去除降低了混凝土对硫酸镁侵蚀的敏感性。

5) 高压蒸汽养护。

高压蒸汽养护可提高混凝土抗硫酸盐侵蚀能力，这是由于 C_3AH_6 变成了反应性较低的相，同时采用高压蒸汽养护可使二氧化硅反应以除去或减少氢氧化钙。

6) 使用高铝水泥。

高铝水泥对硫酸盐的高抵抗作用的原因还没有完全弄清楚，然而，与波特兰水泥相比，这可能归因于凝固的高铝水泥中不存在任何游离氢氧化钙。高铝水泥含有约 40% 的氧化铝，这是一种在普通硅酸盐水泥中极易受硫酸盐侵蚀的化合物。但是高铝水泥中的氧化铝以不同的方式表现，产生抗性的主要原因是形成了保护膜，从而抑制了硫酸根离子渗透或扩散到内部。值得注意的是，高铝水泥在较高温度下可能不会表现出较高的抗硫酸盐侵蚀能力。

§2.4.6　混凝土的酸腐蚀

混凝土不完全耐酸。根据酸的类型和浓度，大多数酸溶液会缓慢或快速分解波特兰水泥混凝土，但某些酸，如草酸和磷酸是无害的。水泥水合物最脆弱的部分是氢氧化钙，但 C-S-H 凝胶也可能受到攻击。硅质骨料比钙质骨料更有抵抗力。

由于混凝土中硬化水泥浆体呈高碱性，没有任何硅酸盐水泥混凝土可以耐酸腐蚀。但如果注意降低渗透性并且养护良好，也能够生产出在弱酸环境中足够耐久的混凝土。

混凝土会受到 pH 小于 6.5 的液体的侵蚀，但是只有在 pH 低于 5.5 时，攻击才是严重的；pH 低于 4.5 时，发作非常严重。在酸的腐蚀下，所有的水泥化合物最终都被分解并与任何碳酸盐骨料一起被滤出。如果是硫酸的侵蚀，形成的硫酸钙还会继续与水泥中的铝酸钙相反应，形成硫铝酸钙，结晶时会导致混凝土膨胀和破裂。

如果酸或盐溶液能够通过混凝土的裂缝或孔隙到达钢筋，就会发生腐蚀，从而导致开裂。

酸腐蚀机理：

加速溶蚀：

$$Ca(OH)_2 + 2H^+ \rightarrow Ca^{2+} + 2H_2O$$

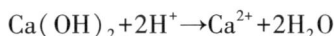

C-S-H 分解成硅凝胶：

$$3CaO \cdot 2SiO_2 \cdot 3H_2O + 6H^+ \rightarrow 3Ca^{2+} + 2SiO_2 + 6H_2O$$

破坏模式：以表面溶蚀为主。

§2.4.7　碱-骨料反应

碱-骨料反应(AAR)基本上是混凝土孔隙水中的羟基离子和某些类型的岩石矿物之间的化学反应，有时作为骨料的一部分发生。由于骨料中的活性二氧化硅参与了这一化学反应，因此通常称为碱-二氧化硅反应(ASR)。自 1940 年美国学者 T. E. Stanton 在普通混凝土中发现碱-骨料反应以来，立即引起了建筑业的普遍关注。许多国家学者相继开展了混凝土碱-骨料反应的调查与研究工作，一致认为碱-骨料反应是造成混凝土结构破坏的重要原因之一。由于碱-骨料反应速度慢、潜伏期长、隐蔽性强，可降低混凝土结构物的强度和安全性；再者碱-骨料反应一旦发生，就难以控制和补救，严重影响结构物的耐久性。该反应主要在适宜的水分和温度条件下进行，在空隙和裂缝中产生所谓的无限膨胀型碱-硅胶，并进一步导致开裂，裂缝宽度的范围可以从 0.1 mm 到 10 mm。

随着混凝土技术人员现在对碱-集料反应的更加关注，水泥制造商对水泥中碱的含量（K_2O 和 Na_2O）要求变得更高。碱含量为 0.6 可视为高碱水泥的门槛值。这是按实际 Na_2O 含量加上熟料 K_2O 含量的 0.658 倍计算的。它应小于水泥质量的 0.6%。碱不仅来自水泥，还来自进入混凝土的含氯化钠、外加剂、混合水、渗透海水、粉煤灰、高炉渣和除冰盐的砂。在计算总碱量时，必须包括所有这些来源的碱。

需要指出的是，碱-二氧化硅反应仅在高浓度的羟基下发生，即在孔隙水的高酸碱度下发生。孔隙水的酸碱度取决于水泥的碱含量。高碱水泥的 pH 为 13.5～13.9，低碱水泥的 pH 为 12.7～13.1。pH 每增加 1.0 就代表氢氧根离子浓度增加 10 倍。因此，在孔隙水中产生低酸碱度的低碱水泥对潜在的活性骨料是安全的。

混凝土的碱-骨料反应可分为碱硅酸盐反应（ASR）和碱碳酸盐反应（ACR）。活性骨料经搅拌后大体上呈均匀分布，发生碱-骨料反应时，混凝土内各部分均产生膨胀应力，将混凝土自身胀裂，其现场最主要的特征是表面开裂，裂纹呈网状（龟背纹）。碱-硅酸盐反应生成的碱-硅酸盐凝胶（又称 AS 凝胶）有时会顺裂缝渗到混凝土表面，新鲜的凝胶呈透明或浅黄色，外观类似于树脂状。脱水后凝胶变成白色，凝胶在流经裂缝的过程中，吸收了钙铝硫等化合物后变成茶褐色至黑色。ASR 的膨胀是由碱-硅酸盐凝胶吸水引起的，因此 AS 凝胶的存在是混凝土发生碱-硅酸盐反应的直接证明，通过检查混凝土的芯样，可找到凝胶。ACR 膨胀是由存在骨料浆体界面和骨料内部的碱-硅酸盐凝胶吸水膨胀引起的，ACR 开裂是由反应生成的方解石和水镁石，在骨料内部受空间结晶生长形成的结晶压力引起的，也就是说，骨料是膨胀源。这种破坏在混凝土芯样表现为：在混凝土中形成与骨料相连的网状裂纹，骨料有时会开裂，其裂纹会延伸到周围的浆体中，裂纹能延伸到另一颗骨料，有时也会从另一未发生反应的骨料边缘通过。

碱-硅酸盐反应（ASR）又被称为"混凝土的癌症"，碱-硅酸盐反应是硅酸盐水泥中的碱金属离子、氢氧根离子、骨料中的硅成分等之间的反应。

1）ASR 破坏形式。

ASR 的主要破坏形式为膨胀与开裂，造成强度与模量损失、黏性碱-硅物质溢出。ASR 破坏主要发生在潮湿环境（大坝、桥墩、海堤）及暴露环境（道路、建筑物外部结构）中。

2）ASR 膨胀机理。

ASR 膨胀机理是氢氧根离子破坏了骨料中的硅氧结构，使硅形成碱-硅酸盐凝胶，并与水接触产生肿胀。

3）影响反应速度的因素。

骨料中硅的活性、水泥中碱含量，AS 凝胶是膨胀的主体。

4）吸附肿胀理论。

骨料周围形成的碱硅凝胶的吸水肿胀和混凝土孔中水的迁移受阻，因而产生膨胀压。

5）渗透压理论（osmotic pressure theory）。

骨料周围形成的 AS 凝胶是一个半透膜，它只允许一个方向流动：碱金属离子和 OH^- 离子扩散进入骨料表面，但硅离子不能从骨料表面渗出，从而产生渗透压。

6）ASR 劣化机理。

混凝土模型：水泥石-活性硅骨料，水泥石中的碱金属离子与骨料中的活性硅反应在骨料表面形成碱-硅凝胶。

7）抑制 ASR 的措施。

（1）限制碱含量：使用低碱水泥、限制其他来源（防止使用盐污染的骨料、防止海水渗入、防止化冰盐溶液渗入、限制混凝土中水泥用量）。

（2）限制活性骨料：保持干燥，选择非活性骨料；选择含碱量≤0.6%的水泥；掺加活性混合材，如硅灰、粉煤灰等。

（3）提高混凝土的密实性或阻止水分渗入。

碱−碳酸盐反应（ACR）是指水泥石液相中的碱与石灰石骨料之间发生的化学反应，特别是黏土质石灰岩和石灰质白云石。由于此类岩石含黏土较多，液相中的碱性离子能够通过包裹在细小的白云石微晶外的黏土渗入白云石颗粒表面，使其产生脱白云石反应，将其中的白云石$[CaMg(CO_3)_2]$转化为水镁石$[Mg(OH)_2]$，反应产物不能通过黏土向外扩散，而是通过脱白云石反应打开通道，使黏土暴露，在水镁石晶体排列的压力与黏土吸水产生膨胀压力的共同作用下，导致骨料开裂。反应式为：

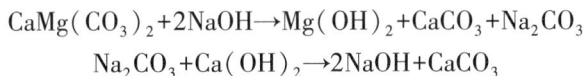

$$CaMg(CO_3)_2 + 2NaOH \rightarrow Mg(OH)_2 + CaCO_3 + Na_2CO_3$$
$$Na_2CO_3 + Ca(OH)_2 \rightarrow 2NaOH + CaCO_3$$

§2.4.8　混凝土的抗碳化性

混凝土碳化是空气中的 CO_2 渗入混凝土并与氢氧化钙反应形成碳酸钙的过程。在 CO_2 的作用下，氢氧化钙转化为碳酸钙会导致较小的收缩。CO_2 本身没有反应性，但在有水分存在的情况下，CO_2 会变成稀碳酸，这种碳酸会侵蚀混凝土并降低混凝土的碱度。空气中含有 CO_2，农村空气中二氧化碳的体积浓度约为 0.03%，在大城市，这一比例可能高达 0.3%，在特殊情况下甚至可能高达 1.0%。在隧道里，如果通风不好，浓度可能会更高。

碳化速度取决于以下因素：

1）相对湿度。

2）混凝土等级。

3）混凝土渗透性。

4）混凝土是否受到保护。

5）保护层厚度。

6）时间。

一方面，如果孔隙中充满水，CO_2 的扩散会非常缓慢。但是无论多少 CO_2 扩散到混凝土中，都很容易形成稀释的碳酸，从而降低碱度。另一方面，如果孔隙相当干燥，即在相对湿度较低时，CO_2 仍以气态形式存在，不会与水和水泥发生反应。故外部来源的水分渗透是混凝土碳化所必需的。当相对湿度在 50%~70% 时，碳化速度最高。

混凝土强度越大，碳化深度的发展速率越慢，原因很明显，混凝土强度越大，水灰比越低。这再次表明，混凝土的渗透性，特别是表层混凝土的渗透性在较低水灰比下要小得多，因此 CO_2 的扩散不会发生得更快，就像在具有较高水灰比的渗透性更强的混凝土的情况下一样。

现在人们已经认识到，混凝土需要保护以获得更长的耐久性，故要求对大跨度桥梁、立交桥、工业建筑和烟囱进行保护涂层。保护层的厚度在保护钢免受碳化方面起着重要的作用。

定义：碳化是指环境中的 CO_2 与混凝土水泥石中的 $Ca(OH)_2$ 作用生成碳酸钙和水，从而降低混凝土中碱度的现象。

危害：由于碱度的降低，混凝土中的钢筋失去保护膜，引起钢筋锈蚀；混凝土表面出现碳化收缩，导致微裂缝的产生，降低混凝土的强度和耐久性。

影响因素：CO_2 浓度、相对湿度、混凝土的密实度、水泥品种和掺合料等。

碳化实验采用 28 d 龄期棱柱体或立方体型混凝土试件，通过混凝土碳化试验箱进行试验，在碳化到 3 d、7 d、14 d 和 28 d 时，分别取出试件，破型测定碳化深度，混凝土在各试验龄期时的平均碳化深度应按下式计算：

$$\overline{d}_t = \frac{1}{n} \sum_{i=1}^{n} d_i \tag{2-11}$$

式中：$\overline{d}_t$ 为试件碳化后的平均碳化深度，mm，精确至 0.1 mm；d_i 为各测点的碳化深度，mm；n 为测点总数。

根据碳化深度，混凝土抗碳化性能可分为以下 5 个等级（表 2-7）：

表 2-7　混凝土抗碳化性能的等级划分

等级	T-I	T-II	T-III	T-IV	T-V
碳化深度 d/mm	$d \geqslant 30$	$20 \leqslant d < 30$	$10 \leqslant d < 20$	$0.1 \leqslant d < 10$	$d < 0.1$

碳化的防范措施：

1）选用抗碳化能力强的水泥品种。矿渣水泥 32.5 形成普通混凝土的碳化速度系数比由普通硅酸盐水泥 42.5 形成普通混凝土的碳化速度系数提高 1.5 倍；52.5 水泥配制混凝土的抗碳化性能比 42.5 水泥配制的要好；同标号早强型水泥比普通型水泥的抗碳化性能要好。

2）在施工条件允许的情况下，尽可能采用较小的水灰比。水灰比是影响混凝土碳化的关键因素。混凝土吸收二氧化碳的量主要取决于水泥用量。当水灰比大于 0.65 时，其抗碳化能力急剧下降；当水灰比小于 0.55 时，混凝土抗碳化能力一般可得到保证。

3）选用能够提高混凝土抗碳化能力的外加剂，如羟基羧酸盐复合性高性能减水剂等。

4）采用优质粉煤灰和超掺系数。在混凝土中掺入优质粉煤灰，可提高混凝土抗碳化能力；采用超量取代水泥方式时，只要选择的配合比适中，混凝土抗碳化能力一般可得到保证。

5）采用适量硅灰、粉煤灰共掺技术。在混凝土中采用适量硅灰、粉煤灰共掺技术，可以大大增强混凝土密实性，提高混凝土抗碳化能力。

6）严格控制混凝土裂缝宽度。按照现行规范，计算和选择配筋率，保证结构断面有足够的构造钢筋，符合混凝土保护层最小厚度等要求。

7）严把混凝土施工质量关。混凝土施工质量优、强度高、密实度好，则其抗碳化性能就较强。

8）采用涂料防护法。在混凝土表面涂刷环氧厚浆涂料、丙烯酸涂料、丙乳水泥涂料等，可以阻止环境中二氧化碳气体向混凝土内部孔隙扩散，从而提高混凝土抗碳化能力。

§2.4.9　混凝土中钢材的腐蚀

硬化混凝土中孔隙水的 pH 一般在 12.5~13.5，这取决于水泥的碱含量。高碱度时可在钢筋周围形成一层薄钝化层，保护钢筋免受氧气和水的作用。只要把钢筋放在高碱性条件下，就不会腐蚀，这种情况被称为钝化。

而在实际情况中，大气中二氧化碳的浓度无论或高或低，都会渗透到混凝土中，使混凝土碳化，降低混凝土的碱度，使硬化水泥浆体中孔隙水的 pH 从 13.0 左右降至 9.0 左右。当所有的氢氧化钙都变成碳酸钙时，酸碱度会降低到 8.3 左右。在如此低的酸碱度下，保护层被破坏，会使钢筋暴露在腐蚀环境中。

混凝土内的强碱性使得钢筋表面形成钝化膜，从而钢筋在混凝土中不会锈蚀。如果钢筋表面钝化膜被破坏，则钢筋就会发生电化学腐蚀——锈蚀破坏，混凝土中钢筋锈蚀，引起体积膨胀 2~7 倍，导致混凝土保护层开裂破坏。混凝土中钢材的钝化会由于下列原因被破坏：混凝土中的 $Ca(OH)_2$ 被空气里的 SO_2、NO_2、CO_2 等酸性氧化物中和而失去碱性；道路洒除冰盐或海水中的氯离子的作用。

混凝土中钢材的锈蚀：

1）碳化引起的锈蚀。

条件：CO_2、水分（相对湿度 50%~70%时最迅速）。

2）氯化物引起的锈蚀。

条件：氯离子扩散，氧气与水分；与保护层厚度、水灰比、水泥用量等有关。

由于混凝土的高碱性，钢筋表面会有一层保护性氧化膜。保护性氧化膜会因碳化而丧失；在水和氧气存在的情况下，由于氯化物的存在，保护层也会丧失。实际上，氯化物诱发钢筋腐蚀的作用比任何其他原因都要严重。

钢筋在混凝土中的腐蚀是一个电化学过程。当混凝土中的钢筋存在电势差时，就会像电化学电池一样。钢筋中，一部分成为阳极，另一部分成为阴极，通过硬化水泥浆中的孔隙水形式的电解质连接。阳极带正电的亚铁离子（Fe^{2+}）进入溶液，而带负电的自由电子（e^-）穿过钢筋进入阴极，在那里它们被电解质的成分吸收，并与水和氧气结合形成氢氧根离子[$(OH)^-$]，然后通过电解质并与亚铁离子结合形成氢氧化铁，氢氧化铁通过进一步氧化转化为铁锈。

阳极反应：

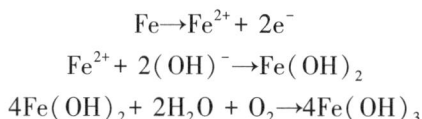

$$Fe \rightarrow Fe^{2+} + 2e^-$$
$$Fe^{2+} + 2(OH)^- \rightarrow Fe(OH)_2$$
$$4Fe(OH)_2 + 2H_2O + O_2 \rightarrow 4Fe(OH)_3$$

阴极反应：

$$4e^- + O_2 + 2H_2O \rightarrow 4(OH)^-$$

如果混凝土干燥或相对湿度低于 60%，不会发生腐蚀，因为没有足够的水来促进腐蚀；如果混凝土完全浸入水中，不会发生腐蚀，因为氧气不会扩散到混凝土中。腐蚀的最佳相对湿度可能是 70%~80%。

根据氧化状态，腐蚀产物的体积是钢筋原始体积的六倍。锈蚀量的增加会对表层混凝土施加推力，导致混凝土出现裂缝、剥落或分层。

氯化物对结构物暴露于潮汐区与浪溅区混凝土的作用，在很大程度上取决暴露时间、条件和混凝土性能。脱顿介质（酸性氧化物或氯化物）到达钢材并开始锈蚀的时间记作 t_0，对于重要结构，常用 t_0 作为设计寿命。保护层的厚度和性质对尽可能地延长 t_0 很关键，低水灰比、水泥用量适当与足够的养护对增大 t_0、降低吸收与扩散系数有益。

下列几种新措施，可以在原材料选择、配合比设计、保护层厚度与施工过程的基础上，进一步改善对钢材腐蚀的防护作用：

1）在新拌混凝土里掺用阻锈剂，如亚硝酸钙。

2）用不锈钢或环氧涂层钢筋作配筋。

3）混凝土采用涂层保护，减少氯盐与氧的侵入。

4）对钢筋进行阴极保护，即外加电压以保持钢筋处于阴极区。

§2.4.10 混凝土耐久性设计

混凝土结构的耐久性设计应包括下列内容：

1）确定结构的设计使用年限、环境类别及其作用等级。

2）采用有利于减轻环境作用的结构形式和布置。

3）规定结构材料的性能与指标。

4）确定钢筋的混凝土保护层厚度。

5）提出混凝土构件裂缝控制与防排水等构造要求。

6）针对环境作用严重的采取合理的防腐蚀附加措施或多重防护措施。

7）采用保证耐久性的混凝土成型工艺，提出保护层厚度的施工质量验收要求。

8）提出结构使用阶段的检测、维护与修复要求，包括检测与维护必需的构造与设施。

9）根据使用阶段的检测，必要时对结构或构件进行耐久性再设计。

对各种处于侵蚀性环境中工作的结构物，不仅需要考虑强度，还需要从耐久性角度来选择原材料、进行混凝土配合比设计和决定钢筋混凝土保护层最小厚度等。

混凝土结构防腐蚀耐久性设计，必须针对结构预定功能和所处环境条件，选择合适的结构形式、合理的构造、抗腐蚀性与抗渗性良好的优质混凝土。对暴露环境严酷或对耐久性有更高要求的重要工程，宜配以其他防腐蚀措施，如采用高性能混凝土、混凝土表面涂层保护、环氧涂层钢筋、混凝土中掺阻锈剂等。

参考文献

［1］丁庆军，何真. 现代混凝土胶凝浆体微结构形成机理研究进展［J］. 中国材料进展，2009，28（11）：8-18+53.

［2］Mehta P K, Monteiro P J M. Concrete：Microstructure, Properties, and Materials［M］. New York：McGraw-Hill, 2013.

［3］贾兴文. 土木工程材料［M］. 重庆：重庆大学出版社，2017.

［4］Michael Ochs, Dirk Mmallants, Lian Wang. Radionuclide and Metal Sorption on Cement and Concrete［M］. Berlin：Springer, Cham, 2016.

［5］余丽武. 建筑材料［M］. 南京：东南大学出版社，2013.

［6］Banfill P F G. Rheology of Fresh Cement and Concrete［M］. Abingdon：Taylor and Francis, 2014.

［7］刘晓敏. 建筑材料与检测［M］. 重庆：重庆大学出版社，2015.

［8］Eckel E C. Cements, Limes and Plasters［M］. Abingdon：Taylor and Francis, 2015.

［9］Wieslaw Kurdowski. Cement and Concrete Chemistry［M］. Berlin：Springer, Dordrecht, 2014.

[10] 刘炯宇. 建筑工程材料[M]. 重庆：重庆大学出版社，2006.

[11] Pan Z F, Zhu Y Z, Zhang D F, et al. Effect of expansive agents on the workability, crack resistance and durability of shrinkage-compensating concrete with low contents of fibers[J]. Construction and Building Materials, 2020, 259：119768.

[12] Matar P, Assaad J J. Concurrent effects of recycled aggregates and polypropylene fibers on workability and key strength properties of self-consolidating concrete[J]. Construction and Building Materials, 2018, 199：492-500.

[13] 符芳. 土木工程材料[M]. 南京：东南大学出版社，2006.

[14] 邓初首，夏勇. 混凝土坍落度影响因素的试验研究[J]. 混凝土，2006(1)：65-66+89.

[15] 张冬梅. 混凝土和易性的影响因素及检测方法研究[J]. 山西建筑，2015, 41(5)：94-95.

[16] 边磊. 影响新拌混凝土工作性的因素和改善措施[J]. 北方交通，2015(11)：45-47.

[17] 李立寒. 道路工程材料[M]. 北京：人民交通出版社，2010.

[18] 钱厚军. 减少玄武岩粗集料水泥混凝土坍落度损失的措施[J]. 公路交通科技(应用技术版)，2010(5)：211-212.

[19] 陈剑雄，李鸿芳，陈寒斌，等. Study of Super High Strength Concrete Containing Super-fine Limestone Powder and Titanium Slag Powder[J]. 建筑材料学报，2005, 8(6)：672-676.

[20] 何燕，孔亚宁，王啸夫，等. 不同羧基密度聚羧酸减水剂对水泥浆体性能的影响[J]. 建筑材料学报，2018, 21(2)：185-188.

[21] Liu J, Yu C, Shu X, et al. Recent advance of chemical admixtures in concrete[J]. Cement and Concrete Research, 2019, 124：105834.

[22] Zhang S, Ghouleh Z, Shao Y. Use of eco-admixture made from municipal solid waste incineration residues in concrete[J]. Cement and Concrete Composites, 2020, 113：103725.

[23] 金伟良，赵羽习. 混凝土结构耐久性研究的回顾与展望[J]. 浙江大学学报(工学版)，2002(4)：371-381+403.

[24] Chen K, Wu D, Xia L, et al. Geopolymer concrete durability subjected to aggressive environments —— A review of influence factors and comparison with ordinary Portland cement[J]. Construction and Building Materials, 2021, 279：122496.

[25] 李恒，郭庆军，王家滨，等. 再生混凝土界面结构及耐久性综述[J]. 材料导报，2020, 34(13)：13050-13057.

[26] Jayaprakash J, Choong K K, Anwar M P. Advances in Construction Materials and Structures[M]. Berlin：Springer, Singapore, 2021.

[27] 鲁懿虬，黄靓. 中美混凝土结构设计规范剪扭构件承载力的对比分析[J]. 工程力学，2012, 29(2)：114-120.

[28] Georgoussis G K. Yield Displacements of Wall-Frame Concrete Structures and Seismic Design Based on Code Performance Objectives[J]. Journal of Earthquake Engineering, 2018, 25(3)：566-578.

[29] 肖红庆，汤蕊瞳. 混凝土耐久性问题综述[J]. 工程建设与设计，2019(15)：222-224.

[30] Qu F, Li W, Dong W, et al. Durability deterioration of concrete under marine environment from material to structure：A critical review[J]. Journal of Building Engineering, 2021, 35：102074.

[31] 沈建生，柳俊哲，毛江鸿，等. 钢筋混凝土不同劣化阶段的电化学特征[J]. 建筑材料学报，2020, 23, (4)：963-968.

[32] Yoon I-S. Deterioration of Concrete Due to Combined Reaction of Carbonation and Chloride Penetration：Experimental Study[J]. Key Engineering Materials, 2007(348-349)：729-732.

[33] 罗晓辉，卫军，罗昕. 混凝土劣化与有害孔洞的物理关系[J]. 华中科技大学学报(自然科学版)，2006

（3）：94-96.

［34］李士彬，孙伟. 疲劳、碳化和氯盐作用下混凝土劣化的研究进展［J］. 硅酸盐学报，2013，41（11）：1459
　　 -1464.

［35］徐亚丁，王玲. 混凝土的耐久性及其提升对策［J］. 混凝土与水泥制品，2016（6）：20-23.

［36］Powers T C, Copeland L E, Hayes J C, et al. Permeability of Portland cement paste［J］. J Am Concr Inst,
　　 1954, 51：285-298.

［37］杨英姿，赵亚丁，巴恒静. 关于混凝土抗冻性试验方法的讨论［J］. 低温建筑技术，2006（5）：1-4.

［38］中国建筑科学研究院. 普通混凝土长期性能和耐久性能试验方法标准（GB/T 50082—2009）.

［40］Papadakis V G, Fardis M N, Vayenas C G. Effect of composition, environmental factors and cement-lime
　　 mortar coating on concrete carbonation［J］. Materials and Structures, 1992, 25（5）：293-304.

第3章

特种混凝土

特种混凝土是指采用新型材料、工业废料或采用新的工艺制成的具有特殊用途的水泥混凝土。本章主要介绍在公路工程中应用较广的特种混凝土材料,包括钢纤维混凝土、喷射混凝土、水下混凝土、高性能混凝土、聚合物混凝土、大体积混凝土、路面滑膜水泥混凝土和泵送混凝土等。

§3.1 钢纤维混凝土

钢纤维混凝土(steel fiber reinforced concrete, SFRC)是将钢纤维均匀掺入普通水泥混凝土中的一种复合材料,除抗压强度、弹性模量外,其余力学、耐久性较普通混凝土显著提高。

本节主要介绍钢纤维混凝土组成材料与工艺特性、钢纤维混凝土增强机理及界面性能、钢纤维混凝土的性能、钢纤维混凝土配合比设计与施工工艺及钢纤维水泥混凝土在工程中的应用。

§3.1.1 钢纤维混凝土组成材料与拌合料特性

§3.1.1.1 组成材料

1)钢纤维。

(1)分类。

①按纤维外形可分为:长直形、压痕形、波浪形、弯钩形、大头形、扭曲形。

②按钢纤维的生产工艺可分为:切断型(钢丝切断,本身强度高达600~3000 MPa)、剪切型(薄钢板剪切成,强度为380~800 MPa)、铣削型(380~800 MPa)、熔抽型(380~800 MPa)。

③按材质可分为:普通碳钢钢纤维、不锈钢钢纤维。

④按混凝土施工方式可分为:浇筑用和喷射用钢纤维。

(2)钢纤维主要性能。

①抗拉强度:依常见破坏形式(拔出破坏),破坏时承受的最大拉应力宜为100~300 MPa。公路工程中单丝钢纤维抗拉强度不宜小于600 MPa。抗拉强度是划分钢纤维级别的依据,厂家生产的钢纤维一般分为380 MPa、600 MPa、1000 MPa三个等级。

②黏结强度:按直接拉拔法测定。提高黏结强度措施有使表面粗糙化、变截面、增加与基体接触面和摩擦力;使钢纤维表面压痕,或压成波形,增加机械黏结力;使钢纤维的尾端

异形化。

③硬度：必须有足够的硬度，避免拌合中变形。

④耐腐蚀性：能抵抗相应环境的侵蚀。

(3)钢纤维的几何参数和体积率。

钢纤维几何参数为长度、直径、长径比($\dfrac{l_f}{d_f}$)，公路工程中要求 $l_{fmin} \geq \dfrac{1}{3}d_{max}$，$l_{fmax} \leq 2d_{max}$，$l_f$ 为钢纤维长度，d_{max} 为集料最大粒径。

2)水泥：用量较大，一般为 360~450 kg/m³，强度为 32.5 或 42.5 等级的普通硅酸盐水泥。

3)砂：用中粗砂为宜，过粗易离析、泌水，过细须增加水泥浆量。

4)石料：常选碎石，最大粒径(d_{max})不大于 20 mm，且不大于钢纤维长度的 2/3。d_{max} 过大，不易分散。骨料的级配应符合要求，否则会影响钢纤维混凝土拌合料的流动性和水泥用量。

5)水：普通混凝土用水均可，严禁使用海水。

6)外加剂：减水剂应用较多，可提高和易性。

§3.1.1.2 钢纤维混凝土拌合料特性

1)钢纤维在混凝土中分散均匀性

(1)分散系数(β)。

分散不均匀：削弱效果、局部强度降低。

按日本山王博之提法：以分散系数 β 描叙(均匀分布时，$\beta=1$；不含时，$\beta=0$)，分散系数公式见式(3-1)：

$$\beta = e^{\varphi(x)}(\text{数理统计指数函数式}) \tag{3-1}$$

式中：β 为分散系数；$\varphi(x) = \sqrt{\dfrac{\sum(x_i-\mu)^2}{n}}/\mu$，$\mu$ 为样本所含纤维数的平均值，n 为分割部分的数目(样本数)，x_i 为分割部分 i 中所含的纤维数。

(2)影响分散均匀性的因素。

①钢纤维的体积率、长径比和品种。

最佳体积率 V_f 为 1.5%(分散系数最大)，以 $V_f = 1\% \sim 2\%$ 为宜。长径比：$l_f/d_f > 100$ 时，易成团；$l_f/d_f < 60$ 时，不易成团。品种：熔抽型和硬度较大的铣削型利于分散。

②d_{max}：15 mm 时为宜，d_{max} 过大，不宜均匀。

③砂率、水灰比、用水量。

当 d_{max}、V_f 不变时，砂率增大，分散系数增大；W/C 和用水量增大，分散系数增大。

④拌合机具和投料方法：应能避免成团。

2)和易性

(1)评价方法：和易性主要有两种测试方法。坍落度法适合于坍落度不小于 10 mm 的塑性混凝土工作性测定；维勃稠度法适合于坍落度小于 10 mm 的干硬性钢纤维混凝土测定稠度，维勃稠度法适用于维勃稠度为 5~30 s 的新拌钢纤维混凝土的测定。

（2）影响因素。

①钢纤维体积率和长径比。

坍落度随 V_f 提高而减小，l_f/d_f 增大，坍落度降低。

②水泥浆用量：用量多，和易性提高，适宜量为 $m_c = 360 \sim 450 \ kg/m^3$。

③水泥浆稠度：$W/C = 0.40 \sim 0.50$ 为宜。

④砂率：影响空隙率和骨料总表面积，小于 5 mm 的集料利于纤维移动，最佳砂率为 40% ~ 50%。

⑤骨料性质：d_{max} 过大，导致纤维在大颗粒下聚集。

⑥外加剂和含气量：含气量小于 6% 为宜，振动密实时，其含气量与普通水泥混凝土相同。

§3.1.2　钢纤维混凝土增强机理及界面性能

§3.1.2.1　钢纤维混凝土增强机理

钢纤维混凝土增强机理的研究主要有两种理论：复合力学理论和纤维间距理论（或称为纤维阻裂理论）。

1）复合力学理论。

复合力学理论将钢纤维增强混凝土看作是一种纤维强化体系，应用混合原理推导钢纤维混凝土的应力、弹性模量和强度等，并引入纤维方向系数（η_0）和纤维长度系数（η_1），考虑在拉伸应力方向上有效纤维体积率的比例和非连续性短纤维应力沿纤维长度的非均匀分布。

在混凝土基体开裂前的近似弹性变形范围内，钢纤维混凝土的应力按混合律为：

$$\sigma = \sigma_m V_m + \eta_0 \eta_1 \sigma_f V_f \tag{3-2}$$

式中：σ 为钢纤维混凝土的应力；σ_f 为钢纤维的应力；σ_m 为混凝土的应力；V_f 为钢纤维体积率；V_m 为混凝土体积率，$V_m = 1 - V_f$。

当混凝土的应变达到混凝土基体的开裂应变 ε_{tu} 时，混凝土开始出现可见微裂缝。其应力达到混凝土抗拉强度 f_t，对应的钢纤维应力为 $E_f \varepsilon_{tu}$，钢纤维与混凝土之间发生相对滑移，钢纤维开始拔出。钢纤维混凝土的开裂强度为：

$$f_{fcr} = f_t V_m + \eta_0 \eta_1 E_f \varepsilon_{tu} V_f \tag{3-3}$$

由于钢纤维的阻裂、增强作用，混凝土基体出现可见裂缝后，钢纤维混凝土并未立即破坏，而随着裂缝的稳定发展，应力继续增大，直至裂缝宽度增大到一定程度，钢纤维逐渐拔出，钢纤维混凝土发生裂缝失稳扩展而破坏。此时，若假定钢纤维与混凝土的平均黏结应力为 τ，$\eta_1 = 1$，则钢纤维的应力为：

$$\sigma_f = \eta_0 \tau \frac{l_f}{d_f} \tag{3-4}$$

式中：l_f 为钢纤维的长度，mm；d_f 为钢纤维的直径，mm。

将 $\sigma_m = f_t$，$\eta_1 = 1$ 以及式（3-4）代入式（3-2），得到按照复合力学理论求出的钢纤维混凝土抗拉强度的计算公式为：

$$f_{ft} = f_t(1 - V_f) + \eta_0^2 \tau \frac{l_f}{d_f} V_f \tag{3-5}$$

式(3-5)的正确性已得到大量试验结果的验证。

2)纤维间距理论。

纤维间距理论根据线弹性断裂力学原理解释钢纤维对裂缝发生和发展的约束作用。该理论认为，要想增强混凝土这种本身带有内部缺陷的脆性材料的抗拉性能，必须尽可能地减小内部缺陷的尺寸，降低裂缝尖端的应力场强度因子。

该理论应用于钢纤维混凝土单向拉伸的机理研究可用图3-1表示。对于混凝土这样的脆性材料，由于其内部的水泥浆—细骨料界面区、砂浆—粗骨料界面区薄弱环节的存在，尽管各组分材料都有较高的抗拉强度，但混凝土一般均发生断裂破坏，宏观抗拉强度很低。钢纤维的加入能跨越裂缝两边，使钢纤维与裂缝两边混凝土之间的黏结应力起着约束裂缝开展的作用，见图3-1。若设拉应力引起的内部裂缝端部应力场强度因子为 K_σ，与裂缝端部相邻近的黏结应力分布 τ 产生的起约束作用的反向应力场的应力场强度因子为 K_f，则总的应力场强度因子 K_I 就减小了，即

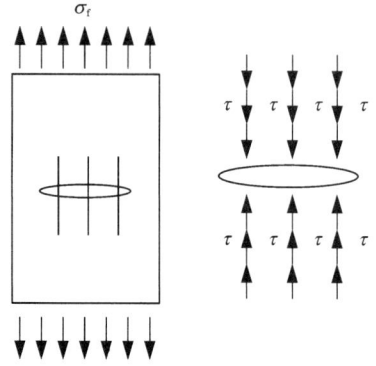

图3-1　钢纤维阻裂增强机理

$$K_I = K_\sigma - K_f < K_\sigma \qquad (3-6)$$

由式(3-6)可见，跨越裂缝的纤维越多或单位面积内的纤维数越多，钢纤维的阻裂、增强作用就越大。

对于钢纤维混凝土单向拉伸受力状态，可简单地用图3-1所示的张开型裂缝（即Ⅰ型）应力场进行描述，其裂缝尖端应力场强度因子的计算公式为：

$$K_I = y(\sigma - \overline{\sigma}_f)\sqrt{a} \qquad (3-7)$$

式中：K_I 为Ⅰ型裂缝尖端的应力场强度因子，它反映裂缝端部局部区域内应力场的强弱情况；y 为几何因子，主要与裂缝的几何形状、尺寸及加载方式有关，对中心贯穿裂缝，$y=\sqrt{\pi}$；σ 为荷载产生的拉应力；a 为半裂缝长度；$\overline{\sigma}_f$ 为钢纤维的平均拉应力。根据复合力学理论，并结合式(3-4)，$\overline{\sigma}_f$ 的计算式为：

$$\overline{\sigma}_f = \eta_0 \tau \frac{l_f}{d_f} V_f \qquad (3-8)$$

根据断裂力学理论，当裂缝尖端的应力场强度因子达到混凝土的断裂韧度时，钢纤维混凝土发生断裂破坏，钢纤维混凝土的拉应力 σ 达到其抗拉强度 f_{ft}，即

$$K_I = y\sqrt{a_c}(f_{ft} - \overline{\sigma}_f) = K_{IC} \qquad (3-9)$$

式中：a_c 为裂缝失稳扩展时临界半裂缝长度；K_{IC} 为混凝土断裂韧度，即临界应力场强度因子。

K_{IC} 的计算公式为：

$$K_{IC} = y\sqrt{a_c}\,\overline{\sigma}_m \qquad (3-10)$$

式中：$\overline{\sigma}_m$ 为钢纤维混凝土断裂破坏时，混凝土基体的平均拉应力。

由于钢纤维混凝土断裂破坏时，混凝土达到抗拉强度 f_t，因此根据复合力学理论，破坏

截面上混凝土的平均拉应力 $\overline{\sigma}_{\mathrm{m}}$ 的计算式为：

$$\overline{\sigma}_{\mathrm{m}} = f_{\mathrm{t}} V_{\mathrm{m}} \tag{3-11}$$

联立式(3-9)、式(3-10)和式(3-11)得到钢纤维混凝土抗拉强度的计算公式(3-5)。

3）强度的统一计算模式。

设 f_{f} 为钢纤维混凝土的强度，f_{m} 为混凝土基体强度，τ 为钢纤维与混凝土之间的平均黏结强度，η_0 为纤维方向系数，则由式(3-5)得强度指标的统一计算模式为：

$$f_{\mathrm{f}} = f_{\mathrm{m}}(1-V_{\mathrm{f}}) + \eta_0 \tau V_{\mathrm{f}} \frac{l_{\mathrm{f}}}{d_{\mathrm{f}}} \tag{3-12}$$

由于钢纤维混凝土中钢纤维体积率 $V_{\mathrm{f}} = 1\% \sim 2\%$，$1-V_{\mathrm{f}}$ 近似等于 1，因而有：

$$f_{\mathrm{f}} = f_{\mathrm{m}}\left(1 + \eta_0 \frac{\tau}{f_{\mathrm{m}}} V_{\mathrm{f}} \frac{l_{\mathrm{f}}}{d_{\mathrm{f}}}\right) \tag{3-13}$$

取 $\alpha = \eta_0 \dfrac{\tau}{f_{\mathrm{m}}}$，$\lambda_{\mathrm{f}} = V_{\mathrm{f}} \dfrac{l_{\mathrm{f}}}{d_{\mathrm{f}}}$，则式(3-13)转化为：

$$f_{\mathrm{f}} = f_{\mathrm{m}}(1 + \alpha \lambda_{\mathrm{f}}) \tag{3-14}$$

式中：λ_{f} 为钢纤维含量特征参数；α 为与钢纤维类型、形状、分布以及受力模型等有关的参数，其值由试验数据统计确定。

式 (3-14)即为钢纤维混凝土各类强度指标的统一计算模式。

4）钢纤维混凝土的增韧机理。

钢纤维混凝土增韧机理包含了受力时纤维基材间的剥离和拔出、额外的基体开裂以及纤维的弯曲和断裂，如图 3-2 所示。

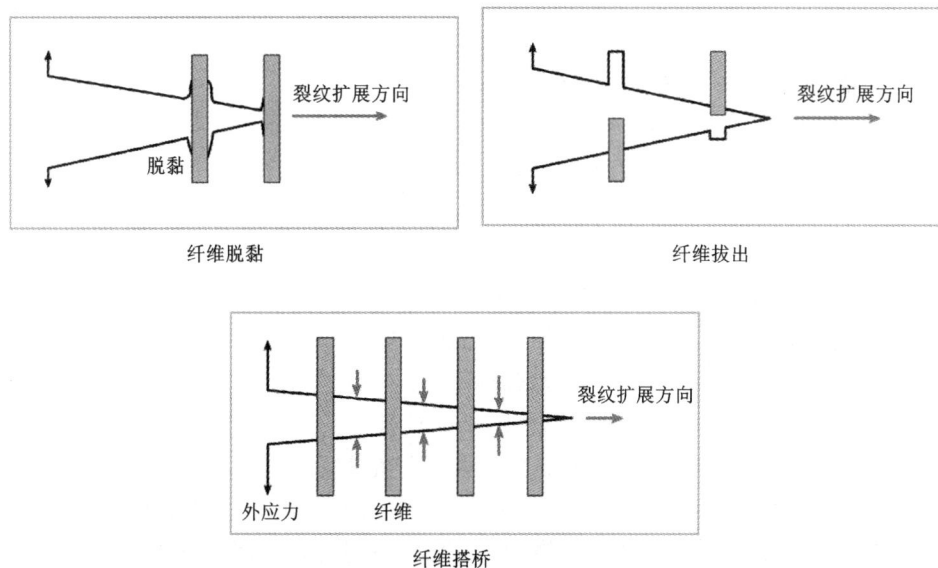

图 3-2　钢纤维混凝土的增韧过程

§3.1.2.2　钢纤维——水泥基界面性能

1）钢纤维——水泥基界面的形成与特征

（1）界面层的形成过程：

据 Maso 界面形成机理假说，拌合中的钢纤维、集料表面会形成一个水膜层，其厚度仅有几个微米到几十个微米，而水泥颗粒在紧贴纤维或集料表面处的浓度接近于零，并随着纤维或集料离表面的距离增大而提高，按离子活泼程度（ $Na^+ > K^+ > SO_4^{2-} > Ca^{2+} > Si^{4+}$ ）依次向水膜层进入。水膜层最先生成的水化产物，是由先扩散到水膜层的离子组成的晶相（硅酸盐水泥，先生成钙矾石和氢氧化钙）。

（2）钢纤维与水泥基间界面特征：

①水灰比高于基体。

②孔隙率高于基体。

③界面层结构是疏松的网络形式（因孔隙率高，有碍于 C-S-H 与钢纤维表面接触，生成 C-S-H 的数量少）。

④ 界面层厚度一般为 50~100 μm。其数值随界面组成结构而变。在界面层中有一个最薄弱区，又称弱谷。

（3）判断界面层性状的主要参数。

① $Ca(OH)_2$ 晶体取向性（取向指数与取向范围）。

② $Ca(OH)_2$ 和 Aft（钙矾石）晶体平均尺寸及其分布曲线限度。

③显微硬度分布及界面层厚度。

④界面层中孔结构。

2）界面层强化、消失与强化过程和机理。

改善界面结构与性状的主要表征指标为：降低 $Ca(OH)_2$ 晶体的取向性、细化晶体平均尺寸、提高显微硬度值、改善界面层孔结构等。

改善界面途径的影响因素为：

（1）降低 W/C，产生了强化效应，但仍存在界面层。

（2）增大 V_f ，可改善界面结构。

（3）加入外掺物：采用颗粒型材料复合途径，即在水泥基体中，掺入不同掺量的有机聚合物、无机硅灰及两者的复合物，则有可能使界面层由强化达到消失。

硅灰：由高含量的无定形球状玻璃体 SiO_2 （90%~95%）组成，有巨大的比表面积（一般可达 20~26 m²/g），比水泥大 60~70 倍，粒径 0.01~1.0 μm，为水泥粒径的 1/100~1/50，其中小于 0.1 μm 的颗粒约占 70%。这些极细的玻璃球具有很高的活性，它在水泥基体中有三个作用：①填充效应。硅灰的颗粒比水泥的颗粒小两个数量级，因而可填充在水泥颗粒间的空隙中（物理充填）。②火山灰效应（二次反应）。 $Ca(OH)_2$ 与硅灰中 SiO_2 反应生成 C-S-H，从而堵塞了界面层孔隙，隔断了界面层中微裂纹的连通，使界面层结构致密（二次充填）。③界面效应。二次反应及硅灰砂浆不泌水，界面上不存在水膜，增强了胶-集界面上的黏结力。

聚合物：具有良好的减水效应（如丙烯酸酯共聚乳液 APE，其减水率达 40%以上）、黏附效应和成膜效应。它与钢纤维（或集料）间有很强的黏结能力，并在水泥基体水化过程中吸收聚合物中的水分，聚合物经固化之后成为密布于水泥基体中的聚合物网膜，与水泥基体在界面层中互成连续相,从而缓和了裂缝尖端应力集中程度,改善了界面层内部应力状态,限制了裂缝的引发与扩展,同样使界面层得到强化。

§3.1.3　钢纤维混凝土的性能

§3.1.3.1　钢纤维混凝土的力学性能

1)抗压强度:钢纤维性能及体积率对抗压强度影响较小,抗压强度不是钢纤维混凝土增强的主要指标,但可依据其抗压强度标准值将钢纤维混凝土强度等级分为 CF20、CF25、CF30、CF35、CF40、CF45、CF50、CF55、CF60、CF65、CF70、CF75、CF80 共 13 个等级。

2)抗弯强度:受弯曲荷载时,如路面、桥面、轨枕等工程和制品必须考虑其抗弯强度,一般采用小梁(150 mm×150 mm×550 mm)弯拉试验确定。

钢纤维混凝土的抗弯强度统计关系式为:

$$f_{ftm} = f_{tm}\left(1 + \alpha_{tm} V_f \cdot \frac{l_f}{d_f}\right) = f_{tm}(1 + \alpha_{tm}\lambda_f) \tag{3-15}$$

式中:λ_f 为纤维特征参数;α_{tm} 为钢纤维对抗弯拉强度影响系数(查表 3-1);f_{ftm} 为钢纤维混凝土抗折强度平均值,MPa;f_{tm} 为同等级普通混凝土抗折强度平均值,MPa。

表 3-1　钢纤维对抗弯拉强度的影响系数参考值

钢纤维品种	纤维外形	强度等级	α_{tm}	α_τ
高强钢丝切断型	端钩形	CF20~CF45	1.13	0.76
		CF50~CF80	1.25	1.03
钢板剪切型	平直形	CF20~CF45	0.68	0.42
		CF50~CF80	0.75	0.46
	异形	CF20~CF45	0.79	0.55
		CF50~CF80	0.93	0.63
钢锭铣削型	端钩形	CF20~CF45	0.92	0.70
		CF50~CF80	1.10	0.84
低合金钢熔抽异型	大头形	CF20~CF45	0.73	0.52
		CF50~CF80	0.91	0.62

注:同强度等级素混凝土弯拉强度(轴拉强度)系指与钢纤维混凝土具有相同的配合材料、水灰比和相近稠度(单位用水量和砂率可适当调整)的素混凝土的弯拉强度(轴拉强度)。

3)抗剪强度:采用截面为 100 mm×100 mm 的梁式试件(长度为高度的 2~4 倍),进行双面直剪试验。其抗剪强度统计公式如下:

$$f_{f\tau} = f_\tau(1 + \alpha_\tau \lambda_f) = f_\tau(1 + 0.55\lambda_f) \tag{3-16}$$

式中:λ_f 为纤维特征参数;α_τ 为钢纤维对抗剪强度影响系数,$\alpha_\tau = 0.55$;$f_{f\tau}$ 为钢纤维混凝土抗剪强度平均值,MPa;f_τ 为同等级素混凝土抗剪强度平均值,MPa。

抗剪强度规律与抗弯强度类似，但增幅更大。在受剪构件中可适当减少受剪钢筋的用量，以达到节约钢材目的，主要用于薄壁、抗震、复杂形状的特种结构。

4）钢纤维混凝土的轴拉强度。

试验表明，直接拉伸试验对于钢纤维混凝土和普通混凝土一样，试验操作复杂，对中困难，试件往往不是轴心受拉破坏，而是偏心受拉破坏，破坏截面有时不发生在规定的标距内，试验结果波动较大。国内外大多采用劈裂法测定钢纤维混凝土的抗拉强度，试验操作方便，易于控制，所得结果波动性小，而且与钢纤维体积率和长径比等因素具有很好的相关性。因此，《钢纤维混凝土试验方法》（CECS 13：89）采用劈裂法作为钢纤维混凝土抗拉强度的标准试验方法。美国 ACI544 委员会也把劈拉试验方法用于钢纤维混凝土。

钢纤维混凝土劈裂抗拉强度的试验方法与普通混凝土基本相同。试验采用边长为 150 mm 的立方体为标准试件。

统计公式为：

$$f_{ft} = f_{c\tau}(1 + \alpha_\tau \lambda_f) \tag{3-17}$$

式中：f_{ft} 为钢纤维混凝土的轴拉强度平均值；$f_{c\tau}$ 为同等级素混凝土轴拉强度平均值，由于轴拉对中较难，一般以劈拉计算轴拉值；$f_{ft} = 0.85 f_{fts}$（劈裂强度），$f_{fts} = 0.637 \dfrac{P}{A}$，$P$ 为劈裂破坏荷载，A 为相应劈裂面积；α_τ 为钢纤维对混凝土抗拉强度影响系数，按表 3-1 确定。

5）钢纤维混凝土抗冲击性能。

钢纤维混凝土抗冲击性能是表示在反复冲击荷载作用下，复合材料吸收动能的能力。与普通混凝土相比，钢纤维混凝土冲击强度与冲击韧性均有所提高。

（1）试验方法：落球冲击试验法。

①冲压冲击试验［ACI544（美）］，冲击锤重（m）为 4.5 kg，冲击锤下落高度为 457 mm。实验时测四项指标即出现第一条裂缝的冲击次数，破坏时冲击次数（当试件膨胀，与仪器中四块挡板的任意三块接触时的冲击次数），破坏与初裂时冲击次数的差值和冲击韧性。冲击韧性按下式计算：

$$W = Nmgh \tag{3-18}$$

式中：W 为冲击韧性，N·m；N 为破坏时冲击次数；h 为冲击锤下落高度，457 mm；g 取 9.81 m/s²。

② 弯曲冲击试验法采用试件尺寸 100 mm×100 mm×400 mm 的小梁，落球重 3 kg，冲击高度 300 mm，试验时拉区最大应变处贴电阻应变片，观测冲击过程中应变变化情况。当达到初裂时，应变产生突变（出现明显折痕），此时冲击次数为初裂冲击次数；裂缝贯通时截面冲击次数为破坏冲击次数。

将各次冲击所做功累加，就是试件冲击破坏吸收的能量。

（2）影响抗冲击性能的因素。

影响因素有混凝土基体性能、纤维特性、纤维含量、界面黏结情况。

6）钢纤维混凝土抗折疲劳强度。

（1）试验方法：三分点加载试验法。

试验主要参数：

①荷载循环特征值：$\rho = \dfrac{P_{\min}}{P_{\max}} = \dfrac{\text{作用于试件上 } P_{\min}}{\text{作用于试件上 } P_{\max}}$。

道路用钢纤维混凝土 $\rho = 0.1$，轨枕等 $\rho = 0.2$。

②应力比：$n_s = \dfrac{\text{钢纤维混凝土抗折疲劳应力（强度）}(f^f_{ftm})}{\text{钢纤维混凝土抗折强度}(f_{ftm})}$。

③荷载作用频率：钢纤维混凝土取 $1 \sim 10\ \mathrm{Hz}$。低应力比时，频率取上限；高应力比时，频率取下限。

（2）路面钢纤维混凝土抗折疲劳强度(f^f_{ftm})。

$$f^f_{ftm} = f_{ftm}(0.944 - 0.077\lg N_e + 0.12\lambda_f) \tag{3-19}$$

式中：f_{ftm} 为钢纤维混凝土抗折强度设计值，MPa；N_e 为使用期内，标准轴载累计作用次数；f^f_{ftm} 为钢纤维混凝土抗折疲劳强度，MPa。

7）钢纤维混凝土的弹性与韧性。

（1）弹性模量：钢纤维混凝土弹性模量是指应力为轴心抗压强度 40%时的割线模量，其测定方法与普通混凝土基本相同，其值与普通混凝土接近。

（2）韧性。

钢纤维混凝土韧性一般定义为钢纤维混凝土材料或构件在荷载作用下直到破坏为止吸收能量的性能，通常用应力—应变曲线或荷载—挠度曲线所包围的面积表示，也称为韧度。用韧度表示韧性的方法称为能量法。韧度不仅取决于材料的强度，也取决于材料的变形性能。钢纤维混凝土材料或结构也可以用保持一定承载能力条件下所具有的变形能力来评价，通常称为材料或结构延性。我国的《钢纤维混凝土试验方法》(CECS 13：89)用压缩韧度指数和弯曲韧度指数作为衡量钢纤维混凝土的韧性指标。

①压缩韧度指数。

在测量的钢纤维混凝土试件的压缩荷载—变形曲线上（图 3-3），取 0.85 倍最大荷载为临界荷载 F_{cri}($F_{cri} = 0.85F_{\max}$)，其对应的横坐标为临界变形 U_{Fcri}，与临界点(U_{Fcri}，F_{cri})对应的 OAB 曲线所围面积为临界韧度。以 3.0、5.5 和 15.5 倍临界变形在横坐标上确定 D、F 和 H 点，则 OAB、$OACD$、$OAEF$ 和 $OAGH$ 曲线所围面积即为临界韧度和各给定变形的韧度实测值。因此各给定变形下的压缩韧度指数为：（各面积指曲线与横坐标所围图形面积）

$$\eta_{c5} = \frac{OACD\ \text{面积}}{OAB\ \text{面积}}, \quad \eta_{c10} = \frac{OAEF\ \text{面积}}{OAB\ \text{面积}}, \quad \eta_{c30} = \frac{OAGH\ \text{面积}}{OAB\ \text{面积}}。$$

对于理想弹塑性材料的荷载—挠度曲线 $OAC'E'G'$（图 3-3），韧度指数分别为 $\eta_{c3} = 5$，$\eta_{c5.5} = 10$，$\eta_{c15.5} = 30$，因此，用钢纤维混凝土材料在相应变形下的韧度指数与理想弹塑性材料的相应值比较，可以判断钢纤维混凝土与理想弹塑性材料的偏离程度。

试件在给定变形 αU_{Fcri} 下的压缩承载能力变化系数按下式计算：

$$\xi_{c,n} = \frac{\eta_{c,n} - \alpha}{\alpha - 1} \tag{3-20}$$

式中：α 为给定变形与临界变形的比值，按《钢纤维混凝土试验方法》(CECS 13：89)，给定 α 为 3.0、5.5、15.5，也可按试验要求给定；$\eta_{c,n}$ 为与给定变形 αU_{Fcri} 对应的一组试件的平均压缩韧度指数。

由式(3-20)计算得到的理想弹塑性材料的承载能力变化系数为 1，因此，对于钢纤维混

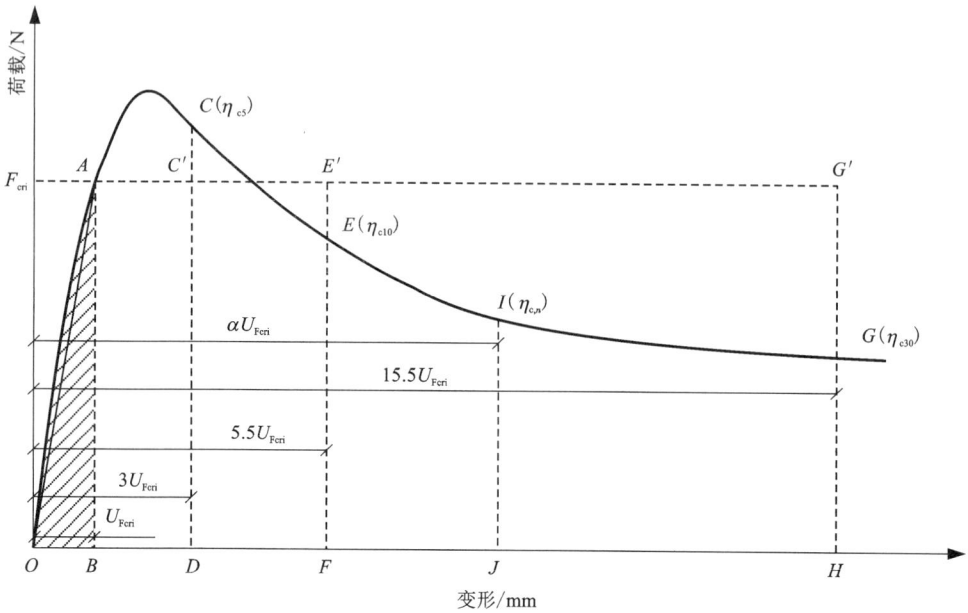

图 3-3　荷载—变形曲线及压缩韧度指数 $\eta_{c, n}$

凝土,可按式(3-20)计算给定变形 αU_{Fcri} 下的承载能力变化系数 $\xi_{c, n}$ (<1),$\xi_{c, n}$ 与 1 比较评定其压缩韧性,$\xi_{c, n}$ 与 1 越接近,表明钢纤维混凝土越接近理想弹塑性材料,钢纤维混凝土的压缩韧性越好。

②弯曲韧度指数。

通常用钢纤维混凝土小梁弯曲试验得到的荷载—挠度曲线来求弯曲韧性指数,用承载能力变化系数来评价弯曲韧性。在常用的纤维体积率下,钢纤维混凝土的弯曲韧性指数可提高几倍到几十倍。

在测定的钢纤维混凝土试件的弯曲荷载—挠度曲线上将直尺与荷载—挠度曲线的线性部分重叠放置确定初裂点,得到初裂荷载 F_{cra}、对应的初裂挠度 W_{Fcra} 以及初裂韧度。其与3.0、5.5、15.5 倍初裂挠度对应的韧度值、弯曲韧度指数 η_{m5}、η_{m10}、η_{m30} 以及弯曲承载能力变化系数 $\xi_{m, n}$ 的计算方法同压缩韧性完全一样。

8)改善钢纤维增强效果措施。

(1)改善和提高纤维表面与水泥浆的黏结力。

如利用机械改变纤维截面形状、将纤维表面除脂、表面糙化、表面涂层、加入外掺物(硅灰)等。

(2)促使纤维相对于应力作用方向上的取向。

振动台或平板式振动器会使纤维在与振动方向或重力方向垂直的平面内定向排列,因此梁或板水平浇注较好;采用插入式振捣器应倾斜于平面,与浇筑平面成30°角振捣较好。

(3)确定理想的 V_f 及 l_f/d_f。

兼顾易密实性和 V_f、l_f/d_f 提高的有利性,以 $\lambda_f = V_f l_f/d_f$ 为纤维含量特征参数反映综合影响,设计时确定一个合理值。

§3.1.3.2 收缩与徐变

1）收缩：钢纤维混凝土的收缩值随 V_f 增大而下降，对高强混凝土限缩作用更为显著。纤维外形限缩能力中，波浪形纤维大于端钩形纤维大于方直形纤维。集料对收缩有一定的限制作用，但受集料形状和尺度所限，其对收缩的抑制作用是有限的，而钢纤维混凝土的收缩值随 V_f 增大而下降。

2）徐变：由于钢纤维的约束作用，钢纤维混凝土徐变较普通混凝土徐变减小。

§3.1.3.3 钢纤维混凝土的耐久性能

1）耐氯离子腐蚀性能。

钢纤维混凝土的抗蚀能力增强，因为影响钢纤维混凝土耐氯离子腐蚀的性能关键在于裂宽。随着裂宽的增大，裂缝处氯离子浓度提高，当裂宽大于0.5 mm时，对氯离子扩散影响极大；当裂宽小于0.2 mm时，对氯离子扩散的影响则十分微小。钢纤维的掺入，在结构形成过程中抑制了裂缝的引发，又进一步细化了裂缝尺度，减少了原始裂缝数目，从这一角度提高了抗渗透能力。

2）抗冻性。

冻蚀过程：膨胀压力大于混凝土自身抗拉强度时，则引起混凝土内部开裂、表面剥落，加速损伤直至破坏。因此欲抑制混凝土冰冻疲劳的损伤过程，最主要的是降低水灰比（W/C），提高混凝土的致密性和抗渗性，改善孔结构，降低混凝土中水的冰点。此外，在混凝土结构形成与冰冻过程中，钢纤维提高了其阻裂和抑制膨胀的能力，因此改善了混凝土的抗冻性。

3）其他耐久性能。

钢纤维能改善耐冲磨性能及耐火性能。

§3.1.4 钢纤维混凝土配合比设计与施工工艺

§3.1.4.1 钢纤维混凝土的配合比设计

1）普通钢纤维混凝土配合比设计特点

为了区别路面钢纤维混凝土和喷射钢纤维混凝土，本书普通钢纤维混凝土主要指桥梁结构钢纤维混凝土（含建筑结构钢纤维混凝土），与普通混凝土相比，除满足强度、工作性和耐久性的要求，钢纤维混凝土还存在下列特点：

(1)强度满足抗压与抗弯强度或抗拉强度两项指标，要依据抗压强度计算水灰比（W/C），依据抗拉或抗弯强度计算钢纤维体积率（V_f）。

(2)工作性评价用维勃稠度 V_b(s)或坍落度。

(3)普通钢纤维混凝土选材及基体强度等级的选择与普通混凝土不同。

一般要求 $\geqslant$ C30，$D_{max} \leqslant 20$ mm，含砂率要高，高强混凝土可适当降低。

2）路面钢纤维混凝土配合比设计

路面钢纤维混凝土的配合比设计在兼顾经济性的同时应满足下列三项技术要求。

(1)弯拉强度。

①钢纤维混凝土路面板 28 d 设计弯拉强度标准值 f_{rf} 应符合设计规范的规定。

②钢纤维混凝土配制 28 d 弯拉强度的均值应按式(3-21)计算。

$$f_{cf} = \frac{f_{rf}}{1 - 1.04c_v} + ts \qquad (3-21)$$

式中：f_{cf} 为配制 28 d 钢纤维混凝土弯拉强度的均值，MPa；f_{rf} 为钢纤维混凝土设计弯拉强度标准值，MPa；s 为弯拉强度试验样本的标准差，MPa；t 为与公路等级有关的保证系数；c_v 为弯拉强度变异系数。

（2）工作性。

钢纤维混凝土的坍落度指标应符合公路水泥混凝土施工规范要求，再由拌合物实测坍落度确定。

（3）耐久性。

①钢纤维混凝土满足耐久性要求的最大水灰(胶)比和最小单位水泥用量应符合公路水泥混凝土施工规范要求。

②钢纤维混凝土严禁采用海水、海砂，不得掺加氯盐及氯盐类早强剂、防冻剂等外加剂。

③处在海风、酸雨、硫酸盐及除冰盐等环境中的钢纤维混凝土路面按照《公路水泥混凝土路面施工技术细则(JTG/T F30—2014)》宜掺用 I 、II 级粉煤灰，桥面宜掺用硅灰与 S95 和 S105 级磨细矿渣、不宜掺用粉煤灰。

§3.1.4.2 钢纤维混凝土的制备工艺

各工艺应尽可能保证钢纤维混凝土的均匀性和密实性，避免结团。引起结团的因素很多，如纤维在掺入混凝土之前已经结团，在搅拌中无法分散；纤维掺入速度太快，来不及分散已结成球体；纤维掺量过高，搅拌功率不足，在纤维未分散前即加水等。

1）搅拌工艺。

（1）设备宜优先选用强制式搅拌机，稠度较大时，每次搅拌量不宜大于其额定搅拌量的 80%。

（2）投料顺序和方法。

①先干后湿的搅拌工艺，先将固体组分钢纤维、粗集料、细集料、水泥干拌，使钢纤维均匀地分散到固体组分中，然后再加水湿拌，达到钢纤维在混凝土中均匀分散的目的。

②湿拌工艺：湿拌的关键在于投料顺序，通常先将粗集料、细集料、水泥进行干拌，再加水湿拌，在湿拌的同时用纤维分散机均匀投料，并继续拌合。此工艺必须采用机械分散纤维的设备。

③分段加料的拌合工艺，该工艺是先投 50% 细集料、50% 粗集料和全部钢纤维，并干拌均匀，然后将其他 50% 粗集料和细集料、全部水泥和水加入湿拌，以达到均匀的目的。当采用自由落体搅拌机时更合适，但此法搅拌时间要相对延长。

2）运输、浇筑及养护。

（1）运输：运输中产生的振动使钢纤维下沉，造成拌合物离析，从而影响拌合物的均匀性，因此应尽量缩短运送时间和距离，或采用带拌合机的运输设备。

（2）浇筑：采用平板振动可促使钢纤维由三维乱向趋于二维乱向分布状态，从而提高纤维方向有效系数 η_θ；采用插入式振动器，不宜将振动器与结构受力方向垂直插入混凝土混合料中,以避免钢纤维沿振动器取向分布,降低纤维方向有效系数。一般要求将振动器斜向插入,与平面夹角不大于 30°,振动时间也不宜过长,否则易造成纤维密度大,会下沉。

公路路面、机场跑道及桥面用钢纤维混凝土振捣和整平工序:

①先用平板式振捣器振捣密实,然后用振动梁振捣整平。

②用表面带凸棱的金属圆滚将表面滚压平整,钢纤维混凝土表面无泌水时,用金属拌刀抹平,表面不能有裸露的纤维和浮浆。

③在初凝前进行拉毛处理。拉毛工具可用刷子和压滚,不要用木刮板、粗布路刷和竹扫帚,以免将钢纤维带入。

(3)养护:因钢纤维混凝土早强较高,故应加强早期湿养,早期宜喷洒养护剂养护,切缝后覆盖节水保湿养护膜养护。

§3.2 喷射混凝土

§3.2.1 喷射混凝土定义与应用现状

1)喷射混凝土的定义。

喷射混凝土是利用压缩空气或其他动力,将按一定配比拌制的混凝土混合物沿管路输送至喷头处,以较高速度喷射于受喷面,在很短的时间内凝结硬化而成的一种混凝土。喷射混凝土与传统的混凝土不同,它不需要架模、振捣,而是依赖喷射过程中水泥与骨料的连续撞击,压实而形成冲击挤压密实的混凝土。

2)喷射混凝土的发展历程。

喷射混凝土起始于 19 世纪的美国,1914 年美国在矿山和土木工程中首先使用了喷射水泥砂浆。1948—1953 年兴建的奥地利卡普隆水力发电站的米尔隧洞最早使用了喷射混凝土支护,这也就是后来被工程界人士所认同的"新奥法"理论。后来,世界各国相继在土木建筑和水利工程中采用了喷射混凝土技术。我国 20 世纪 60 年代开始在隧道工程中采用喷射混凝土,近年来在我国土木工程施工中除隧道工程外,喷射混凝土在水利水电、矿山、市政、地下工程及边坡防护等也有较多应用。

§3.2.2 喷射混凝土的支护作用原理

1)支撑作用。

喷射混凝土具有良好的物理力学性能,特别是抗压强度较高,可达 20 MPa 以上,因此能起到支撑地压作用。又因其中掺有速凝剂,混凝土凝结快、早期强度高,能紧跟掘进工作而起到及时支撑围岩的作用,有效地控制了围岩的变形和破坏。

2)充填作用。

由于混凝土的喷射速度高,能很好地充填围岩的裂隙、节理和凹穴,大大提高了围岩的强度。

3)隔绝作用。

喷射混凝土层封闭了围岩表面,完全隔绝了空气、水与围岩的接触,有效地防止了风化潮解而引起的围岩破坏与剥落;同时,由于围岩裂缝中充填了混凝土,使裂隙深处原有的充填物不致因风化作用而降低强度，也不致因水的作用而使原有充填物流失，使围岩能保持原有的稳定和强度。

4）转化作用。

高速喷射到岩面上形成的混凝土层，具有很高的黏结力和较高的强度，混凝土层与围岩紧密结合，能在结合面上传递各种应力，再加上充填、隔绝作用的结果，提高了围岩的稳定性和自身的支撑能力，因而使混凝土层与围岩形成了一个共同工作的力学体，具有把岩石荷载转化为岩石承载结构的作用，从根本上改变了支架消极承压的弱点。

§3.2.3 喷射混凝土原材料与配合比设计

1）喷射混凝土原材料。

（1）水泥。

喷射混凝土宜优先选用硅酸盐水泥、普通硅酸盐水泥，因为这两种水泥凝结硬化快、保水性好、早期强度增长快；另外，水泥强度等级要合适且性能符合现行水泥标准要求。

（2）细骨料。

喷射混凝土宜选用细度模数为 2.5~3.0 的中砂，含水率控制在 5%~7%，筛除杂质和超径砂粒，不宜用细砂。

其中直径小于 0.075 mm 的颗粒不应超过 20%，否则将影响水泥浆与骨料表面的良好黏结。

（3）粗骨料。

碎石表面粗糙，多棱角，有利于在喷射中嵌入塑性的砂浆层内，能减少回弹量，混凝土强度也高。卵石表面光滑，有利于管道输送，能减少堵管现象。粗骨料宜选用粒径为 5~10 mm 的连续级配。

粗骨料的最大粒径对管道输送和回弹量有很大影响，国产混凝土喷射机规定粗骨料最大粒径一般为 25 mm，大多数国家规定不大于 20 mm；为了减少回弹量，粗骨料的最大粒径不宜大于 15 mm。

（4）活性掺合料。

硅酸盐水泥 C-S-H 凝胶的数量占水化产物的 70% 以上，对喷射混凝土的强度起关键作用。根据研究，龄期 28 d 的水泥中各种矿物成分没有完全水化，水泥的实际利用率仅为 60%~70%，相当一部分水泥仅起到填充作用。由此看出过高的水泥用量无益于提高强度，甚至会损害后期强度，这是由于后期水化带来的体积不稳定性所致。

考虑在喷射混凝土中掺入一些活性物质，以促进水泥水化产物的转化，提高喷射混凝土的强度，同时掺入一些遇水后呈黏性的物质，有助于降低回弹率。如在喷射混凝土中掺加硅灰 8%~13%，可显著提高混凝土后期强度。现有研究表明，使用这些高活性细掺料替代 30% 水泥时，喷射混凝土强度可以提高 20%；遇水后有黏聚性，附着力强，有利于降低回弹率和粉尘；有微膨胀作用，以便补偿干燥收缩，从而提高喷射混凝土的抗渗性；价格低廉。

（5）纤维掺合料。

用于支护的混凝土须具有较好的塑性，以抵抗深井巷道变形，但混凝土材料是一种脆性材料，喷射混凝土也不例外。研究表明，纤维能有效地改善混凝土的脆性。

过去隧道施工遇到不良地质时，就用钢纤维喷射混凝土支护，及时制止了坍塌，保证了施工质量。但掺钢纤维也有其不足，如成本高昂、配料搅拌时易结团、喷射时易堵管和钢纤维回弹易伤人，并且由于钢纤维的锈蚀使混凝土表面出现锈斑等。

（6）外加剂。

在喷射混凝土中一般使用的外加剂为速凝剂，速凝剂是能使混凝土或水泥砂浆迅速凝结硬化的外加剂。加入速凝剂可加快喷射混凝土的凝结、硬化，提高其早期强度，减少喷射混凝土施工时因回弹和重力引起的混凝土脱落，可增大一次喷射混凝土厚度和缩短分层喷射的间隔时间。自从 20 世纪 30 年代瑞士 SIKA 公司最早研制出 Sigunite 粉状速凝剂以来，速凝剂的发展经历了粉状高碱、粉状低碱、液体高碱、液体低碱和液体无碱速凝剂的发展历程。无碱液体速凝剂是速凝剂产品未来的研究发展方向。

在使用前应做速凝剂与水泥的相容性试验及水泥净浆凝结效果试验，保证初凝时间不大于 5 min，终凝时间不大于 10 min，28 d 强度应不小于不加速凝剂试件强度的 70%。

2）喷射混凝土配合比设计。

（1）设计要求。

喷射混凝土应满足强度及其他物理性能的设计要求，与基材、钢筋等有良好的黏结性，混凝土密实度高；回弹损失小，扬尘少，施工顺利，不发生管道堵塞或喷射面流淌坍落等现象。

（2）胶骨比。

水泥与砂、石重量比称为胶骨比。由于喷射混凝土要求速凝、早强并存在 28 d 强度损失及施工作业的特殊性，一般不采用普通混凝土的强度设计计算公式，而由经验与试验确定。干式喷射胶骨比宜为 1∶4.0～1∶4.5；湿式喷射胶骨比宜为 1∶3.5～1∶4.0。水泥用量过少，则回弹量大，早期强度增长慢；水泥用量过大，则经济效益下降，扬尘大，混凝土收缩增大。每立方米混凝土的水泥用量以 375～400 kg 为宜。为节约水泥并满足施工要求，可在拌合物中加入粉体掺合料，掺量经试验确定。

（3）砂率。

砂率对喷射混凝土性能有较大影响，一般选用砂率为 45%～55%。较大的砂率有利于吸收二次喷射时的冲击能。使用粗砂时，砂率可以偏上限选择；使用粒度模数较小的中砂时，砂率宜偏下限选择。

（4）水灰比和用水量。

水灰比取决于对喷射物的稠度要求。水灰比应控制在 0.40～0.45，喷射混凝土表面平整有光泽，回弹量少，粉尘量也少，并能有效保证混凝土的强度。干式喷射时，水是从喷嘴处加入的，由喷射操作工根据喷射面上混凝土的状况调整水阀，控制用水量。当喷射混凝土表面出现流淌、滑移、拉裂时，表明水灰比偏大；若喷射混凝土表面出现干斑，施工作业粉尘大，回弹损失大，则表明水灰比太小；喷射混凝土表面平整，呈水亮光泽状，粉尘少，回弹小，则表明水灰比合适。

§3.2.4　喷射施工工艺

1）喷射方式。

按照混凝土原材料的拌合方式和喷射状态，喷射混凝土施工主要分为干喷法和湿喷法两大类，此外还有水泥裹砂（SEC）和潮料掺浆等改性造壳喷射法等。干喷法是指将拌合好的混凝土干基料(胶凝材料、骨料和粉状速凝剂)通过喷嘴喷出，喷射过程中与水混合喷射到受喷面成型的方法。干喷法采用粉状速凝剂和薄层喷射工艺(thin flow process，TFP)。湿喷法是指将拌合好的具有一定工作性的预拌混凝土通过喷嘴喷出，在喷嘴处加入液体速凝剂，与液体速凝剂混合后喷射到受喷面成型的方法。湿喷法可以采用厚层喷射(dense flow process，DFP)或者薄层喷射工艺。

(1)干式喷射法。

①干喷优点。

干喷使用的干喷机结构较简单，体积小、重量轻，便于移动，适于高边坡及狭窄部位；机械清洗较容易，出现故障时可快速拆卸处理。

②干喷缺点。

干喷由于砂石和水泥没有充分拌合，导致混凝土喷层强度不高；由于喷射的砂石料为干料，砂石料和水泥的结合不好，因此喷射混凝土的密实度不好，导致混凝土本身强度低；干法喷射混凝土的早期强度低，不能适应隧道安全快速掘进的需要；喷射混凝土的回弹量大，一般超过15%，回弹量基本在 40%～50%，且一次性喷射厚度一般小于 3 mm，造成很大浪费；由于输料不均匀、不稳定，工作风压突然变化等原因，喷射过程中会产生大量的粉尘，对作业人员的职业健康影响大；此外，干喷法加水由阀门控制，水灰比不稳定，常出现干斑或流淌现象，混凝土质量难以控制；干喷机生产能力低，每小时产量 5 m³ 以下。

(2)湿式喷射法。

湿喷法在国外喷射混凝土施工中占的比重较大，如意大利约占 90%，瑞典约占 80%，日本约占 80%，瑞士约占 65%，英国约占 60%。近年我国喷射混凝土施工也越来越被重视。随着我国地下工程对喷射混凝土质量要求的提高，以及人们环保意识的不断提高，干喷法因其固有的缺陷已经不能满足这些要求，湿喷法是未来喷射混凝土技术发展的必然趋势。

①湿喷优点。

湿喷由于采取湿式拌合，大大降低了施工区的粉尘浓度，消除了对工人健康的危害；湿喷混凝土混合料按水灰比精确控制，拌合及水化作用充分，速凝剂按比例计量添加，喷射质量较易控制，提高了混凝土的匀质性；回弹量小，回弹率可降低到 10% 以下；喷层厚度有可靠保证，支护质量得以提高。

②湿喷缺点。

湿喷采用液态速凝剂，相对成本较高；对湿喷机械要求较高，机械清洗较困难，出现故障时难以处理；设备体积较大，移动相对困难。

(3)造壳喷射法。

造壳喷射法又称水泥裹砂喷射法，简称 SEC 法，是将一部分砂加第一次水拌湿，再投入全部水泥强制搅拌造壳；然后加第二次水和减水剂拌合成 SEC 砂浆；再将另一部分砂和石、速凝剂强制搅拌均匀，然后分别用砂浆泵和干式喷射机压送到混合管混合后喷出。

①造壳喷射法优点。

造壳喷射法分次投料搅拌，并与喷射工艺相结合，喷混凝土质量好，粉尘少，回弹量小。

②造壳喷射法缺点。

造壳喷射法使用机械设备多，工艺复杂，机械清洗较困难，出现故障时难以处理。

(4)几种不同工艺使用范围。

①干喷。

干喷只少量使用于对环境保护要求不高的明边坡部位，如路基、路堑、大坝边坡等，随设备和工艺的更新、环保要求的提高，正逐步被淘汰。

②湿喷。

湿喷可广泛用于公路隧道、矿山巷道掘进、水工地下洞室群。

③混合喷(造壳喷)。

混合喷因使用机械设备多、工艺复杂，一般只用在喷混凝土量大、断面较大的地下洞室工程中，其他部位使用较少。

(5)施工中的注意事项。

①喷射机的操作。

喷射作业时要严格执行喷射机操作顺序。开机时先送水，后送风，再开机送料；停止时先停料，后关机，再停水、停风。喷射作业结束后必须清除机内余料并妥善保养喷头，清理喷头进水孔及水环注水孔，对于磨损严重的部位应及时更换。

②喷射混凝土的风压。

正确控制风压对喷射混凝土施工质量非常重要。风压过大，则回弹损失增大，粉尘浓度高，水泥损失增多，施工环境恶化，喷射混凝土强度降低；风压过小，输送能力减弱，易产生堵管，喷射混凝土密实度降低，附着力减小，回弹损失也增大。在施工中，一般输料管长度在 20 m 左右，风压一般控制在 0.1~0.2 MPa。如果输料管需要接长，则结合实际情况对风压进行调整。

③喷射混凝土的水压。

水压一般要求比风压大 0.1~0.15 MPa，以便水射流穿透干混合料，使混合料充分湿润及混掺均匀。水压过小，混合料不能充分湿润水化，粉尘、回弹量都增大，并且大大降低喷射混凝土强度；水压过大，喷射混凝土会出现淌浆等现象。

④喷头与受喷面的距离和角度。

喷射距离的远近与喷射混凝土的质量有密切关系。喷头近，回弹量增大，骨料反弹力度大，易对作业人员造成伤害；喷头远，回弹量也增大，会使喷射混凝土密实度降低，从而降低了强度。在施工中，可以将喷头长度加长，由 0.5~0.6 m 加长至 1.2~1.5 m，这样喷射时就可以保持合适的距离。喷射距离一般在 0.8~1.2 m，倾斜角控制在 10° 内，这样不仅能使回弹量减少而且保证了喷射的效果和质量。

⑤混凝土养护。

喷射混凝土层一般较薄，且由于经常放炮和通风，导致隧道内的温度较高，喷射混凝土周围的空气相对来说比较干燥，加上混凝土的水化热引起的混凝土内部温度较高，将使其表面水分很快就蒸发掉，进而引起水泥石"毛细管"中水分继续蒸发，若不及时养护极易发生早期干缩裂缝。

喷射混凝土中水泥与水接触的时间短及范围有限，与混凝土相比水泥水化的程度更低。喷射混凝土的凝结过程也是水泥进一步水化的过程，水泥的水化反应必须在有水的条件下才能发生，水泥水化会因为水泥石缺少水分而不能继续进行。所以要加强养护，在终凝 1~2 h 内喷水，经常保持潮湿状态，养护时间不应少于 14 d。

§3.2.5　喷射混凝土存在的问题及解决方案

在目前的工程实践中,喷射混凝土得到了越来越多的应用,但还存在以下问题。

1)速凝剂应用问题。

速凝剂按主要成分可分为铝氧熟料类、水玻璃类、铝酸盐类、硫酸铝类和氢氧化铝类;按碱含量可分为碱性速凝剂和无碱速凝剂,国外将碱含量<1%的速凝剂称为无碱速凝剂;按形态可分为粉状和液体速凝剂。

国内外相关速凝剂产品的检验方法和性能评价指标存在着不统一等问题,特别是关于速凝剂产品分类和性能指标问题,我国甚至没有无碱速凝剂的明确定义,对于多少碱含量才是无碱或者低碱存在争议;粉状高碱性速凝剂主要由石灰、工业铝酸钠、碱金属碳酸盐和硅酸盐等原料经煅烧粉磨而成,使用中存在的问题包括碱性大、腐蚀性强、喷射操作中粉尘大、喷射混凝土回弹量大(30%~50%)、后期强度降低、一次喷层薄(一般为3~7 cm)等;强碱性速凝剂使水泥在水化初期形成疏松的铝酸盐水化物结构,增加了发生混凝土碱-集料反应的可能性,对后期强度的发挥不利,一般强度损失在20%~50%;液体无碱速凝剂应用仍存在的主要问题有储存稳定性差、掺量大(6%~12%),喷射混凝土现行标准中对碱含量指标、混凝土和水泥砂浆28 d抗压强度比没有明确规定等。

2)喷射设备问题。

随着生产设备和工艺的改进,喷射速度越来越快,当喷射速度在5 m³/h以上时,人工操作将比较困难,适用的机械手研制显得很重要。

3)作业环境问题。

施工工作面的工作环境一直是困扰喷射混凝土施工的长期问题,如何有效地降低工作面的粉尘含量,仍需进一步研究。

4)耐久性问题。

在我国过去的喷射混凝土支护中,达到设计要求而后期被破坏的情况屡见不鲜,可见强度不是唯一的指标,对于高性能喷射混凝土,应以耐久性为主要指标。

总之,随着工程实践的发展,喷射混凝土施工工艺和施工机具将更加趋于成熟和完善。

§3.3　水下混凝土

§3.3.1　水下混凝土定义与分类

1)水下混凝土定义。

在陆地上拌制而在水中浇筑和硬化的混凝土,称之为水下浇筑混凝土,简称水下混凝土,也称导管混凝土。导管法是将混凝土通过竖立的管子,依靠混凝土的自重进行灌注的方法(图3-4),适用于灌注围堰、沉箱基础、沉井基础、地下连续墙、桩基础等水下或地下工程。混凝土从管子底端缓慢流出,向四周扩大分布,不易被周围的水流所扰动,从而保证质量。采用此法时,混凝土必须具有良好的和易性,含砂率在40%~50%,水灰比控制在0.44左右,混凝土中可掺入缓凝、塑化等外加剂。

2)水下混凝土分类。

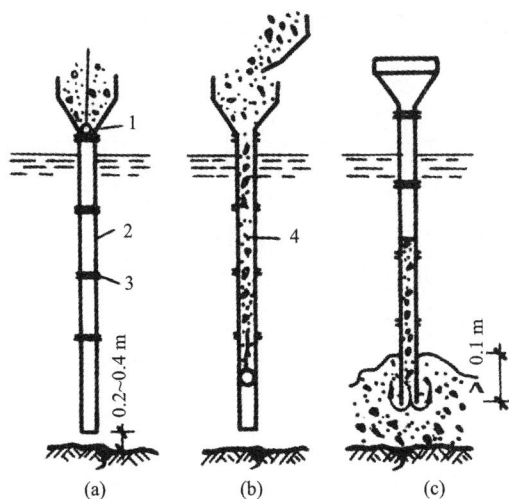

1—隔水塞；2—导管；3—接头；4—混凝土

图 3-4　导管法浇筑水下混凝土

水下浇筑混凝土分为两类。一是水上拌制混凝土拌合物，进行水下浇筑，采用方法主要是导管法。其原理是混凝土拌合物在一定的落差压力作用下，通过密封连接的导管进入到初期灌注的混凝土下面，顶托着初期灌注的混凝土及其上面的泥浆逐步上升，形成连续密实的混凝土桩身。导管法施工技术要求非常严格，为使水下混凝土灌注桩施工质量得以保证，必须要从施工设备、混凝土配制、灌注等几个方面加以控制，以提高水下施工质量。二是水上拌制胶凝材料，进行水下预埋骨料的压力灌浆。

§3.3.2　水下混凝土原材料的选择

由于日常所用的水下混凝土很多都具有自流平、自密实、免振捣的特性，所以要求其具有良好的工作性能。合理选用原材料是水下混凝土配制及应用的重要基础。

1）胶凝材料。

（1）水泥。

为保证混凝土质量和水下灌浆的顺利进行，宜选用细度大、泌水少、收缩率小的水泥。矿渣硅酸盐水泥由于泌水较大，不宜用于水下浇筑混凝土工程。硅酸盐水泥和普通硅酸盐水泥水化生成的氢氧化钙较多，在海水中易生成较多的二次钙矾石导致混凝土的破坏，因此，不宜用于海水中，但可以用于淡水的水下工程。海水中的工程宜采用抗硫酸盐水泥。火山灰和粉煤灰硅酸盐水泥则可用于具有一般要求的工程及侵蚀性海水、工业废水的水下混凝土工程。

（2）粉煤灰。

粉煤灰宜选用低碳、需水量小的优质浅色粉煤灰，其中 Cl^- 含量不能超过 0.02%，SO_3 含量不超过 3%，游离 CaO 含量不超过 1.0%。

（3）矿粉。

矿粉中 Cl^- 的含量不能超过 0.02%；为避免混凝土拌合物的体积稳定性不良，规定了矿

粉中的 SO_3 含量不超过 4%，MgO 含量不超过 14%。从减小混凝土收缩开裂的角度考虑，磨细矿粉的比表面积不宜太大，用于水下高性能混凝土的矿粉比表面积不宜超过 450 m^2/kg。

2）集料。

（1）细集料。

细集料应采用级配合理、质地均匀坚固、吸水率低、空隙率小、细度适中、非活性的洁净天然中粗河砂，也可采用人工砂，不宜使用山砂，不得采用海砂。如果确定细集料有碱活性，根据耐久性的需要，就必须采用相应的措施，抑制碱-集料反应，保证结构在使用过程中的安全。为了满足流动性、密实性和耐久性的要求，细集料应采用石英含量较高、表面光滑浑圆的砂，细度模数应在 2.1~2.8；砂率一般较大，为 40%~50%，若用碎石，砂率还要增加 3%~5%，以保证拌合物的流动性。如果采用颗粒较粗的砂，则易破坏砂浆的黏性，引起离析，还会阻碍砂浆在预埋集料中的流动。

（2）粗集料。

为了保证混凝土拌合物的流动性，宜采用卵石，在无卵石的情况下才用碎石。当需要增加砂浆与粗集料的黏结力时，可掺入 20%~25% 的碎石，一般应采用连续级配。粗集料的最大粒径与填筑方法和浇筑设备的尺寸有关，可参考表 3-2。如水下结构有钢筋网，则最大粒径不能大于钢筋网净间距的 1/4。

表 3-2　水下混凝土粗集料允许最大粒径　　　　　　　　　单位：mm

水下浇筑方式	导管法		泵送法		倾注法	开底容器法	装袋法
	卵石	碎石	卵石	碎石			
允许最大粒径	导管直径的 1/4	导管直径的 1/4	导管直径的 1/4	导管直径的 1/4	60	60	视袋大小而定

为提高混凝土的耐久性，必然要同时采用低水胶比和低用水量，其中一个关键技术就是采用良好级配、良好粒型的集料，可以采用分级供应碎石，到搅拌站后再进行级配，粗集料的针、片状含量不超过 5%。从提高混凝土耐久性的角度考虑，集料粒径小，有利于提高混凝土的抗渗性能和耐久性，如公路混凝土结构耐久性设计规范规定高强度混凝土用粗集料最大粒径不大于 25 mm。

（3）外加剂

水下不分散性外加剂是水下浇筑混凝土的主要外加剂，其主要成分是水溶性高分子物质，有非离子型的纤维素及丙烯酸系两大类。其主要作用是增加混凝土的黏性，使混凝土受水冲洗时不分离。混凝土由于加入水下不分散剂而提高了黏性，但为了确保流动度又需要增加用水量。因此水下不分散剂要与三聚氰胺系减水剂配合使用，既提高黏性，又提高流动性，而不增加用水量。但要注意水下不分散剂与减水剂的匹配性，是否会给缓凝带来影响。

选取减水率高、坍落度损失小、适当引气的外加剂产品对于提高混凝土耐久性有利。减水剂能够使水泥在混凝土中的分散能力得到加强，降低混凝土单方用水量，提高混凝土拌合物的流动性，有效控制混凝土拌合物的坍落度经时损失，对混凝土耐久性的提高也有一定的促进作用。外加剂的品种繁多，产品质量多样，在选用时应根据工程的具体要求进行选取。

§3.3.3　水下浇筑混凝土配合比设计

1)水灰比。

水下混凝土既要满足混凝土强度的要求,又要满足耐久性的要求。若按照确定的水灰比不能满足耐久性要求时,则按耐久性要求确定,通常水下混凝土水灰比应小于 0.50。

2)确定用水量。

方法与普通混凝土相同。

3)计算水泥用量。

(1)考虑耐久性要求。

胶凝材料用量规定如下:有抗渗要求时,水泥用量不得少于 330 kg/m^3。

(2)考虑施工方法要求。

当采用泵输送混凝土时,胶凝材料用量不得少于 300 kg/m^3;当采用泵送法和导管法施工时,胶凝材料用量不得少于 370 kg/m^3;当采用开底容器法和袋装混凝土法施工时,水泥用量应更多。

4)确定砂率。

水下不分散混凝土掺入了水下不分散剂,使混凝土拌合物具有黏稠、保水的特点,即使砂率偏低,混凝土仍有不分散的特性。砂率一般为 35%~40%。

§3.3.4　水下浇筑混凝土性能

1)新拌混凝土的性能。

与普通混凝土相比,水下浇筑混凝土具有如下特点:

(1)抗水冲洗作用。

(2)流动性大,填充性好。

(3)缓凝。

(4)无离析。

用导管法浇筑水下混凝土时的流动形态分为两种,分别是分层流动和隆起流动。分层流动形式的浇筑,对混凝土来说,仅是面层与水接触;而隆起流动浇筑时,每一层混凝土都与水接触,层与层之间留下水膜,接触不紧密,影响混凝土质量,达到分层浇筑的关键是较低的极限剪切强度和较高的塑性黏度。

普通混凝土和水下浇筑混凝土的筛析试验表明,在深 60 cm 水中自由落下后,普通混凝土各组成材料明显分离,特别是水泥浆被水冲散,粗骨料与水增多,而水下浇筑混凝土由于掺入水下不分散剂,组成材料不发生分离现象,浇筑前后各组材料比例相近。

2)硬化混凝土性能。

水下浇筑混凝土的强度受两个方面因素的影响:

(1)水下不分散剂。

(2)水下浇筑的密实程度。

水下浇筑混凝土在水中制作的试件,其抗压强度与采用水下不分散剂的掺加量有关,大约为空气中制作的试件的90%;弹性模量与相同强度的普通混凝土相比稍低;钢筋黏结强度与空气中制作的混凝土相比,垂直钢筋的黏结强度稍差,而与水平钢筋大体相同。水下浇筑混凝土的抗冻性能比普通混凝土差,而且干缩大,但是水下使用时对抗冻性、干缩性影响不大。

§3.3.5　生产过程质量控制

1)计量。

按照相关规定,应对搅拌楼计量设备定期校核,校准合格后方可使用。当出现以下情况时,应对计量系统尤其是水和外加剂秤进行维修校核,待重新校准合格后方可继续生产。

(1)生产时间达到半个月。

(2)预计连续生产超过 2000 m^3。

(3)累计生产超过 5000 m^3。

(4)混凝土质量出现较大波动。

(5)对计量系统准确性产生怀疑。

2)拌制。

生产过程中,严禁铲取不合格的材料;同时有专人随时查看皮带运输机和搅拌系统的运行情况。机操人员随时观察搅拌设备状况,并目测混凝土性能;质检员对搅拌工程进行严格监控,如有问题及时调整。

3)混凝土质量控制、检查。

质检员对混凝土拌制、运输与浇筑进行全过程的监控,并做好前台交货验收及技术服务工作。

严格控制预拌混凝土水胶比:

(1)严格监控原材料尤其是粗、细骨料的质量。试验室定时抽测骨料的含水率,如遇下雨天气或原材料质量波动情况,试验室将加大抽测频率,试验员必须坚守在搅拌楼上,对后台的混凝土进行每盘监控。

(2)混凝土运输车在每次装载混凝土之前必须放干净车厢内残留水。装有混凝土的运输车严禁再用水冲洗放料斗或往混凝土罐车内加水。

4)混凝土运输与浇筑。

(1)根据工地的远近及交通状况,合理安排好施工所需的混凝土运输车,前后台应有专职调度员联系安排,以避免混凝土断档和不合理积压现象发生。

(2)现场严禁加水,罐车放料前必须加速搅拌 60 s,以保证出罐混凝土均匀。

(3)混凝土运输车在每次装载之前必须放干净车内残留的洗车水和杂物,严禁往混凝土罐车内加水。罐车司机在桩基施工期间应积极、灵活地完成交接班工作,避免在交接班时间段站内压车过多造成断档的现象。

§3.3.6　水下混凝土灌注注意事项

1)灌注水下混凝土前,应检测孔底泥浆沉淀厚度,如大于规范规定的清孔要求,应再次清孔。

2)混凝土拌合物运至灌注地点时,应检查其均匀性和坍落度,如不符合规范规定的要求,应进行第二次拌合,二次拌合仍达不到要求时,不得使用。

3)灌注水下混凝土的搅拌机能力,应能满足桩孔在规定时间内灌注完毕。灌注时间不得长于首批混凝土初凝时间。若估计灌注时间长于首批混凝土初凝时间,则应掺入缓凝剂。

4)孔身及孔底检查合格和钢筋骨架安放后,应立即开始灌注混凝土,并应连续进行,不得中断。当气温低于 0℃ 时,灌注混凝土应采取保温措施。强度未达到设计等级 50% 的桩顶混凝土不得受冻。

5)混凝土一般用钢导管灌注。在灌注混凝土开始时,导管底部至孔底应有 250~400 mm 的空间。首批灌注混凝土的数量应能满足导管初次埋置深度(≥1.0 m)和填充导管底部间隙的需要。在整个灌注时间内,出料口应伸入先前灌注的混凝土内至少 2 m,以防止泥浆及水冲入管内,且不得大于 6 m(防止埋管)。应经常量测孔内混凝土面层的高程,及时调整导管出料口与混凝土表面的相对位置,并始终予以严密监视,导管应在无水进入的状态下填充。管底在任何时候,应在混凝土顶面以下 2 m。输送到桩中的混凝土,应一次连续操作。

根据导管内混凝土压力与管外水压力平衡的原则,导管内混凝土必须保持的最小高度为 $H_d = R_w H_w / R_c$,则管中混凝土的体积应为 $V_d = \pi d^2 \cdot H_d / 4$($d$ 为导管直径)。首批混凝土若埋深不足,混凝土下灌后不能埋没导管底口,会导致泥水从导管底口进入。如果出现这种导管入水现象,应立即将导管提出,将散落在孔底的混凝土拌合物用空气吸泥机或抓斗机清出,然后重新下导管灌注。

6)处于地面以上能拆除的护筒部分,须待混凝土抗压强度达到 5 MPa 后拆除。当使用组合式护筒灌注混凝土时,应逐步提升护筒,护筒底面应保持在混凝土顶面以下 2 m。

7)混凝土应连续灌注,直至灌注的混凝土顶面高出图纸规定或确定的截断高度才可停止浇筑,以保证截断面以下的全部混凝土均达到强度标准。

8)灌注的桩顶标高应比设计高出一定高度,一般为 0.5~1.0 m,以保证混凝土强度,多余部分应在接桩前凿除,桩头应无松散层。

9)混凝土灌注过程中,如发生故障应及时查明原因,并提出补救措施,及时进行处理。

§3.3.7　水下混凝土灌注常见质量问题

1)堵管。

(1)开始灌注时堵管。

开始灌注时堵管,指首盘混凝土灌注即堵管,其原因主要有隔水塞被卡住和漏斗底部混合料产生离析,致混凝土无法下落两种情况。为预防初灌时堵管需采取以下措施:

①钻孔桩灌注前对导管进行试探,检查导管的垂直度,并进行导管过球试验。

②首盘混凝土拌合,适当多掺加水泥和细骨料,确保首盘混凝土的和易性;另外在灌注漏斗内洒水润湿,以利混凝土顺利下落。

③精确计算导管底口与孔底之间距离,以控制在 30~50 cm 为宜,太小容易堵管,太大则无法保证初灌导管埋深。

(2)灌注过程中堵管。

灌注过程中堵管,主要由于混凝土和易性太差、离析,石子粒径过大,有大的异物(如受潮水泥结块等),埋管太深,导管直径太小,灌注时间太长或两盘混凝土间隔时间过长等。

为预防灌注过程中堵管,主要采取以下措施:

①合理组织,加快混凝土灌注速度,同时确保混凝土连续灌注。

②采用强制拌合机拌合;严格按配合比施工,保证混凝土拌合时间,缩小混凝土运距,或采用混凝土运输车运输,确保灌注的混凝土无离析和泌水现象;宜掺加缓凝减水剂,改善

混凝土的性能；混凝土坍落度宜控制在 8~22 cm。

③砂、石应严格过筛，避免有大块卵石等异物进入混凝土中，碎石的最大粒径要根据导管直径、钢筋间距等指标严格控制，一般≤4 cm；防止水泥受潮，避免大块异物进入混凝土中；另外可在灌注漏斗上放置一块 10 cm×10 cm 的钢筋网垫，隔离混凝土中的大块异物，确保无大块物体进入导管中。

④灌注过程中勤量测、勤拆管，埋管深度宜控制在 2~6 m，以免埋管太深造成堵管。

⑤根据钻孔桩直径，宜选用内径 25 cm 或 30 cm 并且顺直、内壁光滑的导管，不宜选用内径过小的导管。如果出现堵管，则要分析原因，采用长杆冲捣，大锤敲击导管，或利用卷扬机将漏斗稍提一定高度，猛然下落，利用振动使混凝土下落。如仍无效，则提出导管，清理出混凝土，分析原因，重新施工。

2）导管进水。

导管进水的主要原因是导管连接处密封不好、初灌量不足未埋住导管、导管接缝焊接质量差或导管炸裂等。对导管进水，主要采取以下预防措施：

(1)导管安放前，进行水密、承压及接头抗拉等试验，进行水密试验的水压不小于孔底静水压力的 1.5 倍。不合格者，不得使用。

(2)导管安放时注意放好密封圈，并注意拧紧。

(3)灌注过程中严格控制导管提升高度及拆管环节，避免因计算错误而控制失误，致使导管提离混凝土顶面。混凝土要徐徐灌注，避免管内出现高压气囊，而炸裂导管。导管一旦进水，则应分析原因，如果是导管上部漏水，可通过丈量计算，在保证埋管深度≥2 m 的条件下及时提管或拆除一节导管，处理水面以上的漏水处。否则应提出导管，清除已灌入的混凝土，分析导管进水的原因，采取相应措施处理后，重新灌注。

3）导管提不动。

灌注过程中出现导管提不动的情况，主要由于埋管太深、被钢筋笼挂住、灌注时间太长等造成。针对上述原因，主要采取以下措施预防：

(1)灌注过程导管埋深宜控制在 2~6 m，做到勤量测、勤拆管，并且在灌注中，导管宜上下勤活动。

(2)确保导管轴线顺直。下钢筋笼时要保持其轴线竖直，确保钢筋笼不变形，避免导管挂拴在钢筋笼上。

如出现导管提不动的情况，要分析原因，如因钢筋笼挂住，则应将导管在水平位置旋转，再提升，直到提动为止；如因埋管太深或灌注时间太长等原因造成埋管，则应停止灌注，采取其他方式处理。

4）钢筋笼上浮。

钢筋笼上浮主要由于混凝土灌注时冲击力过大或灌注时间较长，表层混凝土凝结而推动钢筋笼上浮或钢筋笼固定不好而上浮。针对钢筋笼上浮的原因，主要采取以下措施进行预防：

(1)缩短全桩混凝土灌注时间，避免表层混凝土凝固而顶推钢筋笼上浮，同时宜掺用缓凝减水剂，以改善混凝土性能。

(2)混凝土要缓慢地灌入，减少冲击力，并合理控制拆管，避免导管底与钢筋笼底端距离过小，当混凝土面上升到钢筋笼底端时，导管底口距离钢筋笼底不宜小于 2 m，此时适当加大导管埋深,以减少混凝土灌注时对钢筋笼向上的冲击力,当混凝土面进入到钢筋笼适当深度后,一次拆除导管,使导管底口进入钢筋笼底端 1.5 m 以上,同时确保混凝土灌注速度,可很好地防止钢筋笼上浮。

(3)如灌注过程中钢筋笼开始上浮,需迅速计算钢筋笼底和导管底口距离,采取拆管或将导管提高一定高度控制,如不见效,则在上部采取措施加固。实践证明采用钢管加固钢筋笼,可很好地控制钢筋笼上浮。

5)混凝土离析。

混凝土离析主要是由于混凝土拌合质量差,产生离析、泌水;埋管深度不够,混入浮浆;导管进水使得混凝土部分稀释;灌注前清孔不彻底;泥浆比重大;孔壁垮落物夹入混凝土内等原因造成。针对混凝土离析、夹泥产生的原因,主要采取以下措施预防:

(1)严格按配合比施工,严格控制加水量,确保合适的坍落度和足够的拌合时间,一旦混凝土拌合加水过多等造成离析,则要考虑整体质量,该废除则废除,同时可考虑加入缓凝型减水剂,以改善混凝土的性能。

(2)严格控制导管埋置深度,做到初灌时埋管≥1 m,后续灌注过程埋管≥2 m,灌至上部时,忌将导管上提幅度过大,以免将泥皮、混凝土浮浆等带入下层新鲜混凝土内产生夹泥。

(3)钻孔时,加强泥浆护壁灌注前清孔要彻底,灌前泥浆比重≥1.2;同时严格控制含砂率。

6)断桩。

断桩主要是由于导管提升过高,提离混凝土顶面或混凝土灌注作业因故中断等原因造成。针对上述产生断桩原因,可采取以下措施预防:

(1)施工技术人员和操作人员要进行岗前培训,增强质量意识和业务技能。技术人员要细心量测,准确计算导管埋深,合理控制拆管节奏,严格按施工规范施工。

(2)严格控制混凝土拌合质量,宜掺用缓凝型减水剂,以改善混凝土性能。

(3)钻孔桩施工要确保设备的完好并有备用设备;一旦设备出现故障,立即启用备用设备,确保正常施工,不得延误时间。

§3.4　高性能混凝土

§3.4.1　高性能混凝土定义

高性能混凝土是一种新型高技术混凝土,是在大幅度提高普通混凝土性能的基础上采用现代混凝土技术制作的混凝土,它以耐久性作为设计的主要指标。针对不同用途要求,对下列性能有重点地予以保证:耐久性、工作性、适用性、强度、体积稳定性、经济性。为此,高性能混凝土在配制上的特点是低水胶比,选用优质原材料,并除水泥、水、集料外,必须掺加足够数量的矿物细掺料和高效外加剂。

§3.4.2　高性能混凝土特点

1)高性能混凝土具有一定的强度和高抗渗能力,但不一定具有高强度,中、低强度亦可。

2)高性能混凝土具有良好的工作性,混凝土拌合物应具有较高的流动性,混凝土在成型过程中不分层、不离析，易充满模型；泵送混凝土、自密实混凝土还具有良好的可泵性、自密实性能。

3)高性能混凝土的使用寿命要求长，对于一些特殊工程的特殊部位，控制结构设计的并不是混凝土的强度，而是其耐久性。能够使混凝土结构安全可靠地工作 50~100 年，是高性能混凝土应用的主要目的。

4)高性能混凝土具有较高的体积稳定性，即混凝土在硬化早期应具有较低的水化热，硬化后期具有较小的收缩变形。

§3.4.3 高性能混凝土的配制

1)高性能混凝土配制流程见图 3-5。

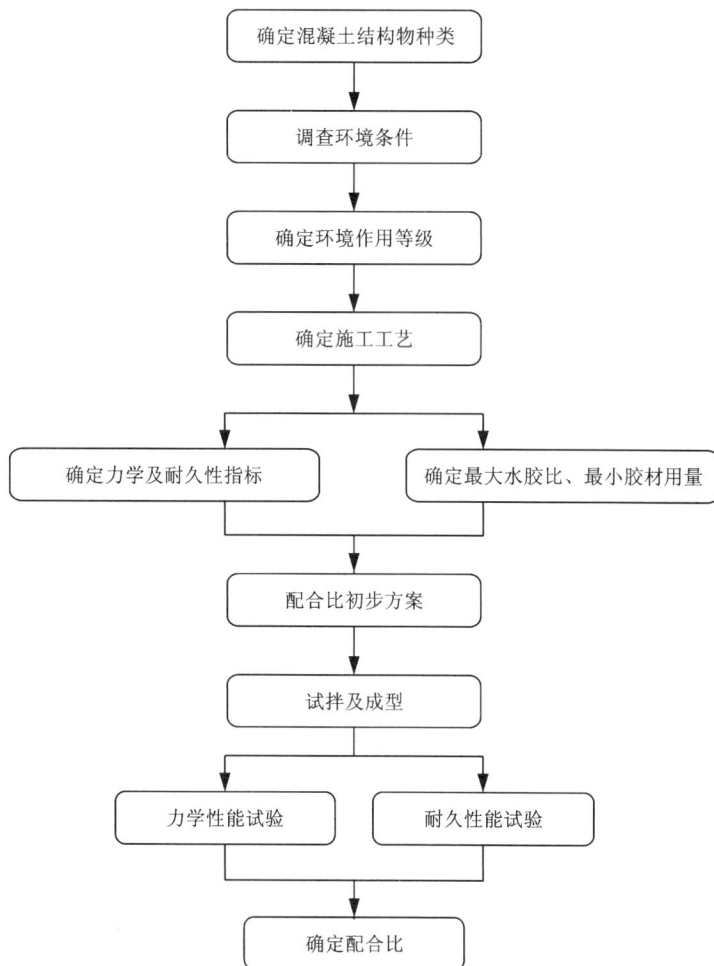

图 3-5 高性能混凝土配制流程图

2)配制高性能混凝土一般要求。

(1)混凝土的原材料和配合比参数应根据混凝土结构的设计基准期、所处环境条件和作用等级确定。

（2）混凝土中应适量掺加能够改善混凝土性能的粉煤灰、磨细矿渣粉或硅灰等矿物掺合料。

（3）混凝土中应适量掺加能够提高混凝土性能的高效减水剂，尽量减少用水量和胶凝材料用量。含气量要求大于或等于 4.0% 的混凝土应同时掺加高效减水剂（或聚羧酸系高性能减水剂）和引气剂。

（4）混凝土配合比应按最小浆骨体积比原则设计。

（5）混凝土中的总碱含量应符合设计要求。当设计无要求时，混凝土中的总碱含量一般不应超过 3.0 kg/m³。混凝土的碱含量是指混凝土中各种原材料的碱含量之和。其中，矿物掺合料的碱含量以其所含可溶性碱量计算。粉煤灰的可溶性碱量取粉煤灰总碱量的 1/6，磨细矿渣粉的可溶性碱量取磨细矿渣粉总碱量的 1/2，硅灰的可溶性碱量取硅灰总碱量的 1/2。

（6）混凝土的最大氯离子含量应满足表 3-3 的要求。

表 3-3　混凝土的最大氯离子含量

混凝土类别	预应力混凝土	钢筋混凝土
氯离子含量	0.06%	0.10%

注：①对于钢筋配筋率低于最小配筋率的混凝土结构，其混凝土的氯离子含量要求应与本表中钢筋混凝土的要求相同；

②混凝土的氯离子含量是指混凝土中各种原材料的氯离子含量之和，以其与胶凝材料的重量比表示。

（7）混凝土的三氧化硫含量不应超过胶凝材料总量的 4.0%。

3）配合比设计。

（1）首先根据混凝土工作性、设计强度和耐久性指标要求，结合工程上所选水泥的性能、外加剂的性能，初步确定胶凝材料总用量、矿物掺合料的种类及掺量、外加剂的掺量、水胶比和砂率，并计算出单位体积混凝土的水泥用量、矿物掺合料用量、用水量以及外加剂的用量。

（2）采用体积法按公式计算砂、石用量，确定基准配合比。

（3）核算单方混凝土的碱含量、氯离子含量和三氧化硫含量是否符合规定，核算浆体比是否符合规定。否则，应重新选择原材料或调整基准配合比，直至满足要求为止。

（4）按上述确定的配合比拌合混凝土，测试混凝土的坍落度、含气量、泌水率和凝结时间等。若试验值与要求值存在差别，可适当调整砂率和外加剂用量，直至调配出拌合物性能、碱含量、氯离子含量和三氧化硫含量满足设计要求的混凝土。试拌时，每盘混凝土的最小搅拌量应在 20 L 以上，且不少于搅拌机容量的 1/3。

（5）将上述确定的混凝土配合比的胶凝材料用量、矿物掺合料掺量、砂率和水胶比略作调整，重新按上述步骤计算并调整出 3 个满足设计要求的混凝土配合比。按规定的项目对这些混凝土的力学性能、耐久性能和长期性能进行检验（表 3-4）。

（6）按照工作性能优良、强度和耐久性满足要求、经济合理的原则，从上述试验结果满足要求的配合比中选择合适的配合比作为实验室理论配合比。

（7）采用工程实际使用的原材料和搅拌方式搅拌混凝土，测定混凝土的表观密度。根据实测混凝土拌合物的表观密度，求出校正系数，以便对实验室理论配合比进行校正（即以理论配合比中每项材料用量乘以校正系数），即得到混凝土的理论配合比。

表3-4　混凝土的力学性能、耐久性能和长期性能进行检验项目

序号	检验项目	备注
1	抗压强度	基本检验项目
2	电通量	
3	弹性模量	仅对预应力混凝土或当设计有要求时
4	抗冻性能	仅对处于冻融破坏环境或对耐久性有特殊要求的混凝土
5	胶凝材料抗蚀系数	仅对处于硫酸盐化学侵蚀环境的混凝土
6	抗渗等级	仅对桥面铺装防水混凝土

§3.4.4　高性能混凝土耐久性要求

高性能混凝土耐久性要求根据结构所处的环境条件和作用等级确定。一般情况下，桥涵结构所处的环境包括碳化环境、化学侵蚀环境或冻融破坏环境。不同环境作用下的耐久性要求应满足表3-5的规定。

表3-5　不同环境作用下的桥梁结构耐久性要求

结构部位	项目	技术要求
桩基、墩承台等	电通量	56 d混凝土的电通量应不大于1000 C
	抗冻性	56 d混凝土的抗冻融循环次数应不小于300次
	耐腐蚀性	56 d胶凝材料抗蚀系数不得小于0.80
预制梁、现浇梁、桥面铺装等	电通量	56 d龄期混凝土的电通量应不大于1000 C
	抗渗等级	>P8(仅桥面铺装混凝土)

§3.4.5　高性能混凝土施工质量控制

1）一般规定。

（1）混凝土工程所用原材料应按现行的相关验收标准进行进场验收，合格后方可使用。

（2）当粗、细骨料的含泥量或泥块含量超标时，应采用专用设备进行处理。

（3）混凝土工程正式施工前应完成原材料的选定和检验工作，并应充分考虑试验周期和可能出现的环境条件和原材料变化，尽早开展混凝土配合比的选定工作。

（4）重要的混凝土结构施工前宜进行混凝土试浇筑，以便对混凝土配合比施工工艺、施工机具的适应性进行检验，对有代表性的混凝土结构内部混凝土温升过程进行测定，发现问题及时调整。

2) 称量搅拌。

(1) 搅拌混凝土前, 应测定粗、细骨料的含水率, 及时调整施工配合比。

(2) 应定期对称量设备进行校正。

(3) 按照批准的施工配合比准确称量混凝土原材料, 并控制其最大允许偏差。

(4) 混凝土原材料计量后, 宜先向搅拌机投入骨料、水泥和矿物掺合料, 搅拌均匀后, 加水和液体外加剂, 直至搅拌均匀为止。粉体外加剂应与矿物掺合料同时加入。水泥的入机温度不应大于 70℃。

(5) 混凝土的搅拌时间为全部材料装入搅拌机开始至搅拌结束所用时间, 混凝土连续搅拌时间应根据配合比和搅拌设备情况通过试验确定, 但最短搅拌时间不宜少于 2 min。

(6) 搅拌控制。混凝土拌制是否均匀、混凝土的拌合物质量是否满足设计要求, 一般通过检测其工作性来控制。高性能混凝土出机检查的工作性主要是坍落度、含气量、混凝土温度和泌水状况。不合格时, 要查找原因, 一般的原因可能是称料的误差、水的计量不准、骨料含水量测试或计算失误, 等等。查不出原因时, 可适当追加复合外加剂以弥补坍落度和含气量的不足, 不可采取加水的方式增加混凝土的坍落度。

3) 运输。

(1) 对混凝土拌合物运输的基本要求是: 不产生离析现象, 保证规定的坍落度、含气量、在混凝土初凝之前能有充分时间进行浇筑和振捣密实。

(2) 冬、夏季应对运输设备采取保温、隔热处理措施。

4) 浇筑。

(1) 混凝土入模前, 应检测混凝土的温度、坍落度、含气量和泌水状况等, 只有拌合物性能符合设计或配合比要求的混凝土方可入模浇筑。当设计无要求时, 混凝土的入模温度宜控制在 5~30℃。

(2) 混凝土浇筑时的自由倾落高度不得大于 2 m; 当大于 2 m 时, 应采用滑槽或串筒等器具辅助输送混凝土, 保证混凝土不出现分层离析现象。

(3) 混凝土的浇筑应采用分层连续推移的方式进行。

(4) 混凝土的一次摊铺厚度不宜大于 600 mm(当采用泵送混凝土时) 或 400 mm(当采用非泵送混凝土时)。

(5) 炎热季节浇筑混凝土时, 应尽可能安排在傍晚而避开炎热的白天浇筑混凝土。在相对湿度较小、风速较大的环境下浇筑混凝土时, 应采取适当挡风等措施, 防止混凝土失水过快, 此时应避免浇筑有较大暴露面的构件。

5) 振捣。

(1) 宜采用插入式振捣器垂直点振, 或采用插入式振捣器和附着式振捣器联合振捣。预应力混凝土梁宜采用插入式振捣器和附着式振捣器联合振捣成型。

(2) 不得将振捣棒放在拌合物内平拖, 也不得用振捣棒平拖驱赶下料口处堆积的拌合物。

(3) 应避免过振、漏振, 每点的振捣时间以表面泛浆或不冒大气泡为准, 一般不宜超过 30 s。

(4) 应加强检查模板支撑的稳定性和接缝的密合情况, 以防漏浆。

(5) 混凝土浇筑完成后, 应仔细将混凝土暴露面压实抹平, 抹面时严禁洒水。

6) 养护。

(1) 在暴晒、气温骤降等情况下, 应采取保温措施防止混凝土表面温度受环境因素影响而发生剧烈变化，防止产生较大的温度应力引起混凝土开裂。养护期间混凝土的芯部与表层、表层与环境之间的温差不宜超过15℃。

（2）当环境温度低于5℃时，禁止对混凝土表面进行洒水养护，但应采取保温、保湿养护措施。

（3）混凝土的蒸汽养护可分静停、升温、恒温、降温四个阶段。静停期间应保持环境温度不低于5℃，灌筑结束4~6 h后方可升温，升温速度不宜大于10℃/h；恒温期间混凝土芯部温度不宜超过60℃，最高不得超过65℃，恒温养护时间应根据构件脱模强度要求、混凝土配合比情况以及环境条件等通过试验确定，降温速度不宜大于10℃/h。

（4）混凝土的保温、保湿、养护时间应根据混凝土配合比和环境条件确定。

（5）混凝土养护期间，应对有代表性的结构进行温度监控，定时测定混凝土芯部温度、表层温度以及环境气温、相对湿度、风速等参数，并根据混凝土温度和环境参数的变化情况及时调整养护制度，严格控制混凝土的内外温差以满足要求。

7）拆模。

（1）拆模时间应根据拆模以后对混凝土的影响来确定。拆模后混凝土不得有能量测到的挠度或扭动，更不能因拆除支撑或拆模作业使混凝土产生明显的损坏。

（2）混凝土拆模时的强度应符合设计要求。拆模时除应按同条件养护试件的强度进行控制外，还应考虑到拆模时混凝土的温度不能过高，防止混凝土接触空气时降温过快而开裂，更不能在此时浇水养护。混凝土内部开始降温以前不得拆模。

（3）混凝土芯部与表层、表层与环境之间的温差大于15℃时不得拆模。大风或气温急剧变化时不应拆模。炎热和大风干燥季节，应采取逐段拆模、边拆边盖的拆模工艺。

§3.5　聚合物混凝土

普通混凝土属于多孔结构的不均质脆性材料，抗拉、抗折强度较低，脆性大，柔性低，凝结硬化较缓慢，干缩量大以及抗化学腐蚀能力较差。

掺加聚合物可改善混凝土的基本力学特性，如降低混凝土的刚性，提高其柔性，降低其抗压强度与抗拉强度的比值等。基于聚合物混凝土良好的性能，目前聚合物混凝土已经成为一种重要的土木工程材料。

本节主要介绍聚合物基体、聚合物混凝土及聚合物混凝土在工程中的应用。

§3.5.1　聚合物基体

§3.5.1.1　高聚物材料概论

组成单元相互多次重复连接而构成的物质称为高聚物或高分子化合物，是指许多大分子组成的物质（分子量达$10^4 \sim 10^6$），包括塑料、橡胶、纤维和涂料或胶粘剂。一般来说分子量小于500为低分子化合物，高分子化合物其分子量总是在1000以上，但二者之间没有严格界限。

1）聚合物基本概念。

（1）单体：能组成高分子化合物的低分子化合物为单体。

如聚乙烯：$[CH_2\text{-}CH_2]_n$，其中 $CH_2\text{=}CH_2$ 为乙烯单体。

(2)链节：组成高聚物最小的重复结构单元。

如—CH_2—CH_2—。

(3)聚合度：聚合物中所含链节的数目(n)。

聚合度反映了大分子链的长短和分子量大小。聚合物分子量 $M = m \cdot n$，m 为链节分子量。

(4)多分散性：聚合物由大量分子链组成，各个分子链的链节数不相同、长短不一样、分子量不相等。聚合物中各个分子的分子量不相等的现象称为分子量的多分散性。聚合物的多分散性决定了它的物理——机械性能的大分散度。

(5)平均分子量：由于多分散性，聚合物分子量用平均分子量表述。一般多用重均分子量 $\overline{M}w$，即按大分子的质量分布求出的统计平均分子量。

$$\overline{M}w = \sum W_p M_p = \frac{\sum n_p M_p^2}{n_p M_p}(复合力学理论) \tag{3-22}$$

式中：W_p 为分子量为 M_p 的分子所占的质量分数；n_p 为分子量为 M_p 的分子数；M_p 为聚合度为 p 的大分子的分子量。

2)高聚物的命名和分类。

(1)高聚物命名。

①习惯命名：按原料单体的名称，在其前冠以"聚"字。

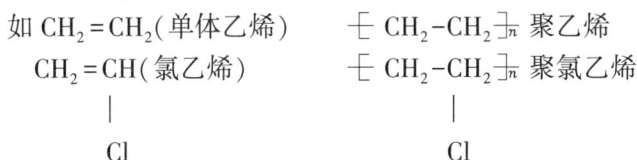

如 $CH_2\text{=}CH_2$(单体乙烯)　　　$\{CH_2\text{-}CH_2\}_n$ 聚乙烯

　　$CH_2\text{=}CH$(氯乙烯)　　　$\{CH_2\text{-}CH_2\}_n$ 聚氯乙烯

　　　　|　　　　　　　　　|

　　　Cl　　　　　　　　Cl

部分缩聚物在原料后附以"树脂"二字命名。

如：苯酚与甲醛缩聚后，称为酚醛树脂。

②商品命名法。

聚乙内酰胺称为尼龙 6，聚氯丁二烯称为氯丁橡胶。

③系统命名法(较少用)。

国际纯粹和应用化学联合会命名：将聚合物的重复结构单元按照有机化合物系统法命名，最后再在前面冠以"聚"字。

④英文缩写：如聚乙烯用 PE、聚丙烯用 PP、氯丁橡胶用 CR、丁苯橡胶用 SBR、苯乙烯—丁二烯—苯乙烯嵌段共聚物用 SBS 表示。

(2)高聚物分类。

①按高聚物材料的性能和用途可分为三类：

塑料——具有可塑性的高聚物材料。可塑性是指当材料在一定温度下受到外力作用时，可产生变形，外力除去后仍能保持受力时的形状。按其能否进行二次加工，又可分为热塑性塑料(线型结构高聚物材料)和热固性塑料(体型结构高聚物材料)。

橡胶——具有显著高弹性的高聚物材料。在外力作用下，可产生较大的变形，当外力卸除后又能回复原来的形状。按其产源可分为天然和合成橡胶两类。

纤维——具有柔韧、纤细而且均匀的线状或丝状高聚物材料，可分为天然纤维和化学纤维(包括人造纤维和合成纤维)两类。

②按大分子主链中元素分类:

a)碳链有机聚合物(大分子主链全部由碳原子组成)。

如—C—C—C—C—或—C—C══C—C—。

b)杂链有机聚合物(大分子中除碳原子外还有氧、氮、硫、磷等原子)。

如—C—C—O—C—,—C—C—N—C—。

杂原子的存在,能大大地改变聚合物的性能,如氧能提高聚合物的弹性;磷和氯能提高耐火、耐热性;硫能增大不透气性等。

c)元素有机聚合物。

这类聚合物的主链不一定含有碳原子,而由无机元素硅、钛、铝、硼等原子和有机元素氧原子构成,它的侧基一般为有机基团。有机基团使聚合物具有强度和弹性;无机原子则能提高耐热性。

$$
\begin{array}{c}
CH_3 \\
| \\
\text{如有机硅树脂:} \dashv Si—O \vdash \\
| \\
CH_3
\end{array}
$$

d)无机聚合物。

无机聚合物的主链和侧基均由无机元素或基团构成,如石墨(碳链无机聚合物)和无机耐火橡胶:

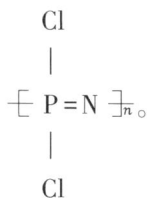

$$
\begin{array}{c}
Cl \\
| \\
\dashv P═N \vdash_n \\
| \\
Cl
\end{array}
$$

3)高聚物的形成反应。

低分子化合物(单体)聚合起来形成高分子化合物的过程,其所进行的反应称为聚合反应。常见的聚合反应有加成聚合反应(简称加聚反应)和缩合聚合反应(简称缩聚反应)。

(1)加聚反应:指不饱和烯类单体通过加成聚合而形成聚合物的反应,在反应过程中无小分子伴生。

①均聚反应:只有一种单体进行的聚合反应。

如 $nA \rightarrow \dashv A \vdash_n$,其产物称为均聚物。

②共聚反应:由两种或两种以上的单体进行的聚合反应,其产物为共聚合物。共聚合物通过单体的改变,可以改进聚合物的性能,同时克服了某些单体不能进行均聚反应的缺陷,扩大了制造聚合物的原料来源。

(2)缩聚反应:指一种或多种单体相互混合而连接成聚合物,同时析出(缩去)某种低分子物质(如水、氯、醇、氯化氢等)的反应。

①均缩聚反应:同一种单体(含有多种官能团)分子间进行的缩聚,通式为 na-A-$b \rightarrow$ $a \dashv A \vdash_n b+(n-1)ab$,式中 a-A-b 为低分子原料,a,b 为官能团,ab 为反应析出的低分子

化合物，a $\dashv$ A $\dfrac{}{n}$ b 为均缩聚物，如氨基己酸经缩聚生成聚酰胺 6(即尼龙 6)。

②共缩聚反应：含有不同反应基团的两种或两种以上的单体进行的缩聚反应。通式为 a—A—a+c—C—c→a—A—C—c+小分子，如己二胺和己二酸缩聚生成尼龙 66。

③混缩聚反应：两种不同单体分子之间进行的缩聚反应，通式为 na—A—a+nb—B—b→ a $\dashv$ A—B $\dfrac{}{n}$ b+(2n-1)ab，如二元酸和二元醇经缩聚生成聚酯。

4)聚合物结构和物理力学状态。

(1)聚合物聚集态结构的类型。

聚集态结构指高聚物内部大分子之间的几何排列和堆砌方式。高聚物按其分子在空间排列的规则与否可分为晶态和非晶态两类，但往往是晶态与非晶态并存。

(2)线型非晶相聚合物的力学特征。

分子运动的特性主要决定于温度。温度变化时受力行为发生变化，呈现不同的力学状态。

缩聚反应反应产物按几何结构不同可分为：

线型缩聚(生成的产物其分子链为线状的)和体型(网状)缩聚(生成的产物其分子链交联成网状或空间三维交联)。

图 3-6 为线型非晶相聚合物受恒定应力作用时变形量与温度的关系曲线，也叫热力学曲线。

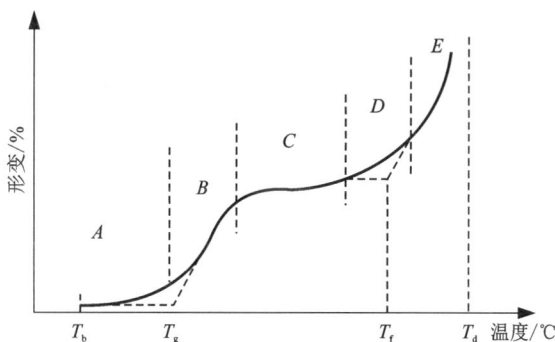

图 3-6 　线型非晶相聚合物热力学曲线

由图 3-6 可知，在不同温度下有下列三种物理状态：

①玻璃态：当温度很低时，分子链间作用力很大，分子链和链段不能运动，高聚物呈非晶相的固体称为"玻璃体"。在玻璃态时，链段开始运动的温度称为"玻璃化转变温度"，简称"玻璃化温度"(T_g)。温度继续下降，当高聚物表现为不能拉伸或弯曲的脆性时的温度，称为"脆化温度"，简称"脆点"(T_b)。

②高弹态：随温度升高，超过玻璃化温度高聚物的链段可以旋转，高聚物变得柔软，而且具有较大的弹性(可达 1000%)，外力作用产生的形变卸荷后又能恢复原状，高聚物这种形态称为"高弹态"。

③黏流态：当达到"黏流温度"(T_f)后，高聚物呈极黏的液体，这种状态称为"黏流态"。此时分子可互相滑动，分子链和链段可以移动。外力作用时，分子间相互滑动产生形变，外

力卸除后, 形变不能回复。这种形变不可逆, 故称为"黏性流动形变"。温度继续升高, 达到 T_d 后, 聚合物出现热分解, 称 T_d 为热分解温度。

综上所述: 常温下处于玻璃态的高聚物, 通常作塑料或纤维使用。其使用温度范围在脆化温度(T_b)与玻璃化温度(T_g)之间, 通常是指塑料耐热性, 即指玻璃化温度的高低。

常温下处于高弹态的高聚物, 宜作橡胶使用, 使用温度在玻璃化温度 T_g 与黏动温度 T_f 之间, 常把最低使用温度(T_g)称为橡胶的耐寒指标, 最高使用温度 T_f 称为橡胶的耐热指标。

工程中, 黏流态不是高聚物的使用状态, 而是一种工艺状态。T_f 的高低, 决定了聚合物加工成型的难易。在室温下处于黏流态的聚合物是流动性树脂, 可以用喷丝、吹塑、注射、挤压等方式制成各种制品。

5) 聚合物的老化。

聚合物在使用过程中由于光、热、空气(氧和臭氧)等的作用而发生结构或组成的变化, 从而出现各种性能劣化现象, 如变色、变硬、龟裂、发黏、发软、变形、出现斑点、机械强度降低等, 称为聚合物的老化。

聚合物的老化可分为聚合物分子的交联与降解两种。交联是指聚合物的分子从线型结构变为体型结构的过程。当发生这种老化作用时, 表现为聚合物失去弹性、变硬、变脆, 并出现龟裂现象。降解是指聚合物的分子链发生断裂, 其分子量降低, 但其化学组成并不发生变化。当老化过程以降解为主时, 聚合物会出现失去刚性、变软、发黏、蠕变等现象。

根据老化原因的不同, 聚合物的老化分为光老化和热老化两类。光老化是指聚合物在阳光(特别是紫外线)的照射下, 部分分子(或原子)被激活而处于高能的不稳定状态, 并与其他分子发生光敏氧化作用, 致使聚合物的结构和组成发生变化, 性能逐渐恶化的现象。热老化是指聚合物在热的作用下, 尤其是在较高温度下暴露于空气中时, 聚合物的分子链由于氧化、热分解等作用而发生断裂、交联, 其化学组成与分子结构发生变化, 从而使其各项性能发生变化的现象。因此, 大多数聚合物材料的耐高温性和大气稳定性都较差。

§3.5.1.2　聚合物基体

1) 分类。

用于复合材料的聚合物基体有多种分类方法, 如按树脂热行为可分为热塑性及热固性两类。热塑性基体, 如聚丙烯、聚酰胺、聚碳酸酯、聚醚砜、聚醚酮等, 是一类线形或有支链的固态高分子, 可溶可熔, 可反复加工成型而无任何化学变化。按聚集态结构不同, 这类高分子有非晶和结晶两类, 而后者的结晶也是不完全的, 通常结晶度在 20%~85%。热固性基体, 如环氧树脂、酚醛树脂、双马树脂、不饱和聚酯等, 它们在制成最终产品前, 通常为分子量较小的液态或固态预聚体, 经加热或固化剂发生化学反应后, 形成不溶且不熔的三维网状高分子, 这类基体通常是无定形的。

聚合物基体按树脂特性及用途可分为一般用途树脂、耐热树脂、耐候性树脂、阻燃树脂等。

聚合物基体按成型工艺可分为手糊用树脂、喷射用树脂、胶衣用树脂、缠绕用树脂、拉挤用树脂、拌和用树脂等。由于不同的成型方法对树脂的要求不同, 如黏度、适用期、胶凝时间、固化温度等, 因而不同工艺应选用不同型号树脂。

2) 基体的选择。

对聚合物基体的选择应遵循下列原则：

(1)能够满足产品的使用需要，如使用温度、强度、刚度、耐药性、耐腐蚀性等。高拉伸模量、高拉伸强度、高断裂韧性的基体有利于提高复合材料的力学性能。

(2)对纤维和粒子具有良好的润湿性和黏结性。

(3)容易操作，如要求胶液具有足够的适用期、预浸料具有足够长的储存期、固化收缩小等。

(4)低毒性、低刺激性。

(5)价格合理。

§3.5.2　聚合物混凝土

聚合物混凝土属于聚合物—混凝土复合材料，我国早期曾称为塑料混凝土。它是在水泥材料的基础上，以各种不同方式与有机高分子材料相结合所制得的一种混凝土的总称。人类最早开始使用聚合物混凝土是在 1909 年，1924 年 Lefebure 申请了第一个专利。按照组成材料和形成方法不同，聚合物混凝土可分为三类。

1)聚合物改性水泥混凝土(polymer modifed concrete，PMC)是以水泥和聚合物为胶结材料与骨料结合而成的混凝土，即在水泥混凝土的组成中加入了聚合物。

2)聚合物浸渍混凝土(polymer impregnated concrete，PIC)是将低黏度的单体、预聚体、聚合物等浸渍到已水化硬化的混凝土的孔隙中，再经过聚合等步骤使水泥混凝土与聚合物成为一个整体。

3)聚合物混凝土(polymer concrete，PC)又称树脂混凝土，是指全部胶结材料为聚合物，聚合物与骨料结合而成的聚合物混凝土。

§3.5.2.1　聚合物改性水泥混凝土(砂浆)

水泥的水化与聚合物的固化同时进行，相互填充形成整体结构。

聚合物改性水泥混凝土可分为以下几类：聚合物胶乳水泥混凝土、再分散聚合物粉末水泥混凝土、水溶性聚合物水泥混凝土和液体树脂水泥混凝土。

(1)聚合物胶乳水泥混凝土。

聚合物胶乳是一种聚合物颗粒[也称胶粒(粒径为 $0.05\sim5\ \mu m$)的水分散体]，固体含量一般为 40%~50%，是由有机液体单体在水中乳化聚合而成的，简称乳液或乳胶。

与其他液体树脂或有机单体相比，聚合物胶乳水泥混凝土的优点是无毒，施工简便。

(2)再分散聚合物粉末水泥混凝土。

再分散聚合物粉末水泥混凝土是用聚合物粉末代替聚合物胶乳，通常将粉末干拌到水泥与骨料中，然后再加水湿拌。聚合物粉末在湿拌过程中重新被乳化，从而与聚合物胶乳一样对水泥混凝土起改性作用。

其优点是使用方便，但性能较胶乳混凝土逊色。

(3)水溶性聚合物水泥混凝土。

水溶性聚合物水泥混凝土中加入了少量水溶性聚合物粉末或水溶液，以改善混凝土和易性、保水性，延长水泥浆凝结时间。

(4)液体树脂水泥混凝土。

液体树脂水泥混凝土是将热固性树脂(如不饱和聚酯或环氧树脂)直接加入水泥混凝土中，在水泥水化的同时，引发树脂产生聚合反应的产物。聚合反应是在有水的环境中进行的，形成聚合物和水泥水化产物相互交叉的网络结构，其作为凝胶相将骨料牢固黏结在一起，从而产生较高的力学性质。与胶乳相比，液体树脂一般掺量高，工作性较普通混凝土差，但强度、黏结性、防水性、耐化学腐蚀性、耐磨性、抗冻性大大提高。

1) 原材料选择

(1) 聚合物。

与水泥掺合使用的聚合物有天然和合成橡胶浆、热塑性及热固性树脂乳胶、水溶性聚合物等，可分为以下三类：

①水溶性聚合物分散体乳胶类，包括橡胶胶乳、树脂乳液和混合分散体。

②水溶性聚合物，包括纤维素衍生物——甲基纤维素（MC）、聚乙烯醇（PVA）、聚丙烯酸盐——聚丙烯酸钙和糠醇。

③液体聚合物，包括不饱和聚酯和环氧树脂等。

聚合物的使用方法与外加剂一样，与水泥、骨料、水一起搅拌即可。一般情况下，其掺量为水泥质量的 5%～25%，不宜过多。水泥掺合用聚合物在出厂商品内未加消泡剂时，拌合时务必加适量的消泡剂。

为取得改善混凝土性能的良好效果，必须选用与水泥水化适应性好的有机高分子材料。因此，对聚合物的一般要求是：

①对水泥水化无负面影响。

②对水泥水化过程中释放的高活性离子，如 Ca^{2+} 和 Al^{3+}，有很高的稳定性。

③有很高的机械稳定性，如在输送和搅拌时的高剪切作用之下不会破乳。

④很好的储存稳定性。

⑤低的引气性。

⑥在混凝土或砂浆中能形成与水泥水化产物和骨料有良好黏结力的膜层，且最低成膜温度要低。

⑦所形成的聚合物膜应有极好的耐水性、耐碱性和耐候性。

⑧对钢筋无锈蚀作用。

其质量要求见表 3-6。

表 3-6　水泥中掺合聚合物的质量要求

试验种类	试验项目	规定值
分散试验	外观	应无粗颗粒、异物和凝固物
	总固体成分	35%以上，误差在±1.0%以内
聚合物水泥砂浆试验	抗弯强度/MPa	>4
	抗压强度/MPa	>10
	黏结强度/MPa	>1
	吸水率/%	<15
	透水量/g	<300
	长度变化率/%	0～0.15

常用聚合物特点分别为：

①聚醋酸乙烯酯（PVAC)在水泥中易水解，在浸水情况下试件强度损失严重。

②聚偏二氯乙烯（PVDC)具有与前者相似的作用，但较轻。

③苯乙烯/丁二酯共聚物和丙酸乙烯酯与碱性介质的作用很慢，在浸水情况下试件强度的增长只是中等，似乎不受浸水的影响。

④丙烯酸酯类的聚合物试件在浸水条件下能保持其强度，表现出趋于水解的性能。经共聚反应的聚偏二氯乙烯也具有相同的效果。

（2）主要助剂。

①稳定剂。

水溶性聚合物分散体（乳胶类）树脂在生产过程中大多数用阴离子型乳化剂进行乳液聚合，为此当这些聚合物乳胶与水泥混合后，由于与水泥浆中溶出的大量多价钙离子作用会引起乳化液变质破乳，产生过早凝聚，使其不能在水泥中均匀分散，必须加入阻止这种变质现象的稳定剂。由于稳定剂的种类和掺量不同，其增强效果也会有明显的不同。稳定剂的加入，保证了聚合物与水泥混合均匀，并能有效地结合起来。常用的稳定剂有 OP 型乳化剂、匀染剂 102、农乳 600 等。

②抗水剂。

有些聚合物如乳胶树脂或其乳化剂、稳定剂的耐水性较差，因此在使用时尚需加入抗水剂。

③促凝剂。

当乳胶树脂等掺量较多时，会延缓聚合物水泥混凝土的凝结，要加入促凝剂，以促进水泥的凝结。

④消泡剂。

将胶乳与水泥拌合时，由于乳液中的乳化剂和稳定剂等表面活性剂的影响，通常会产生许多小泡，如不把这些小泡消除，势必会增加砂浆的空隙率，使其强度下降，因此，必须添加适量的消泡剂。常用的消泡剂有以下四类：

a）醇类：有异丁烯醇、3-辛醇等。

b）脂肪酸酯类：有甘油硬脂酸异戊酯等。

c）磷酸酯类：有磷酸三丁酯等。

d）有机硅类：有二烷基聚硅氧烷等。

由于消泡剂的针对性很强，它们往往在一种体系中能消泡，而在另一种体系中却有助泡作用，因此，应注意消泡剂的适应性，通常也可将消泡剂混合使用。其他材料的选择与普通混凝土基本相同。

2）聚合物改性机理。

在水泥砂浆或水泥混凝土中掺入聚合物后，会引起水泥砂浆或水泥混凝土性质的一系列的变化，如抗折强度提高、抗压强度降低、弹性模量降低、刚性降低、柔性增加、变形能力提高、耐磨性提高、黏结强度提高、耐久性提高等。关于聚合物改性水泥砂浆和混凝土的机理，主要从以下几个方面进行分析：

（1）由于聚合物的加入引起了水泥石结构形态的改变，从而对水泥及水泥混凝土的性能起到改善作用。

（2）聚合物与水泥或水泥水化产物相互发生了化学作用，从而对水泥混凝土的性能有改善作用。

（3）聚合物的掺入会对水泥的水化及凝结硬化过程有影响，从而改变水泥混凝土的性能。

（4）聚合物的掺入改变了混凝土的孔结构，改善了水泥浆体与骨料的黏结情况，减少了硬化水泥浆体中的微裂纹，从而改善了水泥混凝土物理力学性能。

（5）由于聚合物的掺入，可改善水泥砂浆或水泥混凝土的工作性能，其减水作用可降低水灰比，从而改善了水泥混凝土的物理力学性能。

关于聚合物改性水泥砂浆和混凝土的作用机理，由于研究所用的聚合物品种和掺量以及研究方法的不同，得出的结论也有所不同，所以至今仍然没有清晰、统一的说法。当然，随着聚合物的种类不同、掺量不同，则改性效果不同，相应的改性机理也有所不同。但聚合物对水泥混凝土的改性作用可能是上述几种原因之一，也可能是兼而有之。

关于聚合物乳液对水泥砂浆和混凝土的改性作用，目前比较一致的看法是，改善作用是通过聚合物在水泥浆与骨料间形成具有较高黏结力的膜，并堵塞砂浆内的孔隙来实现的。水泥水化与聚合物成膜同时进行，最后形成水泥浆与聚合物膜相互交织在一起的互穿网络结构。具有可反应基团的聚合物可能会与固体氢氧化钙表面或集料表面的硅酸盐发生化学反应，这种化学反应可改进水泥水化产物与骨料之间的黏结，从而改善混凝土和砂浆的性能。

3）配合比设计与施工工艺。

（1）聚合物水泥混凝土配合比设计。

①设计原则。

与普通水泥混凝土和砂浆的配合比相比，聚合物水泥混凝土除应具备良好的和易性及抗压强度外，还必须考虑抗拉强度、抗弯强度、黏结性、水密性（防水性）、耐腐蚀性等一些性能。这些性质虽然和水灰比有关，但水灰比对它们的影响没有像对普通水泥混凝土那样大，而这些性质与聚灰比（聚合物与水泥的质量比）的关系则更密切。所以，确定配合比时一般按和易性选择水灰比，而按使用要求确定聚灰比。

②聚合物水泥混凝土（砂浆）的参考配合比。

聚合物水泥混凝土（砂浆）的配合比设计，除考虑聚灰比以外，其他可大致按水泥混凝土（砂浆）进行。通常聚合物水泥砂浆的配合比是 $1:2 \sim 1:3$（质量比）；聚灰比在 $5\% \sim 20\%$；水灰比可根据和易性适当选择，大致在 $0.3 \sim 0.6$。

（2）配制与施工工艺。

配制聚合物水泥混凝土时，可使用与普通水泥混凝土一样的设备。聚合物水泥混凝土应在拌合后 1h 内进行施工与使用。养护时，应先湿养护，待水泥水化后再进行干养护，以使聚合物成膜。

①配制工艺。

a）聚合物水泥混凝土的配制工艺与普通水泥混凝土相似，其区别只是将水泥和聚合物共同作为胶结料，通常在加水搅拌混凝土时掺入一定量的聚合物分散体及辅助材料配制、养护而成。

b）聚合物水泥混凝土还可采用单体直接加入，然后用聚合的办法制得。

c）采用聚合物粉末直接掺入水泥的方法来配制聚合物水泥混凝土。在混凝土配制和初始硬化后，加热混凝土，使聚合物熔化，这样，聚合物便浸入混凝土的孔隙中，待冷却后聚合物凝固而成。这种聚合物水泥混凝土的抗水性能好。

②施工工艺。

a)基层处理。

打底砂浆或混凝土的基层处理应按下列顺序施工：

(a)边喷砂浆，边用钢丝刷刷去老砂浆或混凝土表面脆性的浮浆层或泥土等，用溶剂(汽油、酒精或丙酮)洗掉油污或润滑油迹。

(b)基层的孔隙、裂缝等可见伤痕要进行 V 形开槽，用砂浆进行堵塞修补，对排水沟周围、管道贯通部位也要进行同样的处理。

(c)用水冲洗干净后，用棉纱擦去游离的水分。

b)施工要点。

涂一层厚度为 7~10 mm 左右的聚合物水泥砂浆；当所需的厚度大于 7~10 mm 时，可涂 2~3 次。施工后，必须注意养护。未硬化前不能洒水或遇雨，否则表面将形成一层白色脆性的聚合物薄膜，降低其性能。涂抹聚合物水泥砂浆时应注意：

(a)聚合物水泥砂浆不像普通水泥砂浆那样要用抹子抹好几遍，以抹 2~3 遍为宜。

(b)在抹平时，抹子上往往会黏附一层聚合物薄膜，应边抹边用木片、棉纱等将其拭掉。

(c)当大面积涂抹时，每隔 3~4 m 要留宽 15 mm 的缝。

4)聚合物水泥混凝土的技术性能。

(1)聚合物水泥混凝土的主要性能。

①未硬化前的性能。

a)和易性好，达到规定的稠度(坍落度与流动度)所需的水灰比可以随聚灰比的增加而减少，这有利于提高强度和减少干燥收缩。

b)具有合适的加气性，这对于增加稠度与改善抗冻性都具有良好的效果。

c)保水性好。

d)抗泌浆与抗材料分层离析的性能好。

e)有时硬化较慢（由于诸助剂起缓凝作用），但不影响使用，在高温的夏天甚至有利。

②硬化后的性能。

a)表观密度轻。由于聚合物的密度较水泥的密度轻，所以聚合物混凝土的表观密度亦较轻，通常在 2000~2200 kg/m³。如采用轻集料配制混凝土，更能减小结构断面和增大跨度，达到轻质高强的要求。

b)力学强度高。聚合物混凝土与基准水泥混凝土相比较，不论抗压、抗拉或抗折强度都有显著的提高，特别是抗拉和抗折强度尤为突出，这对减薄路面厚度或减小桥梁结构断面都有显著的效果。

c)与集料的黏附性强。由于聚合物与集料的黏附性强，可采用硬质石料做混凝土路面抗滑层，提高路面抗滑性、抗磨性；此外，还可做空隙式路面防滑层，以防止高速公路路面的漂滑和防噪声。

d)耐久性好。聚合物在混凝土中能起到阻水和填隙的作用，因而可提高混凝土的抗水性、耐冻性和耐久性。

(2)影响混凝土性能的因素。

①影响混凝土强度的主要因素。

a）聚灰比。

聚合物分散体的种类不同，取得同强度所需的聚合物最佳掺量亦不同。最常用的聚灰比为 15%~20%。

研究表明，一般情况下，随着聚合物分散体掺量的增加，其抗压强度、弹性模量有增大的趋势，但掺量达一定程度后则有降低的倾向，而抗拉强度、抗弯强度随聚合物的增加而增大。

b）养护方法。

养护方法对硬化聚合物水泥混凝土的强度影响很大。一般说来，气干养护可获得较高的强度；在早期进行水中或潮湿养护，后经气干养护可获得最高强度。这是因为早期水中养护，水泥能充分进行水化反应，干燥后能够生成聚合物薄膜。但应特别注意，不同种类的聚合物分散体，养护方法不同时其影响是大不一样的，如耐水性很差的聚醋酸乙烯酯（PVAC）乳浊液，若采用水中养护，其强度将极大地降低。

c）影响干缩变形的因素。

聚合物水泥混凝土的干缩变形较之水泥混凝土（未掺聚合物）大为减少，其原因主要是聚合物分散体中界面活性剂具有减水的作用，则为得到同一稠度所需要的单位用水量少。

但也有的试验资料表明，在使用某些聚合物和在某种养护条件等特殊情况下，干缩值有时也可增大。

d）影响混凝土徐变的因素。

使用丁苯橡胶乳液和聚丙酸酯乳液的砂浆徐变系数，比水泥砂浆要小；但掺有醋酸乙烯酯和马来酸丁基的共聚物乳浊液的砂浆，在室温下徐变则是水泥砂浆的两倍以上，而 50℃ 下徐变更是显著增大，造成破坏。

§3.5.2.2 树脂混凝土（砂浆）

与普通混凝土（砂浆）相比，树脂混凝土（砂浆）有以下特点：

1）不存在水泥水化后残余水留下的孔隙。

2）材料内部无水分，有较好的抗冻性。

3）不用碱性水泥，材料有较好的耐酸性。

4）硬化快，施工周期短。

5）成本高、收缩大。

树脂混凝土（砂浆）的用途：主要用于路桥建筑物修补。

1）原材料选择。

（1）聚合物。

常用聚合物混凝土胶结材料包括由丙烯酸酯、甲基丙烯酸酯和三羟甲基丙烷三甲基丙烯酸酯单体合成的聚合物，以及环氧树脂、呋喃树脂、不饱和聚酯（UP）和乙烯基酯树脂等。呋喃树脂混凝土的耐腐蚀性非常好，主要用在强腐蚀性的环境中。甲基丙烯酸甲酯单体的黏度小，用它配制的新拌混凝土的流动性非常好，同时，它可以在很低的温度下固化，但甲基丙烯酸甲酯单体有些难闻的气味，且易挥发、易燃，从而限制了它的应用。最近几年，使用回收的聚酯（PET）制备的不饱和聚酯也可用来制备聚合物混凝土。

将这些聚合物的单体或单体的混合物和液体的聚合物和骨料相混合时，通常还要加入使单体聚合或树脂交联（固化）的引发剂和促进剂。控制引发剂和促进剂的种类和数量，可以改变聚合物的凝胶时间，而凝胶时间的大小可用来控制新拌混凝土的适用期和保证在脱模之前的规定时间内完成固化。

聚合物组分的黏度可用来控制骨料表面的包覆，对高填充的混合物来说，低黏度的树脂更可靠。有时候还要规定未固化聚合物的其他性能，如密度、储存期、含量、闪点等。美国混凝土协会(ACI)对用于桥面、停车场等处的聚合物混凝土用环氧树脂的性能要求参见表 3-7 和表 3-8。

表 3-7　未固化环氧树脂的性能指标

性　能	指　标	测试方法
黏度/(mPa·s)	200~2000	ASTM D-2393
适用期/min	10~60	AASHTO T-Z37
闪点/℃	>204	

表 3-8　已固化环氧树脂的性能指标

性　能	指　标	测试方法
黏结强度/MPa	>7	ASTM C-882-91
线膨胀系数/K^{-1}	$(5~9)×10^{-5}$	ASTM D-696-79
拉伸强度/MPa	>14	ASTM D-638-84
拉伸断裂伸长率/%	>30	ASTM D-638-84
弹性模量/MPa	$(4~8)×10^2$	ASTM D-638-84

一般用单体或聚合物的某些特性来表征聚合物混凝土的性能，因此，聚合物混凝土通常是根据未固化或已固化的胶结材料来分类的。对大多数应用来说，胶结材料固化后的性能决定材料的选择。

(2)粉料和骨料。

粉料可用磨细碳酸钙(用于耐酸混凝土时不可用)、硅灰、粉煤灰。

对粉料的要求：

① 含水率小于 0.5%。

② 不含对树脂的聚合反应有不利影响的杂质。

③ 表面尽量少吸附树脂。

④ 有一定细度，既能起填充作用，又能改善流变性。

骨料可用河砂、砾(碎)石等，对骨料要求：

① 含水率：<1.0%。

②不含不利杂质。

③表面尽量少吸附树脂。

④强度较高。

⑤有安定性。

（3）增强材料。

使用增强材料能够提高聚合物混凝土的韧性和弯曲强度。

许多类型的增强材料都可用于混凝土的增强，如由钢筋或玻璃纤维增强材料制成的增强筋，由钢丝、玻璃纤维、聚合物纤维制的织物，钢纤维、玻璃纤维、碳纤维或聚合物纤维等。玻璃纤维、玻璃纤维织物或玻璃纤维毡是最常用的增强材料，因为它的耐久性、强度和耐化学介质性都比较好，且价格便宜，同时玻璃纤维织物或玻璃纤维毡也易于在模具里进行铺设，并可保持一定成膜厚度。

（4）添加剂。

混凝土的添加剂有消泡剂、浸润剂、增塑剂、低收缩添加剂、紫外线稳定剂、阻燃剂、偶联剂等，添加剂的选择应与所用的聚合物相适应。增塑剂用聚甲基丙烯酸甲酯制备的聚合物混凝土则通常不必使用紫外线稳定剂，因为聚甲基丙烯酸甲酯的耐光性非常好。偶联剂（如硅烷和钛酸酯）可以促进骨料和聚合物之间的化学结合，一般能使强度增加约10%，有些研究表明，抗折强度可以提高35%，抗压强度甚至可以提高60%。

此外，为使液态树脂固化，一般要加入固化剂（交联剂）和促进剂。固化剂和促进剂通常分别和树脂混合，不能直接将固化剂和促进剂混在一起，以避免爆炸的危险。

2）配比设计与施工工艺。

（1）配比设计。

经验配比：

树脂砂浆为黏结材时，粉料∶细骨料＝1.0~1.5∶3~7。

树脂混凝土为黏结材时，粉料∶骨料＝1.1~1.5∶8~8.5。

（2）施工方法。

施工方法分为间歇式搅拌和连续式搅拌两种。

程序：将聚合物黏结剂和硬化剂等助剂先拌合1~3 min，然后加入事先干拌均匀的粉料和骨料继续拌合3~5 min。拌合时系放热反应，因此应及时从搅拌机中取出拌合料，以免物料温度过高，并及时清洗设备。

要求：基底湿度不能大于8%，否则会影响树脂混凝土与基底的黏结。施工厚度应根据树脂混凝土品种、施工时气温、硬化反应放热量等因素控制，一次施工厚度以5~10 cm为宜，最大不超过30 cm。

3）树脂混凝土性能。

（1）新拌树脂混凝土性能。

与普通混凝土相比其流动性减少、硬化时间为1~3h、泌水和离析减少、固化收缩增大。

（2）硬化树脂混凝土性能。

①力学性能。

a）抗压强度。PC的抗压强度为60~180 MPa，取决于所用聚合物的类型和骨料的尺寸、类型及级配，最常见的抗压强度为80~100 MPa。填料对聚合物混凝土的抗压强度也有一定的影响，用水泥和粉煤灰对提高聚合物混凝土材料28 d抗压强度也有很大优势。用氧化钙作为填料，对聚合物混凝土的强度最为不利。综合考虑，水泥和粉煤灰是比较理想的填料。

b）弯曲强度。PC的弯曲强度受聚合物的影响。通常，高度交联聚合物有较高的弯曲强度和弹性模量，也更倾向于脆性断裂。未增韧的PC的弯曲强度为14~28 MPa或更高。用柔性聚合物制作的 PC 比用刚性聚合物制作的 PC 有更好的韧性。未增强的弯曲构件是脆性的，其极限弯曲应力应根据所用配方的弯曲试验确定。

c) 弹性模量。PC 的变形依赖于所用聚合物的弹性模量和最大延伸率，刚性聚合物的弹性模量最高可达 35 GPa。PC 具有非常好的韧性，材料的冲击强度和断裂前吸收能量的能力（以应力应变曲线下的面积表示）都和韧性有关。

d) 剪切强度　PC 结构的大多数剪切破坏与水泥混凝土一样，实际上是对角线拉伸破坏或对角线压缩破坏，因为其拉伸强度比压缩强度小得多，所以纯剪切区域的主要是对角线拉伸破坏。目前，所测的 PC 的剪切强度为 2~26 MPa，处于拉伸强度和压缩强度之间。

②聚合物混凝土的化学和物理性能

a) 老化。聚合物老化的基本机理是分子链的裂解。老化通常是一个很慢的过程，受到紫外线照射和高温的影响明显。因此，当 PC 将受到紫外线照射和高温的作用时，应根据其耐老化性能来选用。因为高填充增加了 PC 的不透明性，由紫外线引起的降解就可减少。所以，作胶结剂用的聚合物本身的性能也许不是紫外线稳定性的一个好的判据。在美国，聚合物 PC 建筑幕墙板和地下的公用设施构件已经用了 30 多年了，其使用性能看上去仍丝毫没有降低。

b) 吸水性和抗渗性。PC 的吸水率很小，一般为 1%（质量）或更小。新拌合的所有液体组分在固化时都聚合成为固体，所以不产生初始的毛细孔。大多数吸收的水分存在于表面或近表面的不连续的孔内，这些孔是在混合时或浇筑时由夹入的空气产生的。有些研究表明，有些聚合物的强度浸水后降低，可能是因为损坏了骨料和聚合物间的黏结。聚合物本身耐水性差，用在 PC 中时，遇水就容易降低强度。强度的降低一般很小，固化很好、孔隙很少的 PC 要经过很长的时间后才会发生强度的降低。

PC 的可渗透性比波特兰水泥混凝土或木材小，但比金属大。PC 没有相互连通的内部孔结构，在浇筑过程中因夹入空气所产生的孔隙都是孤立、不连续的。

c) 抗冻融性。交替冻融会降低非加气波特兰水泥混凝土的性能，对 PC 的影响则很小，因为 PC 内部没有吸放水的孔结构。用 PC 进行了 1600 次冻融循环试验没有发现质量损失。

d) 收缩率。在 PC 中，当单体或树脂系统从液体变成固体以及 PC 从放热的聚合反应冷却下来的时候，就会发生体积收缩。PC 的体积收缩随所用单体或树脂的类型和数量而变化。环氧树脂的固化收缩率较小，而不饱和聚酯树脂的固化收缩率较大。为降低不饱和聚酯树脂的收缩，可加入适量的热塑性高分子，如采用聚氯乙烯粉末或将聚苯乙烯颗粒加到苯乙烯单体中配成减缩剂溶液；适当增加填料量、降低固化过程的温度升高，也能降低不饱和聚酯树脂的收缩率，还可以改变不饱和聚酯树脂合成过程所使用的单体，从化学上补偿这种收缩，从而得到低收缩或零收缩的不饱和聚酯。

e) 耐热性。当温度升高、接近或超过树脂的负荷变形温度（HDT）时，树脂的性能发生剧烈变化。在负荷变形温度时，树脂开始软化，在负荷下会变形或流动。在配制 PC 时，应测量 PC 在预计的高温和低温下的物理性能。某种具体 PC 配方的热变形性可用 ASTM D648 测定其负荷变形温度来预测。对结构方面的应用来说，应规定负荷变形温度高于结构应用环境中预计最高的温度。

f) 热膨胀系数。热膨胀系数可在很宽范围内变化，低聚合物含量（<10%）的 PC，热膨胀系数较小，且主要受骨料影响；随聚合物含量增加，热膨胀系数逐渐接近聚合物的数值。在

室温附近，PC 的热膨胀系数可发生改变。对含 9% 质量份树脂的一种 UP，PC 的测量表明，其热膨胀系数在低于室温时约为 11×10^{-6} K^{-1}，高于室温时约为 15×10^{-6} K^{-1}。PC 的热膨胀系数可在 $(13 \sim 126) \times 10^{-6}$ K^{-1} 之间变化。PC 的线膨胀系数通常是钢材或波特兰水泥混凝土的 $1.5 \sim 2.5$ 倍。这种性能对于与其他材料做刚性连接的 PC 结构（如建筑外墙板）是很重要的。

(g) 耐化学介质性。PC 的可贵性能之一是它的耐化学介质性。骨料和聚合物的选择会影响 PC 的耐化学介质性。聚合物是化学上较不活泼的材料，大多数 PC 都耐碱、酸和许多其他的腐蚀性介质如氨、石油产品、盐和一些溶剂，不能耐的主要是氧化性的酸（如硝酸和铬酸）。氧化性酸会与大多数聚合物、酚类聚合物和聚酯类聚合物反应。在酸性环境中，应选择能抗酸的骨料。有机溶剂会侵蚀大多数常用聚合物，使之溶胀甚至破坏。

§3.5.2.3　聚合物浸渍混凝土（砂浆）

聚合物浸渍混凝土（polymer impregnated concrete，PIC）是将硬化干燥后的混凝土浸渍在可聚合的低分子单体或预聚体中，在单体或预聚体渗入混凝土中的孔隙后引发聚合所得到的聚合物混凝土复合材料。PIC 的研究与开发始于 1965 年，由美国布鲁克海文实验室和国家开发局合作开拓；其后，PIC 的应用研究受到了世界各国的普遍重视。大量的研究结果表明，PIC 是一种具有高强、抗渗、耐化学腐蚀、耐冻融、耐磨蚀等优良性能的有机无机复合材料。

1）原材料选择。

一般来说，凡能被混凝土基材吸收，并在其中聚合成固体的液体原料，都可用于浸渍混凝土。常用的可聚合物单体有甲基丙烯酸甲酯、丙烯酯甲酯、苯乙烯等，常用的预聚体有不饱和聚酯树脂和环氧树脂。浸渍液可采用一种单体，也可采用几种单体或单体与聚合物的混合物，除了单体外，浸渍液中还含有引发剂、促进剂、交联剂、稀释剂等助剂。

对浸渍用聚合物材料的一般要求为：

（1）有较低的黏度，浸渍时容易渗入基材内部，黏度越低，渗入越容易，渗入深度越大，在进行局部浸渍时，可选用黏度较高的聚合物。

（2）有较高的沸点和较低的蒸气压力，以减少浸渍后和聚合过程中的损失。

（3）聚合后与基材的黏结力好，能与基材形成一个整体。

（4）聚合收缩率小，形成的聚合物应有较高的强度和较好的耐水、耐碱、耐老化等性能。

（5）聚合物的软化温度应超过材料的使用温度。

2）浸渍混凝土的制备工艺。

浸渍混凝土的制备工艺可分为三个部分，即混凝土基材的制备、浸渍和聚合。

（1）混凝土基材的制备。

浸渍用的混凝土基材主要是水泥混凝土制品，其中包括钢筋混凝土制品，其制作成型工艺与一般混凝土预制构件相同。用于浸渍的混凝土基材应满足以下要求：

①不含有会阻碍浸渍液聚合的成分。

②有一定的基本强度，能承受干燥、浸渍、聚合过程的作用应力，并不因搬运而产生裂缝等缺陷。

③有适当的孔隙，能为浸渍液渗填，且材料结构尽可能均匀。

④构件的尺寸和形状要与浸渍、聚合的方法和设备相适应，基材的厚度一般不超过

15 cm。

（2）浸渍。

为了让聚合物单体渗入混凝土中的孔隙，以保证聚合物对混凝土的黏着性，在浸渍之前先要对基材进行彻底干燥处理。浸渍工艺的主要步骤是干燥、抽真空、浸渍。

①干燥。干燥方式一般为热风干燥。干燥时间取决于干燥温度、构件的厚度、形状，通常要求混凝土的含水率不超过 0.5%，据此可通过试验确定干燥工艺。干燥温度宜控制在 $105\sim150℃$，超过 150℃ 时，混凝土和浸渍混凝土的强度都将随温度升高而下降。

②抽真空。抽真空的目的是将阻碍单体渗入的空气从混凝土孔隙中排除，利于浸渍。

③浸渍。依浸渍混凝土目的的不同可分为两种：一种为完全浸渍，即混凝土断面被单体完全浸透；另一种为局部浸渍，单体只渗入到一定的深度，一般在 10mm 以下。局部浸渍可以封闭混凝土表面孔隙，提高其耐久性、抗渗性和抗腐蚀性，完全浸渍除实现上述目的以外，还能提高混凝土强度。

（3）聚合。

聚合是使渗入混凝土中的单体转化为固体聚合物的步骤。聚合的原理依使用浸渍液的类型而异，对含双键的单体体系，聚合就是引发双键打开，进行连锁加成反应；对环氧树脂类没有含双键单体的浸渍液，聚合是引发树脂与交联剂发生反应。

引发聚合反应的方法有辐射法、加热法和化学法。加热法比辐射法和化学法投资少、使用方便、速度快，所以实际应用较多；化学法由于单体不能再利用，较适合于现场大面积处理。加热聚合时，温度不宜过高，因为温度越高，聚合物的分子量越低，从而影响聚合物的强度，通常根据聚合时间限制在一个合理范围来确定聚合物的强度，因为温度越低，聚合速度越慢，完全聚合所需时间越长。

聚合反应是放热反应，这会加剧单体的挥发损失。为了防止单体挥发损失，可采取用聚乙烯薄膜或铝铂包裹构件、在水中或水蒸气中聚合等方法。

由于聚合时树脂体积收缩可能产生内应力，可将聚合后的构件加热到树脂的玻璃化温度以上若干时间而后缓慢冷却，就可除去内应力和提高制品强度。

3）浸渍混凝土的性能。

混凝土浸渍以后性能得到明显改善。不同聚合物浸渍混凝土的性能不同，孔隙率高强度低的混凝土，浸渍后混凝土的抗压强度可提高 4 倍，抗拉强度提高 3 倍，徐变减少 90%，耐磨性提高 $2\sim3$ 倍，透水性可以忽略不计，抗冻性、耐介质性得到很大改善。

研究还表明，孔隙率高、强度低的混凝土基材，浸渍处理效果显著；孔隙率低、强度高的混凝土浸渍处理后效果不明显。

§3.5.3　聚合物混凝土的工程应用

§3.5.3.1　聚合物混凝土在加固补强中的应用

PC 作为修补材料具有固化快、强度高的优点。许多聚合物混凝土修补材料最初都是设计用来修补高速公路的，因为高速公路具有快速开放交通（几个小时）的要求，但聚合物混凝土修补材料的应用不限于高速公路。聚合物混凝土修补材料主要以砂浆的形式使用，可用树脂砂浆进行修补的有：各种混凝土结构的裂缝；混凝土表面防护与修补，如工业地面抗磨防腐保护、路面和桥面的修补保护等；水工混凝土抗冲磨抗气蚀保护及水下混凝土结构的修补；文物保护，如老建筑物表面维修、混凝土或岩石雕像的修复与保护等。

对任何修补，都必须注意以下几个方面的问题：待修补表面的评估、待修补表面的准备、选择合适的材料、确定聚合物混凝土的配比、拟采用的施工技术、工具的清洁、安全。

1）路面修补。

国外的高速公路路面、桥面由于大量使用食盐化冻而引起混凝土的剥蚀、开裂。要想在繁重的运输条件下，最大限度地缩短交通封闭时间，必须采用快硬高强材料修补已损坏的路面和桥面。美国联邦公路局首先研制成功甲基丙烯酸甲酯混凝土，并成功地用于修补公路路面，4 h 后便可恢复通车。

环氧混凝土修补层在 Grand Rapid 及 Michigander 使用已有多年，虽然承受很繁忙的交通，但没有磨损和开裂的迹象。

一种用聚氨酯配置的聚合物混凝土曾成功地用在山东泰莱高速公路泰安段以及上海茂名南路的快速修补，施工完成后 6 h，路面即可以开放交通。

用聚合物混凝土进行路面修补时，应注意：

（1）适当的表面处理。彻底去除不坚硬的混凝土和表面污物很重要，否则该修补层会因为下层混凝土的分离或黏结失效而失败。

（2）混凝土损坏不能太大。

（3）修补层和基层的物理性质适当匹配，同时要求聚合物有足够的柔性以适应可能的变形而不至于失去黏结性。

（4）聚合物和混凝土的化学性质相容。有时修补层的失败是由于聚合物胶黏剂对潮气的敏感性；另外混凝土的碱性和聚合物相作用，在接触面上会产生滑腻物质，故选择材料必须要解决这两种问题。

（5）选择适合配合比以及混合方式和施工方法。

路面（桥面板）修补层需满足以下性能要求：弹性模量为 65～108 MPa；伸长率>30%；抗拉强度为 18 MPa；抗压强度为 36～58 MPa。它们必须有长期的柔韧性或耐久性。骨料必须有足够的坚韧性，能承受抗冲负载不断裂；必须有高的抗滑性能，不会被磨光，而且和聚合物黏结良好。对于中等交通量及以下路面可采用天然砂，而桥梁和重交通量及以上路面修补时则应采用如氧化铝、金刚砂或玄武岩石等机砂。

2）桥梁防腐加固。

防腐加固的根本性措施是发展和应用密实混凝土、高性能混凝土，保证混凝土具有良好的耐久性。此外也可采取以下附加防腐加固措施：一是最大限度地防止环境中的有害物质（CO_2、Cl^- 等）进入混凝土内，这包括提高混凝土自身的防护能力和采用外涂覆层等；二是当不能完全避免有害物质进入混凝土内时，在混凝土内部，实施限制、抵消有害物质的破坏作用的措施，这包括采用钢筋阻锈剂、阴极保护、环氧涂层钢筋等。

采用外涂覆层提高混凝土结构耐久性的方法：

（1）水泥基覆层（砂浆）。其经常采用的有普通水泥砂浆层和聚合物改性水泥砂浆层两类。

（2）渗透性涂料。其典型代表属有机硅类材料，如烷基烷氧基硅烷等。

（3）混凝土表面涂层。如采用沥青、煤焦油类，油漆类，防水涂料，树脂类涂料等。

（4）隔离层。主要有玻璃鳞片覆层，玻璃纤维增强树脂（玻璃钢）隔离层，砖板、橡胶衬里层等。

玻璃纤维增强聚合物在虎门大桥桥墩防腐加固中的应用实例：

（1）大桥桥墩防腐加固前现象及病害原因分析：

虎门大桥位于珠江入海口，1997 年 5 月建成通车。通车后三年，发现其西引桥（30 m 跨）桥墩混凝土表面出现环状裂缝，以及下部箍筋锈蚀、混凝土胀裂。

西引桥墩身结构调查主要结果：

①墩柱普遍出现了箍筋锈胀外露，混凝土沿箍筋方向开裂剥落，规律较为明显。

②墩柱局部混凝土外观密实性较差。

③墩柱混凝土表面有破损处保护层厚度小于或等于 24 mm，最小保护层厚度仅为 6 mm，平均保护层厚度为 17 mm，施工墩柱时钢筋笼明显偏位。

④墩柱表面混凝土碳化深度最大达 7.5 mm，最小碳化深度 3.5 mm，平均碳化深度 5.5 mm。

⑤墩柱底部表层混凝土中氯离子含量均高于上部（5 m 处），虽总的含量较小，但是在混凝土表面发生碳化、开裂后，氯离子的存在可以加速钢筋的锈蚀，加快混凝土的破坏程度。

桥墩混凝土出现病害的主要原因：

①混凝土碳化。

②施工墩柱时钢筋笼偏位，部分混凝土保护层厚度太小。

③墩柱混凝土水灰比偏大（0.54）。

④局部混凝土密实性较差。

⑤高温、高湿的海洋性气候和附近火力发电厂的不良环境影响。

（2）桥墩防腐加固材料选择及施工工艺。

①材料选择。

桥墩防腐加固拟采用玻璃纤维增强聚合物复合材料（玻璃钢），主要原材料及质量要求如下：

a）乙烯基酯树脂选用强度高、浸润性好、耐候性好的环氧丙烯酸型乙烯基酯树脂（固化体系配套）作为主体材料。

b）玻璃纤维布。

玻璃纤维布采用中碱玻璃纤维布，其特点是耐化学性，特别是耐酸性好，强度高，与树脂的浸润性好，施工成玻璃钢工艺简单，不用脱蜡。

c）玻璃纤维毡。

中碱玻璃表面毡可吸收较多树脂形成富树脂层，提高了耐候性，还遮住了玻璃纤维增强材料（如方格布）的纹路，起到表面修饰作用。

②桥墩玻璃钢隔离层方案。

西引桥桥墩玻璃钢隔离层采用了常温固化的一布一毡的构造方案。

在墩柱表面处理的基础上，用乙烯基酯树脂衬布胶料满贴 0.18 mm 厚中碱玻璃纤维布一层，然后用乙烯基酯树脂衬布胶料满贴玻璃纤维面毡一层，最后满刷乙烯基酯树脂面层胶料一道，从而形成提高结构耐久性的隔离层。

③玻璃钢隔离层现场施工工艺。

墩柱表面处理：凿除松散混凝土；对钢筋除锈、防腐；打磨水洗；修补缺陷并刮平顺。

玻璃纤维增强塑料隔离层的施工：乙烯基酯树脂(或腻子)满铺，刷乙烯基酯树脂打底料一道，贴中碱玻璃纤维布一层，贴实并赶尽气泡；贴玻璃纤维面毡一层，贴实并赶尽气泡；贴布、毡的顺序按先上后下、先立面后平面的原则进行，同层布和毡的搭接宽度应大于 5 cm，上下层的接缝应错开 5 cm 以上；最后刷乙烯基酯树脂面层胶料一道。

（3）施工质量控制措施。

①从严把好原材料进库关。

②严格进行混凝土表面处理。

③选材和制定方案应符合气候环境要求。

④严格进行配料控制。

⑤严格质量检查。

西引桥墩柱采用玻璃纤维增强聚合物复合材料（玻璃钢）的办法进行包裹，能有效阻止混凝土结构的进一步损害，提高了结构的耐久性。

§3.5.3.2 聚合物混凝土薄层罩面

普通混凝土桥面和停车场由于容易受到雨水特别是除冰盐的侵蚀，要求人们开发更耐久的铺面材料。用聚合物混凝土和砂浆作桥面和停车场的罩面，具有耐磨损、耐水、抗氯离子渗透的优点，从而可防止混凝土的冻融破坏和钢筋锈蚀破坏。

对桥面板的罩面层的一般要求包括：

1）对水和除冰剂渗透性小。

2）合适的抗滑能力。

3）高耐磨性。

4）对现有混凝土和钢材有好的黏结力。

5）足够的柔韧性，能避免因热和机械应力引起裂缝。

6）10~15 年寿命，混合比例稍加时改变不会太敏感。

7）有适合现场应用的足够长的适用期。

8）适当的厚度(6~18 mm)。

按照聚合物混凝土的配制和施工方法的不同，聚合物混凝土罩面层可以分为如下 4 种类型。

1）砂子填充树脂薄层罩面。这种罩面通过多次交替铺洒树脂配合料和砂而形成：首先将树脂配合料涂覆在清洁的混凝土表面(可用辊筒、扫帚、挤压机、喷枪等)，然后将细骨料(砂)铺洒在尚未凝胶和固化树脂上，铺洒骨料时需要略微过量，待树脂完全固化后，清除多余的（未被黏结的)砂；重复上述步骤，总共铺 3~4 层。这种罩面具有不渗透性，抗滑性能良好，可以使用不饱和聚酯树脂、乙烯基酯树脂或环氧树脂。

2）聚合物封闭涂层罩面。这种罩面的施工方法如下：先在清洁的混凝土表面铺约 6 mm 厚干燥的砂，在砂上面再铺一层防滑、耐久的骨料，并用工具夯实骨料；随后分两次将树脂或单体聚合物喷洒在骨料上，第一次使用低黏度的树脂体系，使其能够渗入骨料，直到混凝土表面，第二次使用黏度较大的树脂体系（可以通过向单体中加入聚合物来提高单体系统的黏度），喷洒在骨料表面。施工时，为了减少单体的挥发损失，需要用聚乙烯薄膜覆盖表面。

3) 现场配合的聚合物混凝土罩面。这种罩面是用现场拌合好的聚合物混凝土摊铺而成的，可以用小型的混凝土搅拌机或者连续的聚合物混凝土搅拌机将树脂或单体与骨料混合，然后将混合好的混凝土摊铺在清洁的混凝土表面，并压实。在高速公路上施工时，可以使用连续的路面摊铺设备；对有些体系，还需要在表面洒一层骨料，以获得防滑效果。此外，这种体系通常先要用树脂体系打底，然后将混凝土摊铺在底层上。

4) 预包装的聚合物砂浆罩面。这是一种由供应商在工厂将单体和引发剂、促进剂以及骨料按比例分别包装的系统，施工时将各个包装混合均匀即可以使用。这种体系的优点是配方准确，避免了现场可能发生的物料混合次序错误引起的危险，如果将引发剂与促进剂直接混合，有爆炸的危险。预包装的方式之一如双组分体系：一个组分为含有促进剂的液体丙烯酸酯，另一个组分为一袋预先混合的细骨料、聚合物、引发剂和颜料。这种聚合物砂浆罩面的施工厚度通常为 6~13 mm，施工时在待铺设表面的两侧支护模板，聚合物砂浆摊铺后用刮板刮平。

§3.6 大体积混凝土

在土木工程中，混凝土和钢筋是土木工程结构的主要材料。由于经济建设规模的迅速扩大，土木工程正向着高、大、深和复杂结构的方向发展。土木工程中的大型结构基础，有较高承载力的桩基厚大承台，高层、超高层和特殊功能建筑的箱型基础及转换层等都是体积较大的钢筋混凝土结构，大体积混凝土已大量地应用于土木工程中。大体积混凝土主要存在施工开裂问题。

本节主要介绍大体积混凝土的定义与特点、大体积混凝土裂缝产生的原因和控制大体积混凝土裂缝的技术措施。

§3.6.1 大体积混凝土概述

目前关于大体积混凝土的定义各个国家尚未形成统一的概念。日本建筑学会标准（JASS5）的定义：结构断面最小尺寸在 80 cm 以上；水化热引起的混凝土内最高温度与外界气温之差，预计超过 25 ℃的混凝土，称为大体积混凝土。美国混凝土协会（ACI）规定的定义：任何就地浇筑的混凝土，其尺寸之大必须采取措施解决水化热及随之引起的体积变形问题，以最大限度地控制减少开裂，为大体积混凝土。我国《大体积混凝土施工标准》（GB 50496—2018）规定：大体积混凝土是指混凝土结构物实体最小尺寸不小于 1m 的混凝土，或预计会因混凝土中胶凝材料的水化引起的温度变化和收缩而导致有害裂缝产生的混凝土。

总之，大体积混凝土还没有一个统一的定义，但属于建筑大体积混凝土都具有一些共同特征：结构厚实、混凝土现浇量大、施工技术上有特殊要求、水泥水化热使结构产生温度变形、应采取措施尽可能地减少变形引起的裂缝发展。

大体积混凝土的特点：结构厚，体积大，钢筋密，一次浇筑量大。大体积混凝土工程一次性连续浇注混凝土几百立方米至几千立方米，施工时间长，工程条件复杂，施工工艺要求高，受环境影响大，要求混凝土具有良好的工作性（流动性好，坍落度经时损失小，凝结时间长，不离析、泌水）。大体积混凝土水化热高，温度场梯度大，极易产生裂缝。大体积混凝土硬化期间，由于水泥水化过程释放的水化热所产生的温度变化和混凝土的收缩共同作用，会产生温度应力和收缩应力,往往导致混凝土结构出现有害裂缝。采取合理措施降低水化热,控制混凝土内外温差防止过大干缩,是施工和管理质量控制工作的重点。

大体积混凝土施工存在的主要问题:水泥用量较高,从而导致混凝土水化热过高,产生温度应力导致混凝土开裂;混凝土浇筑后的保温和降温控制不当,从而导致混凝土开裂;混凝土养护不到位,脱模时间过早,造成大体积混凝土表面出现微裂纹。

§3.6.2 大体积混凝土裂缝产生的原因

基础大多用箱基、筏基、复合基础等,因其混凝土体积大,聚集在内部的水泥水化热不容易散发,而混凝土表面散热较快,形成了温度差,使混凝土内部产生压应力、表面产生拉应力,此时因混凝土龄期短,抗拉强度很低,当温差产生的表面抗拉应力超过混凝土极限抗拉强度时,混凝土会产生各种裂缝,影响混凝土性能的正常发挥。

水泥水化热引起的温度应力变形,是大体积混凝土产生裂缝的主要原因。据有关资料介绍,水泥水化过程中释放的热量约为 502.42 J/g,加上混凝土浇筑温度,这两种温度形成混凝土的内部温度,当混凝土内部与表面的温差过大时(混凝土内部的最高温度多出现在浇筑后的 3~5 d),就会产生温度应力和温度变形,导致混凝土出现裂缝。

影响混凝土的内部温度的主要因素有混凝土中的用水量和水泥用量。混凝土中的用水量和水泥用量越高,混凝土的收缩就越大;水泥用量越大,产生的水化热越高,其温度应力也越大。当这种拉应力超过混凝土的抗拉强度时,就会产生混凝土裂缝。

早期水化作用产生的大量水化热,使混凝土的内部温度不断上升(升温阶段),在其中间部位的温度高区形成压应力、表面温度低区形成拉应力,在内外温度变化不一致的情况下,混凝土就会产生不均匀收缩。混凝土降温阶段,由于逐渐降温而产生收缩,再加上混凝土硬化过程中,混凝土内部拌合水的水化和蒸发以及胶质体的胶凝等作用,促使混凝土硬化时收缩。这两种收缩由于受到基底或结构本身的约束,也会产生很大的拉应力,直至出现收缩裂缝。混凝土温度的变化,必然会引起混凝土体积的变化即温度变形,当温度变形受到约束而不能自由伸缩时,就会引起温度应力,从而产生温度裂缝。

温度裂缝按其深度的不同一般可分为贯穿裂缝、深层裂缝和表面裂缝三种类型。贯穿裂缝切断了结构断面,可能破坏结构的整体性和稳定性,其危害性是最严重的;深层裂缝部分切断了结构断面,也有一定的危害性;表面裂缝一般危害性较小。

§3.6.3 控制大体积混凝土裂缝的技术措施

1)原材料选择与配合比设计。

(1)水泥。

大体积混凝土宜选用低水化热、凝结时间长的水泥,一般在同等条件下,应优先选用矿渣水泥、粉煤灰水泥、火山灰水泥或复合水泥。

(2)骨料。

骨料在大体积混凝土中所占比例一般为混凝土绝对体积的 80%~83%。因此,在选择骨料时,应选择线膨胀系数小、岩石弹性模量较低、表面清洁无弱包裹层、级配良好的骨料。选择合适的骨料最大粒径,需控制粗骨料和细骨料的含泥量(粗骨料含泥量应≤1%为宜,最大粒径不大于钢筋间最小净距的 3/4 为宜;细骨料应选用中砂或粗砂,含泥量应≤2%),

这样不仅有利于提高混凝土的工作性，而且可提高混凝土的密实性、耐久性和抗裂性。

（3）外加剂。

掺入适量的缓凝型外加剂，可显著改善混凝土的和易性，从而降低用水量和混凝土的水化热。

（4）矿物掺合料。

在混凝土中大量掺加粉煤灰，可提高混凝土的抗渗性、耐久性，减少收缩，降低胶凝材料体系的水化热，提高混凝土的抗拉强度，抑制碱-骨料反应，减少新拌混凝土的泌水等。

（5）配合比设计要求。

混凝土配合比设计时，在保证混凝土具有良好工作性的情况下，要尽可能地降低混凝土的单位用水量，采用"三低（低砂率、低坍落度、低水胶比）、二掺（掺高效减水剂和高性能引气剂）、一高（高粉煤灰掺量）"的设计准则，生产出"高强、高韧性、中弹、低热和高抗拉强度，并通过试配，优选材料和配合比"的抗裂混凝土。

2）施工控制措施。

混凝土成型后，要根据气候条件采取相应的控温措施，将内外温差严格控制在设计要求范围以内；当设计无要求时，混凝土的温度差宜≤25℃，具体技术措施如下：

（1）采取在混凝土内部埋设冷却水管和风管、表面洒水冷却、表面保温材料保护等方法，控制混凝土温度，减少裂缝。

（2）每层浇筑厚度控制在 300~400 mm，且控制混凝土均匀上升，避免过大高差，循序渐进，一次到顶。

（3）在混凝土浇筑时，应将基底清理干净，浇水湿润且不得积水，并尽可能降低混凝土入模温度，入模温度控制在比环境温度高 5℃ 范围之内。

（4）施工时严格控制混凝土坍落度及水灰比，实时分析和调整砂率，合理掺加塑化剂和减水剂，使其符合设计要求。

（5）为了提高混凝土的密实度和抗拉强度、减少收缩，施工时要设置专人加强混凝土的振捣工作，严格控制振捣时间和插入深度，上下层振捣搭接在 50~100 mm，每点振捣 30 s 左右或视混凝土表面返浆而定，严禁碰撞模板并保护好混凝土内管道。

（6）混凝土表面除因其泌水收缩产生的塑性收缩裂缝外，还会受到钢筋、粗大骨料等的限制，使混凝土内部颗粒沉降不均匀，产生裂缝。为防止这类裂缝产生，在混凝土浇筑至设计标高时，经振动器振捣密实，表面出现浮浆时，即用刮尺刮平；在混凝土终凝硬化前，用木抹子连续搓平，密闭混凝土表面，防止泌水收缩裂缝产生，6~12 h 以后（以覆盖不损伤表面混凝土为控制原则），在混凝土的表面覆盖并浇水养护，避免混凝土受风吹日晒。

（7）二次振捣是在第一次振捣后，于凝结前的适当时间再重复进行二次振捣的一项新工艺。二次振捣能减少混凝土的内部裂缝，增强混凝土的密实性，从而提高混凝土的抗裂性。

（8）冬、夏季施工时，要根据大体积混凝土的结构尺寸、钢筋疏密、混凝土供应条件等合理分段、合理分层、合理安排浇筑时间，以减少因炎热高温或寒冷低温袭击引起的表面裂缝，最大限度降低混凝土的初凝温度。

3）构造设计措施。

在构造设计方面采取一些增配构造筋的措施来改善混凝土的内外约束，有利于预防大体积混凝土裂缝的产生。

（1）当大体积混凝土结构尺寸过大时，为减小外约束力、温度应力和混凝土内部热量的散发和降低混凝土的内部温度，可设置后浇带，在正常施工条件下，后浇带间距 20~30 mm，保留时间一般不小于 60 天。后浇带封闭时，用补偿收缩混凝土浇灌密实。

（2）设置滑移层：为了方便混凝土底板热能释放时所产生的平行移动，在浇筑混凝土前，宜在基础垫层与混凝土基础之间设置沥青油毡或其他类似的材料作为滑移层，用以减少大体积混凝土的内外约束。

（3）设置缓冲层：为了缓解地基对基础收缩时的侧压力，可在大体积混凝土的某些部位设置缓冲层。

（4）设置增强配筋：在容易开裂部位配置斜向钢筋或钢筋网片，或在边缘部位设置暗梁并配置一定数量的抗裂钢筋，提高该部位的配筋率，可显著提高混凝土的抗裂性能。

§3.7 路面滑模施工水泥混凝土

在土木工程中，由于水泥混凝土路面结构、施工的特殊性，路面混凝土要求与其他土木工程结构混凝土要求相比较存在一些不同，如水泥混凝土路面施工线长、面广，施工时影响混凝土质量的因素复杂，另外，普通混凝土路面除接缝外很少配置钢筋，属于无钢筋混凝土薄板结构，且使用时承受动荷载、摩擦作用及受环境温湿度影响较大，实际运行时还经常面临超载作用，这些特征明显不同于工业与民用建筑的薄板结构（楼面）。实践表明，路面混凝土这种薄板结构极易出现施工开裂、平整度达不到要求及耐磨性能不满足要求等问题。路面混凝土主要有滑模施工、三辊轴机组施工、小型机具铺筑三种施工方式。滑模施工技术是混凝土工程和钢筋混凝土工程中机械化程度高、施工速度快、场地占用少、安全作业有保障、综合效益显著的一种施工方法，因此高等级公路水泥混凝土路面大多要求滑模施工。路面滑模混凝土由于其滑膜与薄板结构、底面接触面大等特征，如果控制不当，施工中常常出现混凝土离析、泌水及塌边、麻面和拉裂等问题。因此，滑模施工的路面水泥混凝土在材料、拌合浇筑施工中需要满足一些独特的要求。

本节主要介绍路面滑模施工水泥混凝土原材料及配合比设计要求、路面滑模施工水泥混凝土问题分析与混凝土抗裂的技术措施。

§3.7.1 原材料技术要求

1）水泥。

（1）特重、重交通的路面宜采用旋窑道路硅酸盐水泥，也可用旋窑硅酸盐水泥或普通硅酸盐水泥；中、轻交通的路面可采用矿渣硅酸盐水泥；低温天气施工或有快通要求的路段可采用 R 型水泥；除上述几种情况外宜采用普通型水泥。

（2）水泥进场时每批量应附有化学成分、物理、力学指标合格的检验证明。各交通等级路面用水泥的路用品质要求应符合规范规定。

（3）选用水泥时，除满足各项规定外，还应通过混凝土配合比试验，根据其配制弯拉强度、耐久性和工作性优选适宜的水泥品种、强度等级。

（4）采用滑模摊铺机等机械化铺筑水泥混凝土时，宜选用散装水泥。散装水泥的夏季出厂温度不宜高于65℃；混凝土搅拌时的水泥温度不宜高于60℃，且不宜低于10℃。

2）粉煤灰及其他掺合料。

（1）混凝土路面在掺用粉煤灰时，应掺用质量指标符合Ⅰ、Ⅱ级干排或磨细粉煤灰。

（2）粉煤灰宜采用散装灰，进货应有等级检验报告，应确切了解所用水泥中已经加入的掺合料种类和数量。

（3）路面和桥面混凝土中可使用硅灰或磨细矿渣，使用前应经过试配检验，确保路面和桥面混凝土弯拉强度、工作性、抗磨性等技术指标合格。

3）集料。

（1）粗集料。

①面层粗集料应使用质地坚硬、耐久、洁净的碎石。高速公路、一级公路混凝土路面使用的粗集料，除针、片状颗粒含量不高于10%外，其余指标应不低于Ⅰ级要求；二级公路混凝土路面使用的粗集料级别应不低于Ⅱ级；三、四级公路混凝土路面、碾压混凝土及贫混凝土基层可使用Ⅲ级粗集料。集料加工时应通过两级破碎方式生产，第一级可采用颚式破碎机生产，第二级应采用反击式、冲击式、锤击式进行生产。

②粗集料级配。用作路面和桥面混凝土的粗集料不得使用不分级的集料，应按最大公称粒径的不同采用2~4个粒级的集料进行掺配，并应符合规范级配的要求。碎石最大公称粒径不宜大于31.5 mm；钢纤维混凝土与碾压混凝土粗集料最大公称粒径不宜大于19.0 mm。碎石中粒径小于75 μm的石粉含量不宜大于1%。

（2）细集料。

①细集料应采用质地坚硬、耐久、洁净的天然砂、机制砂或混合砂。高速公路、一级公路、二级公路混凝土路面使用的砂应不低于Ⅱ级；三、四级公路混凝土路面、碾压混凝土及贫混凝土基层可使用Ⅲ级砂。特重、重交通混凝土路面宜使用河砂，砂的硅质含量应不低于25%。

②细集料级配要求应符合规范规定，路面和桥面用天然砂宜为中砂，也可使用细度模数在2.0~3.5的砂；高速公路、一级公路混凝土路面宜使用细集料的细度模数宜在2.7~3.1的砂。同一配合比用砂的细度模数变化范围不应超过0.3，否则，应分别堆放，并调整配合比中的砂率后使用。

4）水。

饮用水可直接作为混凝土搅拌和养护用水。对水质有疑问时，应检验下列指标，合格者方可使用。

（1）硫酸盐含量（按 SO_4^{2-} 计）小于 0.0027 mg/mm³。

（2）含盐量不得超过 0.005 mg/mm³。

（3）pH 不得小于 4。

（4）不得含有油污、泥和其他有害杂质。

5）外加剂。

（1）外加剂的产品质量应符合规范技术指标要求。供应商应提供有相应资质外加剂检测机构的品质检测报告，检验报告应说明外加剂的主要化学成分，认定对人员无毒副作用。

（2）引气剂应选用表面张力降低值大、水泥稀浆中起泡容量多而细密、泡沫稳定时间长、不溶残渣少的产品。二级及二级以上公路路面混凝土中应使用引气剂。

（3）各交通等级路面、桥面宜选用减水率大、坍落度损失小、可调控凝结时间的复合型减水剂。高温施工宜使用引气缓凝(保塑)(高效)减水剂;低温施工宜使用引气早强(高效)减水剂。选定减水剂品种前,必须与所用的水泥进行适应性检验。

(4)处在海水、海风、氯离子、硫酸根离子环境的路面或桥面钢筋混凝土、钢纤维混凝土中宜掺阻锈剂。

6)纤维。

(1)钢纤维。

①单丝钢纤维抗拉强度不宜小于 600 MPa。

②钢纤维长度应与混凝土粗集料最大公称粒径相匹配,最短长度宜大于粗集料最大公称粒径的 1/3,最大长度不宜大于粗集料最大公称粒径的 2 倍。钢纤维长度与标称值的偏差不应超过±10%;

③路面和桥面混凝土中,宜使用防锈蚀处理的钢纤维;宜使用有锚固端的钢纤维;不得使用表面磨损前裸露尖端导致行车不安全的钢纤维;不宜使用搅拌易成团的钢纤维。

(2)层布式钢纤维。

①对于层布式钢纤维混凝土复合路面所用的钢纤维,其长度可为 30~120 mm。

②对于层布式钢纤维混凝土复合路面所用的钢纤维,其直径或等效直径宜为 0.3~1.2 mm。

③对于层布式钢纤维混凝土复合路面所用的钢纤维,其长径比宜为 60~100。

(3)合成纤维。

①合成纤维混凝土的抗弯拉强度应提高到 5.5 MPa;可选用聚丙烯腈(腈纶)纤维、聚丙烯(丙纶)纤维、改性聚酯(涤纶)纤维、聚酰胺(尼龙)纤维或其他经过试验和技术论证符合性能要求的纤维。

②合成纤维宜用直径为 10~100 μm、长度为 4~20 mm 的细纤维;为保证加入纤维后混凝土性能,其长度应与集料最大公称粒径匹配,且应长于最大公称粒径,合适取值宜通过试验确定。

③纤维的形状可为单丝、束状单丝与膜裂网状纤维。

④纤维混凝土采用的合成纤维应为不含再生链烯烃的纯聚合物;纤维及其表面处理层对人体的健康和环境无不利影响;纤维在混凝土拌合物和硬化的混凝土中应具有一定的耐碱性化学稳定性,要求纤维抗拉强度保持率不小于 99%。

⑤纤维应在混凝土拌合物中易于分散,并且与硬化混凝土间具有良好的黏结性能。

⑥用于防止混凝土或砂浆早期收缩裂缝的合成纤维,其抗拉强度不宜低于 280 N/mm²;用于结构增强、增韧的合成纤维宜选用弹性模量和强度较高的纤维。

⑦宜根据纤维混凝土应用的环境和工作条件,结合纤维的几何参数、物理力学特征,综合考虑确定采用的合成纤维的品种和型号。合成纤维的各种参数宜通过试验确定。

⑧在桥面铺装混凝土配合比设计时,宜选用搅拌不易成团、能充分均匀分布于混凝土中的合成纤维,禁用经振捣后易上浮混凝土表面而成卷状的劣质纤维。

§3.7.2 混凝土配合比设计

1)设计原则。

路面混凝土的配合比设计在兼顾经济性的同时应满足下列三项技术要求。

（1）弯拉强度。

①混凝土路面板 28 d 设计弯拉强度标准值 f_r 应符合《公路水泥混凝土路面设计规范》（JTG D40—2011）的规定。

②混凝土配制 28 d 弯拉强度的均值应按式（3-23）计算：

$$f_c = \frac{f_r}{1-1.04c_v} + ts \tag{3-23}$$

式中：f_c 为配制 28 d 混凝土弯拉强度的均值，MPa；f_r 为混凝土设计弯拉强度标准值，MPa；s 为弯拉强度试验样本的标准差/MPa；t 为保证率系数，应按表 3-9 确定，高速公路应选用 $P=0.05$ 的判别概率；c_v 为弯拉强度变异系数，应按统计数据在表 3-10 的规范范围内取值，在无统计数据时，弯拉强度变异系数应按设计取值，如果施工配制弯拉强度超出设计给定的弯拉强度变异系数上限，则必须改进机械装备和提高施工控制水平。

表 3-9　保证率系数 t

公路技术等级	判别概率 P	样本数 n/组				
		3	6	9	15	20
高速公路	0.05	1.36	0.79	0.61	0.45	0.39
一级公路	0.10	0.95	0.59	0.46	0.35	0.30
二级公路	0.15	0.72	0.46	0.37	0.28	0.24
三、四级公路	0.20	0.56	0.37	0.29	0.22	0.19

表 3-10　各级公路混凝土路面弯拉强度变异系数

公路技术等级	高速公路	一级公路	二级公路		三、四级公路
混凝土弯拉强度变异水平等级	低	低	中	中	中	高
弯拉强度变异系数 c_v 允许变化范围	0.05~0.10	0.05~0.10	0.10~0.15	0.10~0.15	0.10~0.15	0.15~0.20

（2）工作性。

①滑模摊铺机前拌合物最佳工作性及允许范围应符合表 3-11 的规定。

表 3-11　混凝土路面滑模摊铺最佳工作性及允许范围

界限	坍落度 S_L/mm	振动黏度系数 η/(N·s·m⁻²)
最佳工作性	25~50	200~500
允许波动范围	10~65	100~600

注：①滑模摊铺机适宜的摊铺速度应控制在 0.5~2.0 m/min；

②本表适用于设超铺角的滑模摊铺机；对不设超铺角的滑模摊铺机，最佳振动黏度系数为 250~600 N·s/m²；最佳坍落度为 10~30 mm；

③滑模摊铺时的最大单位用水量不宜大于 160 kg/m³。

②三辊轴机组、小型机具摊铺的路面混凝土坍落度及最大单位用水量, 应满足表 3-12。

表 3-12　不同路面施工方式混凝土坍落度及最大单位用水量

摊铺方式	三辊轴机组摊铺	小型机具摊铺
出机坍落度/mm	30~50	10~40
摊铺坍落度/mm	10~30	0~20
最大单位用水量/(kg·m^{-3})	153	150

注: 表中的最大单位用水量系采用中砂、粗细集料为风干状态的取值, 采用细砂时, 应使用减水率较大的(高效)减水剂。

（3）耐久性。

①各交通等级路面混凝土满足耐久性要求最大水灰(胶)比和最小单位水泥用量应符合表 3-13 的规定。不掺粉煤灰时, 最大单位水泥用量不宜大于 400 kg/m^3; 掺粉煤灰时, 最大单位胶材总量不宜大于 420 kg/m^3。

表 3-13　混凝土满足耐久性要求的最大水灰(胶)比和最小单位水泥用量

公路技术	等级	高速公路、一级公路	二级公路	三、四级公路
最大水灰(胶)比		0.44	0.46	0.48
不掺粉煤灰时的	42.5 级	300	300	290
最小单位水泥用量/(kg·m^{-3})	32.5 级	310	310	305
掺粉煤灰时的最小	42.5 级	260	260	255
单位水泥用量/(kg·m^{-3})	32.5 级	280	270	265

注: ①水灰(胶)比计算以砂石料的自然风干状态计(砂含水量≤1.0%; 石子含水量≤0.5%);
②处在海风、酸雨或硫酸盐等腐蚀性环境中, 或在大纵坡等加减速车道上的混凝土, 最大水灰(胶)比可比表中数值降低 0.01~0.02。

②在海风、酸雨硫酸盐等腐蚀环境影响范围内的混凝土路面和桥面, 在使用硅酸盐水泥时, 应掺加粉煤灰、磨细矿渣或硅灰掺合料, 不宜单独使用硅酸盐水泥, 可使用矿渣水泥或普通水泥。

2)外加剂的使用应符合下列要求:

（1）高温施工时, 混凝土拌合物的初凝时间不得小于 3 h, 否则应采取缓凝或保塑措施; 低温施工时, 终凝时间不得大于 10 h, 否则应采取必要的促凝或早强措施。

（2）外加剂的掺量应由混凝土试配试验确定。

（3）引气剂与减水剂或高效减水剂等其他外加剂复配在同一水溶液中时, 应保证其共溶性, 防止外加剂溶液发生絮凝现象, 如产生絮凝现象, 应分别稀释、分别加入。

3)普通混凝土配合比设计步骤。

（1）计算混凝土配制弯拉强度 f_{cf} 按式（3-23）计算。

（2）水灰（胶）比的计算和确定。

① 水灰比按下列统计公式计算：

碎石或碎卵石混凝土：

$$\frac{W}{C} = \frac{1.5684}{f_c + 1.0097 - 0.3595 f_s} \tag{3-24}$$

卵石混凝土：

$$\frac{W}{C} = \frac{1.2618}{f_c + 1.5492 - 0.4709 f_s} \tag{3-25}$$

式中：$\dfrac{W}{C}$ 为水灰比；f_s 为水泥实测 28 d 抗折强度，MPa。

② 掺用粉煤灰时，应计入超量取代法中代替水泥的那一部分粉煤灰用量（代替砂的超量部分不计入），用水胶比 $\dfrac{W}{C+F}$ 代替水灰比 $\dfrac{W}{C}$。

③ 应在满足弯拉强度计算值和耐久性两者要求的水灰（胶）比中取小值。

（3）根据规范公式计算单位用水量 W_o。

① 根据选择的坍落度，按下列公式计算单位用水量（砂石料以自然风干状态计）：

$$W_o = 104.97 + 0.309 S_L + 11.27 \frac{C}{W} + 0.61 S_P \tag{3-26}$$

式中：W_o 为不掺外加剂与掺合料混凝土的单位用水量，kg/m^3；S_L 为坍落度，mm；S_P 为砂率，%。

② 掺外加剂混凝土单位用水量按式（3-27）计算：

$$W_{ow} = W_o \left(1 - \frac{\beta}{100} \right) \tag{3-27}$$

式中：W_{ow} 为掺外加剂混凝土的单位用水量，kg/m^3；β 为所用外加剂的实测减水率，%。

（4）混凝土的单位水泥用量应按式（3-28）计算：

$$C_o = \left(\frac{C}{W} \right) W_o \tag{3-28}$$

式中：C_o 为混凝土的单位水泥用量，kg/m^3；W_o 为混凝土的单位用水量，kg/m^3。

（5）砂率应根据砂的细度模数按表 3-14 初选。在做抗滑槽时，砂率可在表 3-14 的基础上增大 1%~2%。

表 3-14　砂的细度模数与最优砂率关系

砂的细度模数	2.2~2.5	2.5~2.8	2.8~3.1	3.1~3.4	3.4~3.7
砂率 S_P/%	30~34	32~36	34~38	36~40	38~42

（6）砂、石料用量可用密度法或体积法计算。按密度法计算时，混凝土单位质量可取 2400~2450 kg/m^3；按体积法计算时，应计入设计含气量；采用超量取代法掺用粉煤灰时，超量部分应代替砂，并折减用砂量。经计算得到的配合比，应验算单位粗集料填充体积率且不

宜小于70%。

（7）重要路面、桥面工程应采用正交试验法进行配合比优选。

（8）混凝土掺用粉煤灰时，其配合比计算应按超量取代法进行。粉煤灰掺量应根据水泥中原有的掺合料数量和混凝土弯拉强度、耐磨性等要求由试验确定。Ⅰ、Ⅱ级粉煤灰的超量系数可按表3-15初选。代替水泥的粉煤灰掺量：Ⅰ型硅酸盐水泥宜≤30%；Ⅱ型硅酸盐水泥宜≤25%；道路水泥宜≤20%；普通水泥宜≤15%；矿渣水泥不得掺粉煤灰。

表3-15　各级粉煤灰的超量取代系数

粉煤灰等级	Ⅰ	Ⅱ	Ⅲ
超量取代系数 k	1.1~1.4	1.3~1.7	1.5~2.0

§3.7.3　路面滑模混凝土施工常见问题分析与抗裂技术措施

§3.7.3.1　路面滑模混凝土施工常见问题

1）离析、泌水。

（1）与配比有关。

（2）与摊铺机速度有关。

2）滑模摊铺时塌边。

（1）与配比有关。

（2）与摊铺机速度有关。

（3）与模板变形及定位有关。

3）滑模摊铺时出现麻面与拉裂。

（1）与配比有关，坍落度偏小，流动性小，摩擦力大。

（2）与摊铺机速度有关，通常速度过快会引起混凝土不密实、易拉裂。

4）平整度差。

（1）与配合比设计计量的准确性有关，应定期校定、检查。

（2）与混凝土的工作性有关，包括流动性、保水性、黏聚性、可塑性。

（3）与导线张紧程度有关，如力大小、绳粗细，应定期校定。

（4）与摊铺速度有关。不要因料多而摊铺速度快，料少而摊铺速度慢，要均匀，一般要求摊铺长度为5~10 m，路面上摊铺长度不超过15 m。

（5）与搓平梁的变形有关，用3 m直尺检查。

（6）与传力杆插入深度有关，传力杆插入深度为1/2混凝土板厚，传力杆端上下左右偏斜偏差不超过10 mm，传力杆在板中心上下左右偏差不超过20 mm，传力杆沿路面纵向前后偏位不超过30 mm，否则引起传力杆位置混凝土开裂、啃边。

检验：①破坏实验（为辅）。②钢筋定位仪检查（为主）。

料过稀时，初凝后凹槽开裂。料过稠时，难插入，歪斜。

（7）与人工修整水平有关，人工修整的越多，耐久性越差。

（8）与拖毛的时间有关，用宏观+亚观+微观解决抗滑。拖毛过早不起作用，过晚达不到深度。

（9）与切缝时间有关。切缝宜早不宜迟，以达到20%~30%设计强度时切缝，或达到180小时时切缝。

（10）与液化箱料位及液化程度有关。料进液化箱过多，会将摊铺机顶起，影响平整度；液化程度影响离析。正常摊铺时应保持振捣仓内料位高于振捣棒100 mm左右，料位高低上下波动宜控制在±30 mm之内。

（11）与振动棒间距有关。电动振动棒的有效范围≤45 cm；两侧最边缘振捣棒与摊铺边沿距离不宜大于250 mm，以不引起砂浆带为准。插入深度过深，砂浆槽引起开裂，插入深度过浅，振不实。振动棒插入混凝土中不少于10 cm。

（12）与施工端头制作精度有关。

（13）控制平整度的技术措施：

①骨料的形状及级配：方正、多面体。

②准确的计量装置：精度合格。

③合理的配合比：符合基本原则。早期抗裂第一，强度第二。

④适宜的搅拌时间：过长、过短都不利。一般情况下，单立轴式搅拌机总拌合时间宜为80~120 s，全部原材料到齐后的最短纯拌合时间不宜短于40 s；行星立轴和双卧轴式搅拌机总拌合时间为60~90 s，最短纯拌合时间不宜短于35 s；连续双卧轴式搅拌楼的最短拌合时间不宜短于40 s。最长总拌合时间不应超过高限值的2倍。

⑤每盘料堆积形状：状似窝窝头，摊铺坍落度3 cm左右，要有经验标准。

⑥运输和铺筑时间：经时坍落度损失时间与运距、交通故障等有关。混凝土拌合物出料到运输、铺筑完毕允许最长时间见表3-16。

表3-16　混凝土拌合物出料到运输、铺筑完毕允许最长时间

施工气温/℃	到运输完毕允许最长时间/h	到铺筑完毕允许最长时间/h
5~9	2.0	5.0
10~19	1.5	2.0
20~29	1.0	1.5
30~35	0.75	1.25

注：施工气温指施工时间的日间平均气温，使用缓凝剂延长凝结时间后，本表数值可增加0.25~0.5 h。

⑦摊铺速度：匀速的摊铺速度≤1 m/min，某些特殊情况下可用0.6 m/min、0.8 m/min。摊铺速度受液化箱料位的高度、振捣频率、DBI插入精度、搓平梁仰角和变形、超级抹平器接触量等的影响。

⑧砂浆层的厚度2~3 mm，不大于4 mm，保证砂浆卷的形成。

⑨保证人工修整水平。

⑩控制好切缝时间。

§3.7.3.2 路面滑模混凝土开裂影响因素与抗裂技术措施

路面滑模混凝土开裂也是施工常见问题，因为影响开裂的因素复杂，且开裂对混凝土路面影响大，因此，本节单独提出路面滑模混凝土开裂影响因素分析与抗裂技术措施。

1）路面滑模混凝土开裂影响因素分析。

（1）天气因素。

①气温、风速、施工时间温差、湿差的大小。

②温度、湿度的变化速率。

（2）拌合时原材料的温度。

①水泥、骨料、水的温度：袋装≤35℃，散装水泥≤65℃。骨料量多，温度高时影响大，宜采用地下水降温。

②拌合料的温度：低温或高温天气施工时，拌合物出料温度宜控制在10~35℃，并应测定原材料温度、拌合物的温度、坍落度损失率和凝结时间等。

（3）混凝土配合比。

①水泥用量、等级：用量合适、不宜过多，等级不宜过高。

②水灰比越大，强度越低，越易开裂。

③材料的含泥量和泥块量。

④砂率：以能提供良好的工作性为前提。

⑤外加剂：要平衡强度与抗裂要求，不一定选择高效减水剂，有时候选择中效与低效减水剂更合适，掺入引气剂。

（4）施工因素。

①基层的湿润程度和平整度。

②拌合料的均匀性。

③摊铺速度。

④人工修整速度。

⑤养护剂喷洒时间和均匀性，拉毛后即喷。

⑥第一遍塑料薄膜覆盖时间。

⑦特殊天气下施工、降雨、风速。

⑧切缝时间和深度：深度$\frac{h}{3} \sim \frac{2h}{5}$，时间以180度小时积控制。180度小时积的含义是混凝土初凝时间在不大于2 h的前提下，平均气温×时间>180则要切缝。

⑨胀缝的制作和时间：胀缝位置偏薄易开裂；宜提前，必要时软切缝。

⑩养护条件（温度、湿度）。

⑪密切注意的几个时间（水泥初、终凝时间，3d，7d，28d，1年）。

⑫裂缝是时间的函数。

2）路面混凝土滑模施工时开裂控制技术措施。

（1）尽量减少单位水泥用量，选用发热和收缩性小的普通硅酸盐水泥，严格限制游离氧化钙的含量，使之小于1%；控制进罐水泥温度不超过50℃。

（2）选用质地坚硬、级配良好、清洁含泥小的骨料，最大粒径3 cm，分级堆放。

（3）选用干净的中粗砂，堆放在有避荫措施的场地；0.5~1.5 mm 的骨料也应有防雨措施。

（4）减少混凝土的单位用水量，碎石混凝土不超过 160 kg/m³。

（5）水泥拌合楼应有精确的计量系统和自动反馈补偿系统，确保新拌料的均匀性。高温季节施工时，选用高效缓凝型减水剂（如 JM-V），减小坍落度的损失，确保前场施工的坍落度在 3 cm±1 cm。

（6）配合比设计中要严格控制水灰比，使之在 0.40~0.42，确保适合滑模摊铺的砂率，充分考虑混凝土工作性与抗裂的关系，克服配合比设计中重强度、轻抗裂的设计思想。

（7）摊铺前的基层应充分湿润，不得一边洒水一边卸料，更不得在布料机前卸下 40~50 m 的混凝土料，任凭风吹日晒。要在保证摊铺机匀速的前提下，指挥好卸料车辆。根据施工时的气温增减 1%~2% 的外加剂用量。

（8）摊铺机振捣成型后要及时喷洒第一遍养护剂，若施工时气温超过 30℃，风力达 3~4 级，应喷洒第二遍养护剂，切缝后加盖塑料薄膜养护。

（9）切缝时间及深度、宽度的确定要合理适用。因摊铺的水泥混凝土路面上覆盖着塑料薄膜，保湿、保温效果明显，切缝时间必须依气温的变化来确定。气温和切缝时间存在线性关系，$Y = 12 - 0.2X$，X 指气温，Y 指切缝时间。当已知施工气温 X，即可计算出切缝时间 Y。按开始摊铺时计时，也可按 ≥180 度小时积控制切缝时间，切缝深度达板厚的 1/3~2/5。特别要注意纵缝的深度，基层刚度大时，切缝深度取大值，反之取小值；切缝的宽度以 3~5 mm 为佳。切缝时用高压水冲净缩缝内的沉积物，及时覆盖塑料薄膜，至少养护 14 d 后方能清缝、填缝。

3）裂缝的控制基本原则及处理。

（1）控制微观裂缝即初始裂缝（配合比设计、施工、养护）是关键。

（2）控制初始裂缝时间及尽量延长开裂时间（耐久性）。

（3）控制宏观裂缝的发展和时间。

（4）控制裂缝的数量和深度。

（5）裂缝影响评价标准（使用功能和耐久性）。

（6）裂缝的处理（满足使用功能和耐久性条件下宜采用"装饰工程"方法）。

§3.8　碾压混凝土

碾压混凝土是以级配集料和较低的水泥用量、用水量以及矿物掺合料和外加剂等组成的超干硬性混凝土拌合物，经振动压路机等机械碾压密实而成的一种混凝土。这种混凝土铺筑成的路面具有强度高、耐久性好和节约水泥等优点。

§3.8.1　材料组成与配合比设计

1）水泥。路面碾压混凝土用水泥与普通水泥混凝土相同，按《水泥混凝土路面施工及验收规范》（GBJ 97-87）的有关技术要求。

2）集料。路面碾压混凝土用粗、细集料应能组成密实的混合料，符合密级配的要求。粗集料最大粒径，用于路面面层时应不大于 20 mm，用于路面底层时应不大于 30（或 40）mm，且碎石中往往缺乏 2.5~5 mm 部分组成，应补充部分石屑。为达到密实结构，砂率宜采用较高值。

3）掺合料。为节约水泥、改善和易性和提高耐久性，通常均应掺加粉煤灰。

4）外加剂。为改善混凝土和易性及有足够的碾压时间，可以掺加缓凝型减水剂。

关于碾压混凝土的配合比设计，已有研究曾提出许多有用的建议。目前多数单位仍采用击实试验结合实践经验的方法，其主要步骤为：

1）确定集料的组成配比。按要求级配确定各级集料用量，并按粗集料的空隙率确定砂率。

2）确定最佳含水量和最大表观密度。采用正交设计方法求出含水量与表观密度、含水量与强度曲线，确定配合比的最佳含水量和最大表观密度。

3）确定水泥用量。用改进的维勃稠度仪测定和易性，确定水泥用量。

4）计算初步配合比。根据已知的用水量、水泥用量和砂率，按绝对体积法计算初步配合比。

5）试样调整，强度校核。通过试拌调整并做抗弯强度校核提出实验室建议配合比。

6）现场修正配合比。碾压混凝土的配合比在很大程度上取决于现场施工工艺，必须经工地实践再行修正。

§3.8.2 技术性能与经济效益

1）强度高。碾压混凝土路面的集料组成为连续密级配，经过振动压路机和轮胎压路机等碾压，各种集料排列为骨架—密实结构，这样不仅能节约水泥用量，而且能使水泥胶结物发挥最大作用，因而具有高强度，特别有益于早期强度的提高。现场钻孔取样及无损检测均表明，碾压混凝土不论抗压或抗折强度均较普通混凝土有所提高。例如水泥用量 200 kg/m^3 的碾压混凝土，28 d 抗压强度大于 30 MPa，抗折强度大于 5 MPa。

2）干缩率小。碾压混凝土由于其组成材料及配合比的改进，使混凝土拌合物具有优良的级配组成和很低的含水率，这种拌合物在碾压机械的作用下，才有可能使集料外包裹一层很薄水泥浆及互相靠拢的集料。这样，在碾压混凝土中，水泥浆与集料的体积比例大大降低。因为水泥浆的干缩率比集料大得多，所以碾压混凝土的干缩率也大大减小。

3）耐久性好。碾压混凝土可形成密实骨架结构的高强、低干缩率的混凝土。由于在形成这样的密实结构的过程中，拌合物中的空气被碾压机械排出，所以碾压混凝土的孔隙率大为降低，这样其抗渗性、耐水性和抗冻性等耐久性指标都有所提高。

4）经济效益。碾压混凝土节约水泥，在保持同样的水灰比条件下，水泥用量较少，在达到相同强度的前提下，可较普通混凝土节约水泥 30%左右；提高工效，碾压混凝土采用强制式搅拌机拌合，自卸车运料，改装后的摊铺机摊铺、振动压路机和胶轮压路机碾压，此施工组织的工效可较普通混凝土提高 2 倍；提早通车，碾压混凝土早期强度高，养生时间短，可提早开放交通，带来明显的社会、经济效益；降低投资，碾压混凝土路面的造价与沥青混凝土路面相近，养护费用较沥青路面低，而且使用年限较长。

§3.9 泵送混凝土

将搅拌好的混凝土，采用混凝土输送泵沿管道输送和浇注，称为泵送混凝土。泵送混凝土可一次连续完成垂直和水平输送，并进行浇注，因而生产率高，节约劳动力，特别适用于工地狭窄和有障碍的施工现场，以及大体积混凝土结构物和高层建筑。

由于施工工艺的要求，所采用的施工设备和混凝土配合比都与普通施工方法不同。按传统方法设计的有良好和易性的新拌混凝土，在泵送时却不一定有良好的可泵性，有时会发生泵压陡升和阻泵现象，造成施工困难。在泵送过程中，新拌混凝土与管壁产生摩擦，在拌合料经过管道弯头处遇到阻力，混凝土拌合料必须克服摩擦阻力和弯头阻力方能顺利地流动。因此，可泵性实则就是混凝土拌合料在泵压下在管道中的移动摩擦阻力和弯头阻力之和的倒数，阻力越小，则可泵性越好。基于目前的研究水平，新拌混凝土的可泵性可用坍落度和压力泌水值双指标来评价。压力泌水值是在一定的压力下，一定量的拌合料在一定的时间内泌出水的总量，以总泌水量(mL)或单位混凝土泌水量(kg/m^3)表示。压力泌水值太大，泌水较多，阻力大，泵压不稳定，可能堵泵；压力泌水值太小，拌合物黏稠，结构黏度过大，阻力大，也不易泵送。因此，压力泌水值有一个合适的范围。实际施工现场测试表明，对于高层建筑坍落度大于 160 mm 的拌合料，压力泌水值在 70~110 mL(40~70 kg/m^3 混凝土)较合适；对于坍落度 100~160 mm 的拌合料，合适的泌水量范围相应小一些。

新拌混凝土从加水搅拌到浇灌要经历一段时间，在这段时间内拌合料逐渐变稠，流动性(坍落度)逐渐降低，这就是所谓"坍落度损失"。如果这段时间过长，环境气温又过高，坍落度损失可能很大，则将会给泵送、振捣等施工过程带来很大困难，或者造成振捣不密实，甚至出现蜂窝状缺陷。坍落度损失的原因是：①水分蒸发。②水泥在形成混凝土的最早期开始水化，特别是 C_3A 水化形成水化硫铝酸钙需要消耗一部分水。③新形成的少量水化生成物表面吸附一些水。

在正常情况下，从加水搅拌开始最初 0.5 h 内水化物很少，坍落度降低也只有 2~3 cm，随后坍落度以一定速率降低。如果从搅拌到浇筑或泵送时间间隔不长，环境气温不高(低于30℃)，则坍落度的正常损失问题不大，只需略提高预拌混凝土的初始坍落度以补偿运输过程中的坍落度损失。如果从搅拌到浇筑的时间间隔过长，气温又过高，或者出现混凝土早期不正常的稠化凝结，则必须采取措施解决过快的坍落度损失问题。当坍落度损失成为施工中的问题时，可采取下列措施以减缓坍落度损失：

1)在炎热季节采取措施降低集料温度和拌合水温；在干燥条件下，采取措施防止水分过快蒸发。

2)在混凝土设计时，考虑掺加粉煤灰等矿物掺合料。

3)在采用高效减水剂的同时，还可掺加缓凝剂或引气剂或两者都掺。两者都有延缓坍落度损失的作用，缓凝剂作用比引气剂更显著。

泵送混凝土对材料的要求较严格，对混凝土配合比要求较高，要求施工组织严密，以保证连续进行输送，应避免有较长时间的间歇而造成堵塞。泵送混凝土除了根据工程设计所需的强度外，还需要根据泵送工艺所需的流动性、不离析、少泌水的要求进行配制可泵的混凝土拌合料，可泵性取决于混凝土拌合物的和易性。在实际应用中，混凝土的和易性通常根据混凝土的坍落度来判断。许多国家都对泵送混凝土的坍落度做了规定，一般认为 8~20 cm 较合适，具体的坍落度值要根据泵送距离和气温对混凝土的要求而定。

1)最小水泥用量。

在泵送混凝土中，水泥砂浆起到润滑输送管道和传递压力的作用。用量过少，混凝土和易性差，泵送压力大，容易产生堵塞；用量过多，水泥水化热高，大体积混凝土由于温度应力作用容易产生温度裂缝,而且混凝土拌合物的黏性增加,也会增大泵送阻力,另外也不利于混凝土结构物的耐久性。

为保证混凝土的可泵性,有一个最少水泥用量的限制。国外对此一般规定 $250\sim300\ kg/m^3$,我国《钢筋混凝土工程施工及验收规范》(GBJ 204-83)规定泵送混凝土的最少水泥用量为 $300\ kg/m^3$。实际工程中,许多泵送混凝土中水泥用量远低于此值,且耐久性良好。最佳水泥用量应根据混凝土的设计强度等级、泵压、输送距离等通过试配、调整确定。

2)水泥品种。

泵送混凝土要求混凝土具有一定的保水性,不同的水泥品种对混凝土的保水性有不同的影响。一般情况下,矿渣硅酸盐水泥由于保水性差、泌水大,不宜配制泵送混凝土,但其可以通过降低坍落度、适当提高砂率,以及掺加优质粉煤灰等措施而被使用。普通硅酸盐水泥和硅酸盐水泥通常优先被选用配制泵送混凝土,但其水化热大,不宜用于大体积混凝土工程,可以通过加入缓凝型引气剂和矿物细掺料来减少水泥用量,进一步降低水泥水化热而用于大体积混凝土工程。

3)粗集料。

由于三个石子在同一断面处相遇最容易引起管道阻塞,故碎石的最大粒径与输送管内径之比宜小于或等于1:3,卵石则宜小于1:2.5。对于泵送混凝土,其对颗粒级配尤其是粗集料的颗粒级配要求较高,以满足混凝土和易性的要求。

4)细集料。

实践证明,在集料级配中,细度模数为 $2.3\sim3.2$,粒径在 0.30 mm 以下的细集料所占比例非常重要,其比例不应小于15%,最好能达到20%,这对改善混凝土的泵送性非常重要。

5)矿物细掺料——粉煤灰。

在混凝土中掺加粉煤灰是提高可泵性的一个重要措施,因为粉煤灰的表面多孔可吸附较多的水,因此,可减少混凝土的压力泌水。高质量的Ⅰ级粉煤灰的加入会显著降低混凝土拌合料的屈服剪切应力,从而提高混凝土的流动性,改善混凝土的可泵性,提高施工速度;但是低质量粉煤灰对流动性和黏聚性都不利,在泵送混凝土中掺加的粉煤灰必须满足Ⅱ级以上的质量标准。此外,加入粉煤灰,还有一定的缓凝作用,可降低混凝土的水化热,提高混凝土的抗裂性,有利于大体积混凝土的施工。

根据泵送混凝土的工艺特点,确定泵送混凝土配合比设计基本原则如下:

1)要保证压送后的混凝土能满足所规定的和易性、匀质性、强度及耐久性等质量要求。

2)根据所用材料的质量、泵的种类、输送管的直径、压送距离、气候条件、浇筑部位及浇筑方法等,经过试验确定配合比,试验包括混凝土的试配和试送。

3)在混凝土配合成分中,应尽量采用减水性塑化剂等化学外加剂,以降低水胶比,适当提高砂率(一般为40%~50%),改善混凝土可泵性。

§3.10　具有特殊功能的混凝土

混凝土作为土木工程主要的结构材料,被利用的基本是以抗压强度为主的力学性能。然而,随着科技的发展,现代化智能型建筑物对混凝土材料带来了新的挑战,要求混凝土在安全承载的同时,最好还应具有声、光、电、磁、热等功能。因而,在混凝土研究领域中以下具有特殊功能混凝土的研究具有十分重要的意义。

1）导电混凝土。

混凝土本身是不导电的，但若在普通混凝土中掺入各种导电组分（石墨、碳纤维、金属纤维、金属片、金属网等）可使混凝土具有导电功能。纤维状的导电组分（如碳纤维和金属纤维）不仅可以使混凝土具有良好的导电性，还能够改善其力学性能，增加其延性。因此，根据实际应用的要求，可以选择合适的导电组分、掺量和复合方法，生产出既满足要求又经济的导电混凝土。导电混凝土的应用领域主要有工业防静电结构，公路路面、机场道面等部位的化雪除冰，钢筋混凝土结构中钢筋的阴极保护，住宅及养殖场的电热结构等。此外，采用高铝水泥和石墨、碳纤维等耐高温导电组分，可以制备出耐高温的导电混凝土，用作新型发热源。

2）屏蔽磁场混凝土。

地下电力传输线和变压器、开关等电力设施可以产生强磁场，对人的健康有不利的影响。为了使路面和结构物具有屏蔽磁场的功能，可在混凝土中加入钢丝网以有效屏蔽磁场，但钢丝网的加入严重影响了混凝土的施工。在混凝土中掺加钢质的曲别针同样可以达到屏蔽磁场的目的，且由于曲别针为分散的、互不相连的个体，不会明显影响新拌混凝土的和易性及混凝土的施工。同时，曲别针具有相互连接的倾向，在混凝土的搅拌和浇注过程中，可以形成由曲别针连接的屏蔽磁场的金属网。在混凝土中掺入体积分数为5%的钢质曲别针（曲别针长3.18 cm、宽0.64 cm，钢丝直径0.79 mm）即可以获得足以和掺入钢丝网（钢丝直径0.6 mm，钢丝孔间距5.64 mm）的混凝土相媲美的磁场屏蔽效果。

3）屏蔽电磁波混凝土。

随着电子信息时代的到来，各种电器及电子设备广泛应用，导致电磁波泄漏问题日趋严重，而且电磁波泄漏场的频率从超低频（ELF）到毫米波，分布极宽，可能干扰正常的通信和导航，甚至危害人体健康。因此，具有屏蔽电磁波功能的建筑材料开始受到重视。混凝土本身既不能反射也不能吸收电磁波，但通过掺入导电粉末（如碳、石墨、铝、铀或镍等）、导电纤维（如碳、铝、钢或铜−锌等）或导电絮片（如石墨、锌、铝或镍等）等功能性组分后，可使其具有屏蔽电磁波的功能。例如，采用铁氧体粉末或碳纤维毡作为吸收电磁波的功能组分，制作的幕墙对电磁波的吸收可达90%以上，而且幕墙壁薄、质轻。将长度100 m以上、直径为0.1 m的碳纤维掺入混凝土中，则可通过反射电磁波的方式实现屏蔽电磁波的功能。该种混凝土不仅能够用于屏蔽电磁波，还能用于其他领域。

4）应力、应变和损伤自检混凝土。

将一定形状、尺寸和掺量的短切碳纤维掺入混凝土中，可以使材料具有自感知内部应力、应变和损伤程度的功能。通过对材料的宏观行为和微观结构变化进行观测，发现混凝土的电阻变化与其内部结构变化是相对应的，如电阻率的可逆变化对应于可逆的弹性变形，而电阻率的不可逆变化对应于非弹性变形和断裂，其测量范围很大，而且这种混凝土可以敏感、有效地监测拉、弯、压等工况及静态和动态荷载作用下材料的内部情况。

当在水泥净浆中掺加体积分数为0.5%的碳纤维时，它作为应变传感器的灵敏度可达700，远远高于一般的电阻应变片。

在疲劳试验中，无论是在拉伸或是在压缩状态下，混凝土的体积电阻率会随疲劳次数的增加发生不可逆的降低。因此，可以利用这一现象对混凝土的疲劳损伤进行监测。

5)温度自测混凝土。

将长 5 mm 的 PAN 基短切碳纤维掺入混凝土中,会使材料产生热电效应。在最高温度为70℃、最大温差为15℃的范围内,温差电动势 E 与温差 Δt 之间具有良好稳定的线性关系。随着养护龄期延长,温差电动势率趋于稳定。当水泥净浆中掺入相对水泥用量的 10 mg/g 的碳纤维时,其温差电动势率有极大值,为 18 μV/℃,相当于铜/康铜热电偶的温差电动势率的 1/2,敏感性较高。因此,可以利用这种材料实现对建筑物内部和周围环境温度变化的实时监控。此外,尚存在通过混凝土的热电效应利用太阳能和室内外温差为建筑物提供电能的可行性。

6)调湿混凝土。

有些建筑物对其室内的温度和湿度有严格的要求,如各类展览馆、博物馆及美术馆等。自动调节环境湿度的混凝土不需任何温度和湿度传感器和控制系统,自身即可完成对室内环境湿度的监测和调控,基本上能够进行传感、反馈和控制等功能,可以认为是智能混凝土的雏形。调湿混凝土中的关键组分是沸石粉。沸石中的硅钙酸盐含有 $3\times10^{-10}\sim9\times10^{-10}$ m 的孔隙,这些孔隙可以对水分、NO_x 和 SO_x 等气体进行选择性吸附。通过对沸石种类进行选择(天然的沸石有 40 多种),可以制备符合实际应用需要的自动调节环境湿度的混凝土。这种调湿混凝土可用于室内墙壁,能取得很好的调湿效果。

7)仿生自愈伤混凝土。

将内含黏结剂的空心玻璃纤维或胶囊掺入混凝土中,一旦材料在外力作用下发生开裂,空心玻璃纤维或胶囊就会破裂而释放黏结剂,黏结剂流向开裂处,使之重新黏结起来,具有与动物骨骼相似的自愈合效果。仿生自愈伤混凝土中的黏结剂是影响其性能的主要因素,黏结剂的固化时间是控制结构在受到损伤时变形的关键因素。此外,可通过选择不同种类和性能的黏结剂,制备出适合于不同场合的混凝土。如刚度较小的黏结剂,可起到吸振的效果,用于减轻地震、风害对建筑物的损害比较合适;而刚度较大的黏结剂,可以有效恢复结构的刚度和强度。

8)3D 打印混凝土。

3D 打印混凝土技术是将 3D 打印技术与商品混凝土领域的技术相结合而产生的新型应用技术,其主要原理是将混凝土构件利用计算机进行 3D 建模和分割生产三维信息,然后将配制好的混凝土拌合物通过挤出装置,按照设定好的程序,通过机械控制,由喷嘴挤出进行打印,最后得到混凝土构件。3D 打印混凝土技术在实际施工打印过程中,具有较高的可塑性,在成型过程中无须支撑,是一种新型的混凝土无模成型技术,具有以下两个优点:既有自密实混凝土的无须振捣的优点,也有喷射混凝土便于制造繁杂构件的优点。

3D 打印新型混凝土的原料已经不同于传统的混凝土,其各项基本性能发生了很大的变化,不能由传统的水胶比、砂率等所能决定。目前与混凝土相关的理论,如强度、耐久性、水化作用等,均不能很好地满足 3D 打印混凝土的要求。为使 3D 打印混凝土获得理想的状态,如高强度,好耐久性,良好的拌合性能,合适的凝固时间,良好的工作性、可泵性和可建筑性,需要从新的角度去完善理论。最后,外加剂是现代混凝土必不可少的组分之一,是混凝土改性的一种重要方法和技术。3D 打印混凝土必须具备更好的流变性以便于挤出且能在空气中迅速凝结,防止由于自身重力破坏 3D 打印混凝土的结构,并且骨料的最大粒径会变得更小以及其形貌更接近圆形,从而导致级配也将变得更加复杂,最终还需解决各层之间凝结问题，这就需要新型外加剂来解决。从材料流变学的角度考虑，3D 打印混凝土应该具有较高的塑性黏度、较低的极限剪切应力，如此它不具有流淌性却具有好的可塑性，同时应有较快的凝结时间和较高的早期强度。除此之外，还应该考虑配合比对于 3D 打印混凝土的收缩率的影响以及孔隙结构对于 3D 打印混凝土的影响。

参考文献

［1］ Mindness Sidney, Young J F. 混凝土［M］. 北京：中国建筑工业出版社，1989.

［2］ Nevile A M. 混凝土的性能［M］. 北京：中国建筑工业出版社，2011.

［3］ 申爱琴，郭寅川. 水泥与水泥混凝土［M］. 北京：人民交通出版社，2019.

［4］ 杨金泉. 碾压混凝土路面施工技术［M］. 北京：人民交通出版社，1998.

［5］ Thomas Alum. 喷射混凝土衬砌隧道［M］. 北京：科学出版社，2014.

［6］ 朱宏军. 特种混凝土和新型混凝土［M］. 北京：化学工业出版社，2004.

［7］ 傅智. 水泥混凝土路面滑模施工技术［M］. 北京：人民交通出版社，2001.

［8］ 姚佳良，周志刚，唐杰军. 公路工程复合材料及其应用［M］. 长沙：湖南大学出版社，2015.

［9］ 姚佳良，袁剑波，等. 蜡制养护剂隔离机理与效果研究［J］. 中国公路学报，2009，22(6)：47-52.

［10］ Jialiang Yao, Jianbo Yuan, Qisen Zhang, et al. Characterization of Emulsion Wax Curing Agent as Bond-Breaker Medium in Jointed Concrete Pavement［J］. Journal of Performance of Constructed Facilities, 2009, 23(6)：447-455.

［11］ 姚佳良，周志刚，周红专. Highway Engineering Composite Materials and Its Application［M］. 长沙：湖南大学出版社，2019.

［12］ 姚佳良，胡可奕，袁剑波，等. 不同隔离层水泥混凝土路面层间力学性能［J］. 公路交通科技，2012，29(2)：7-12+28.

［13］ 姚佳良，袁剑波，张起森. 水泥路面蜡制隔离层与稀浆封层隔离层的试验研究［J］. 土木工程学报，2009，42(10)：127-131.

［14］ 姚佳良，翁庆华，刘虎跃，等. 引气混凝土试验研究［J］. 工业建筑，2010，40(8)：107-113+127.

［15］ 姚佳良，袁剑波，林俊. 影响路面基层碾压混凝土平整度的因素分析与控制［J］. 公路，2007(4)：15-18.

［16］ 傅智. 水泥混凝土路面滑模施工技术［M］. 北京：人民交通出版社，2000.

［17］ Yingli Gao, Hailun Zhang, Shuai Tang. Study on early autogenous shrinkage and crack resistance of fly ash high-strength lightweight aggregate concrete［J］. Magazine of Concrete Research, 2013, 65(15)：906-913.

［18］ Yingli Gao, Chao Zou. Experimental study on segregation resistance of nanoSiO$_2$ fly ash lightweight aggregate concrete［J］. Construction and Building Materials, 2015, 93：64-69.

［19］ Jiusu Li, Yi Zhang, Guanlan Liu, et al. Preparation and performance evaluation of an innovative pervious concrete pavement［J］. Construction and Building Materials, 2017, 138：479-485.

［20］ 姚佳良，李传习. 泵送水泥混凝土施工质量问题分析与防治［J］. 桥梁建设，1998(3)：60-62.

［21］ 姚佳良. 水泥混凝土异常凝结初探［J］. 混凝土，1998(4)：25-27.

［22］ 李九苏，唐旭光. 土木工程材料［M］. 长沙：中南大学出版社，2021.

第4章

公路工程混凝土研究与应用

本章主要结合公路工程实践中有关混凝土材料科研和工程应用问题进行总结归纳，包括碾压贫混凝土、路面滑模混凝土、纲纤维混凝土、高流动性高强混凝土、聚合物水泥基复合材料和一些公路工程特种应用的混凝土的研究应用成果。

§4.1 基层碾压贫混凝土配合比设计及施工质量控制研究

贫混凝土(lean concrete or lean mix)即水泥用量小于 200 kg/m³、抗压强度等级低于 C15 的水泥混凝土。由于贫混凝土具有承载能力高、抵抗和调节不均匀沉降能力强、收缩小、成本低、施工速度快等技术经济上的诸多特点，目前高等级公路路面基层中已有较多的应用。贫混凝土基层是对我国大量采用的半刚性基层的补充和扩展，特别适用于非稳固路基与地基以及特重、重交通量下可能冲刷脱空严重的路段。干硬性碾压贫混凝土，是通过采用混凝土摊铺、碾压技术施工的一种水泥混凝土结构。

§4.1.1 配合比设计原理与方法

拟采用日本建设部关东技术事务所与水泥协会共同研究提出的填充包裹法进行基层碾压贫混凝土配合比设计。这个方法显著的特点是将多个主要因素联系在一起，其设计方法的实质是根据混凝土材料学原理，按照细集料和粗集料的空隙分别由水泥浆和砂浆充分填充的原则，引入水泥浆富余系数 K_p 和砂浆富余系数 K_m 以体积法进行配合比设计。

K_p =水泥净浆体积/细集料空隙体积≥1;

K_m =砂浆体积/粗集料空隙体积>1。

试验表明，在一定的振动力(取决于振动碾压机械的激振力和频率)作用下，当填充性良好时，K_p、K_m 值可分别取为 1.1~1.4 和 1.2~1.6。在选定 K_p、K_m 和 W/C 取值后，混凝土的各种材料用量可按下列各式求得:

$$G = \frac{1000-10V_a}{\dfrac{10V_G K_m}{W_G} + \dfrac{1}{\rho_G}} \tag{4-1}$$

$$S = \frac{10V_G K_m G}{\left(\dfrac{10V_S K_P}{W_S} + \dfrac{1}{\rho_S}\right) \times W_G} \tag{4-2}$$

$$W+\frac{C}{\rho_G}=\frac{10V_SK_PS}{W_S} \tag{4-3}$$

式中：W_S、W_G 为干细骨料、粗骨料在充分密实下的单位质量，kg/m^3；V_S、V_G 为干细骨料、粗骨料在充分密实下的空隙率，%；S、G、W、C 为细骨料、粗骨料、水、水泥的用量，kg/m^3；ρ_S、ρ_G 为细骨料、粗骨料的密度，g/cm^3；K_P、K_m 为水泥浆、砂浆富余系数；V_a 为含气量，%。

根据日本提供的方法，其关键在于找出 K_P、K_m 和 W/C 值。K_P、K_m、W/C 和粉煤灰用量（F）是影响碾压贫混凝土的可碾性、强度、耐久性的主要因素，在碾压贫混凝土中加入其他材料，如减水剂、缓凝剂等，应考虑添加材料对碾压贫混凝土性能的影响。

§4.1.2 配合比试验

1）实验原材料。

（1）水泥：P·O 32.5 级普通硅酸盐水泥，产于湖南郴州市东江金磊水泥有限公司，密度 3.1 g/cm^3。

（2）碎石：粒径 4.75~31.5 mm，表观密度 2.741 g/cm^3，压碎值 10.6%（其中，4.75~19 mm 含 58.3%，19~31.5 mm 含 41.7%），振实容重 1730 kg/m^3，产于连州市星子镇清江长家石场。

（3）砂：产于永兴县城郊乡曹家砂场，细度模数 2.77，表观密度 2.641 g/cm^3，容重 1658 kg/m^3。

（4）粉煤灰：Ⅱ级，产于广东韶关发电厂。

（5）外加剂：产于深圳晋元建筑科技开发有限公司，JY-H 缓凝高效减水剂（粉剂）。

2）参数选择。

选定碾压贫混凝土的几个主要参数：水灰比 W/C；砂浆富余系数 K_m；水泥浆富余系数 K_P；粉煤灰掺量 f。

3）考核指标。

碾压贫混凝土属于特干硬性混凝土，工作性指标的选择、检验与控制对于其压实度、弯拉强度及平整度至关重要，具体指标为：

（1）可碾压性：用改进 VC 值法评价。试验中的"试样表面出浆评分"宜为 4~5 分，并不应低于 4 分，试样表面评分标准值见表 4-1。实验装置图片见图 4-1。

表 4-1 试样表面评分标准值

评分	5	4	3	2	1
表面评分	平整出浆很好	平整出浆较好	平整基本出浆	有缺陷出浆不足	不平整无浆

（2）易压实性：要求 20 s RA 法压实度大于 95%。RA 法是将 2.5 kg 的碾压贫混凝土放入圆筒模具中，再把 22.8 kg 的重锤提进圆筒，振动台开动 20 s，测定其压实度，来度量易压实性，实验装置见图 4-2。

（3）强度：以 28 d 抗压与抗折强度为考核指标，分别制作 15 cm×15 cm×15 cm 和 15 cm×15 cm×55 cm 两批试件进行试验。

4）试验方案设计。

采用 L9(34)正交表安排试验（表 4-2），除因素、水平变化外，其他试验条件均相同。正交试验方案配合比见表 4-3。

图 4-1　改进 VC 值法测定装置

图 4-2　RA 法测定装置

表 4-2　因素与水平

水平	因素			
	K_P	K_m	W/C	$f/\%$
1	1.3	1.4	0.41	10
2	1.2	1.5	0.45	15
3	1.1	1.6	0.49	20

表 4-3　正交试验方案及混凝土配合比

试验号	试验方案				配合比/(kg·m^{-3})					
	K_P	K_m	W/C	f	W	C	F	S	G	外加剂
1	1.3	1.4	0.41	10	109	227	38	665	1492	1.6
2	1.3	1.5	0.45	15	117	206	54	690	1446	1.6
3	1.3	1.6	0.49	20	128	190	72	726	1402	1.6
4	1.2	1.4	0.45	20	108	174	65	688	1492	1.4
5	1.2	1.5	0.49	10	116	202	34	714	1446	1.4
6	1.2	1.6	0.41	15	112	216	57	739	1402	1.6
7	1.1	1.4	0.49	15	106	192	45	712	1492	1.3
8	1.1	1.5	0.41	20	101	180	67	734	1446	1.5
9	1.1	1.6	0.45	10	110	210	35	765	1402	1.5

5）试验结果及分析。

正交试验结果汇总见表 4-4，各项考核指标极差计算结果见表 4-5。

表 4-4　试验结果汇总

试验号	试验方案				试验结果			
	K_P	K_m	W/C	f	VC 值/s	压实度 D/%	F_{28}/MPa	R_{28}/MPa
1	1.3	1.4	0.41	10	117	95.1	4.10	23.79
2	1.3	1.5	0.45	15	66	98.3	4.04	23.21
3	1.3	1.6	0.49	20	33	98.5	3.79	20.41
4	1.2	1.4	0.45	20	72	95.6	3.72	22.25
5	1.2	1.5	0.49	10	43	97.6	3.88	21.34
6	1.2	1.6	0.41	15	97	97.4	4.01	22.65
7	1.1	1.4	0.49	15	58	98	3.99	22.37
8	1.1	1.5	0.41	20	103	96.7	3.86	21.27
9	1.1	1.6	0.45	10	84	97.7	3.79	23.05

表 4-5　极差计算结果

考核指标		K_P	K_m	W/C	f
改进 VC 值/s	K_1	216	247	317	244
	K_2	212	212	222	221
	K_3	245	214	134	208
	R	33	35	183	36
压实度/%	K_1	291.8	288.7	289.2	290.4
	K_2	290.6	292.5	291.5	293.6
	K_3	292.4	293.6	294.1	290.8
	R	1.8	4.9	4.9	3.2
28d 抗折强度 F_{28}/MPa	K_1	11.93	11.81	11.97	11.95
	K_2	11.61	11.78	11.73	12.04
	K_3	11.82	11.77	11.66	11.37
	R	0.32	0.04	0.31	0.67
28d 抗压强度 R_{28}/MPa	K_1	67.59	68.59	67.89	68.36
	K_2	66.24	65.82	68.51	68.23
	K_3	66.69	66.11	64.12	63.93
	R	1.35	2.77	4.39	4.43

注：K_1，K_2，K_3 表示每个因素各个水平下的指标总和，R 为相应极差。

从表4-5中极差分析可见，虽然 VC 值法和 RA 法在反映碾压贫混凝土可碾性方面存在一些差异，但总的看来，水灰比(W/C)、砂浆富余系数(K_m)、水泥浆富余系数(K_p)、粉煤灰掺量(f)均是影响可碾性的主要因素。从压实度的极差计算表中也可以看出，当 $W/C=0.41$，粉煤灰掺量太少时，可碾性明显较差；相反，当 $W/C=0.45$ 或 0.49 时，粉煤灰掺量为15%或20%时，可碾性均好些，此时水灰比(W/C)、粉煤灰掺量(f)对可碾性影响不是很大。不难得出，在影响可碾性的多因素中，砂浆富余系数(K_m)，对可碾性影响是最大的。

从抗折强度、抗压强度极差来看，虽然 K_m、K_p 对碾压贫混凝土的抗折强度、抗压强度影响程度也较大，但当 W/C 太小、粉煤灰掺量太少时，碾压贫混凝土内部的密实度对强度的影响更大。如果能保证小水灰比、小粉煤灰掺量下碾压贫混凝土的密实度，那么 W/C 和粉煤灰掺量对强度应具有较大的极差，这一点从抗折强度、抗压强度极差中也能够看出。因此可以说，W/C 和粉煤灰掺量应是影响抗折强度、抗压强度的主要因素。

从正交设计试验及分析可知，在保证良好的施工性能，即可碾性、易密性的前提下，选择较少水泥用量，同时又能满足强度要求的配合比是适合工程应用的。这样综合考虑，第3组配合比是比较好的。其中 VC=33 s，具有良好的施工性能，即可碾性；压实度98.5%，具有良好的可碾性和易密实性；水泥用量190 kg/m³，在9组配合比中属于较低的用量；强度虽然在9组配比中处于较低的位置，但此强度相对于规范值来说，已经足以满足要求。

§4.1.3　基层碾压贫混凝土施工的关键工序及常见质量问题控制

1）施工的关键工序控制。

（1）拌合。

为了保证路面基层平整度，碾压贫混凝土拌合应采用间歇式拌合机，拌合设备生产率与摊铺机应相配匹，拌合机应有集料含水量测量装置，同时为保证拌合物配比的稳定性，对各集料要分设料仓及通道单独计量，以确保拌合物质量。碾压贫混凝土的拌合时间比普通混凝土要长，一般不小于 2 min。

（2）摊铺。

摊铺是碾压贫混凝土基层施工的重要环节，是碾压工序的基础，只有摊铺出平整的表面，才有可能在压实后得到平整的基层表面。摊铺机类型、工作参数、摊铺速率、供料是否连续、操作方法等均会影响基层摊铺质量继而影响基层平整度。

（3）碾压。

碾压工艺是保证基层碾压贫混凝土平整度的最关键环节，压路机型号及工作参数、碾压段长度、碾压工艺组合与碾压遍数、压路机手的操作水平等对平整度都有明显影响。

（4）接缝。

工作缝的设置是碾压贫混凝土路面施工的难点，应充分发挥配套机械的生产效率，增加每个台班的铺筑长度，以减少工作缝，提高整体平整度水平。

2）碾压贫混凝土基层施工中常见质量问题控制。

（1）平整度。

碾压贫混凝土施工过程中拌合、运输、摊铺、碾压、养护、接缝处理等多个环节，除养护之外，每个环节都会对路面基层平整度产生影响，但碾压环节是影响平整度最根本的环节，每个因素对平整度的影响都是通过碾压过程而起作用的。除施工工艺流程外，原材料质量、配合比、集料粒径与级配、稠度等也会影响平整度。为保证和提高路面基层平整度，施工过程中可采取以下措施：控制适宜的碾压混凝土稠度指标和集料级配；保持稠度稳定性；提高摊铺均匀性；增大预压密实度；保持碾压均匀性；认真处理施工缝；合理操作，减少失误。

（2）边部压实。

碾压贫混凝土基层施工时，由于施工机械难以到达边部，造成边部难以压实，严重影响施工质量。出现此问题时，可以采取以下几种方式处理：边部加设钢模，利用手扶振动压路机处理；边部利用手夯压实；提高拌合物含水率。

（3）局部离析。

碾压贫混凝土基层局部离析的产生原因主要有：摊铺机械螺旋布料器布料过程中产生离析、级配不佳、单位用水量不合适等。在施工中可通过以下办法控制局部离析：控制单位用水量，应保证适宜的稠度；采取合适的级配，为防离析，必要时可减小粗料最大粒径；采用13 吨左右压路机压实，压实时表面应保证适当出浆，遵循压实原则；合理调整螺旋布料器的位置或加设挡板，以保证中间部位不产生离析现象；施工中若摊铺后出现离析，应在压实前及时补充砂浆再压实。

对于碾压贫混凝土施工中已经产生的局部离析可以按以下方法处理：应取芯判断局部离析程度，如为贯通基层的离析，必须凿除离析部分，然后采用贫混凝土局部修复，并保证填充密实；如为基层表面离析（表面裸露粗集料的部位），应在施工隔离层前7天，先用水冲洗离析部位，然后用高标号水泥砂浆修补平整或采用沥青封层处理；如为空鼓的基层应清除，并使用相同的基层料重铺，同时设胀缝板横向隔开，胀缝板应与路面胀缝或缩缝上下对齐。

（4）混合料碾轮。

压路机在碾压过程中，混合料碾轮会影响压实后的路表质量。采用人工方法处理混合料碾轮既不安全又费时，施工中可通过钢轮上加钢丝加以消除。

（5）裂纹。

碾压贫混凝土基层施工过程中出现裂纹的原因与施工方法不当、施工控制不严、配合比、养生、切缝、气候等因素有关，应从以上几个方面采取合理措施控制，预防裂缝的产生。

碾压贫混凝土基层施工后产生的裂纹可以按下述方法处理：当基层产生非扩展性温缩、干缩裂缝时，视裂缝宽度直接灌沥青或扩缝后灌沥青密封防水，应保证所灌沥青深度，同时还应在裂缝上用橡胶沥青或其他改性沥青，粘贴油毡、土工布或土工织物，其覆盖宽度不应小于1000 mm，距裂缝最窄处不得小于300 mm；当基层产生纵向扩展裂缝时，应分析原因，如为路基原因，应采取有效的路基稳固措施根治裂缝，裂缝除采用改性沥青或混凝土裂隙加固结构胶修补处理外，还应在纵向裂缝所在的整个面板内，距板底1/3 高度增设补强钢筋网，补强钢筋网到裂缝端部不宜短于5 m；若一块贫混凝土板上的断板缝多于2 条或分叉，则应挖除重铺。

§4.2　路面混凝土工作性应用研究

§4.2.1　引言

目前我国水泥路面施工主要有滑模摊铺机、三辊轴与小型机具三种施工方法，正常情况下，滑模施工与后面两种方法相比较难做，但质量易控制。滑模摊铺的水泥混凝土路面整体性能好，如质量均匀、强度高、平整度好，三辊轴与小型机具易施工，但质量难以保证。通常水泥路面施工中，流动性大、易成型的混凝土，强度和耐久性都不够稳定，混凝土拌合物经浇注、振捣后，在凝结、硬化的过程中，伴随着粒状材料的下沉、出现部分拌合水或砂浆上浮至混凝土表面产生泌水或浮浆，见图4-3。浮浆的产生将伴随两种现象，其一是向上渗出的水聚集在粗骨料颗粒的底面，在水泥浆体和骨料之间形成间隙或孔隙；其二是在靠近混凝土块体顶面区域有较高的水灰比，使该区域的混凝土强度降低，形成"薄弱带"，"薄弱带"的厚度随着混凝土水灰比的增大而增大，而该部位的强度却随着水灰比的增大而减小。路面若形成达不到设计强度的"薄弱带"，在车辆荷载的反复作用下，该"薄弱带"会很快剥落脱皮，从而使混凝土路面出现脱皮陷坑。混凝土泌水或浮浆造成的塑性收缩是一个不可逆的变形，将引起混凝土沉降，导致混凝土产生塑性裂纹，塑性裂纹的存在会降低水泥石的强度。表面泌水，使水泥混凝土路面表面含水量增加，当混合料表面水的蒸发速度比泌水速度快时，水的蒸发面就会深入到混合料表面内，毛细水面形成凹面，产生较大的表面张力，同时固体颗粒间产生毛细管张力，促使颗粒凝集，当混凝土表面尚未充分硬化、不能抵抗这一张力时，混凝土表面则会出现裂缝。裂缝的发生时间大致与泌水时间相对应，在混凝土浇筑后数小时混凝土表面将普遍出现细微的、各方向均存在的裂缝，即龟裂。流动性小的干硬性混凝土难保证密实性和均匀性，同时增加了劳动强度和能耗。因此要做好滑模施工，关键是确定合理的混凝土工作性。目前路面混凝土施工时确定合理的工作性主要通过坍落度试验控制。

图4-3　新拌混凝土表面泌水、浮浆

§4.2.2　新拌混凝土工作性与坍落度分析

1)混凝土工作性。

流变学是研究物质流动和变形的科学，是近代力学的一个分支。对水泥混凝土而言，则是研究水泥砂浆、砂浆和混凝土混合物的黏、塑、弹性的演变，以及硬化混凝土的强度弹性模量和徐变等问题。流变学提供的参数摆脱了仪器设计和试验条件的干扰，提出了表征物性的参数。研究材料的流变特性，要研究材料在某一瞬间的应力和应变的定量关系，这种关系常用流变方程来表示。而一般材料的流变方程的建立，都基于以下三种理想材料的基本模型的基本流变方程：(1)虎克(Hooke)固体模型，它表示具有完全弹性的理想材料。(2)圣维南(St. Venant)固体模型，它表示超过屈服点后，只有塑性变形的理想材料。(3)牛顿(Newton)液体模型，它表示只具有黏性的理性材料。通过三种流变基元的串并联组合，可以构成

"Maxwell 体"和"Kelvin 体"(又称"Voigt 体"),分别模拟松弛和徐变过程。水泥净浆和新拌混凝土的流动,作为第一次近似常用宾汉姆(Bingham)模型及公式来描述,即

$$\tau = \tau_f + \eta_{pl} \frac{d\gamma}{dt} \tag{4-4}$$

式中:τ 为剪切应力;τ_f 为屈服值,Pa;$d\gamma/dt$ 为剪切速率即速度梯度,1/s;η_{pl} 为塑性黏度,Pa·s;其曲线见图4-4。

从图中可以看出,宾汉姆体在 $\tau \leqslant \tau_f$ 时,不发生流动。因此,圣维南体是宾汉姆体黏性为零时的特殊形式。同时,$\tau > \tau_f$ 后,宾汉姆体就按牛顿理想液体的规律产生流动。

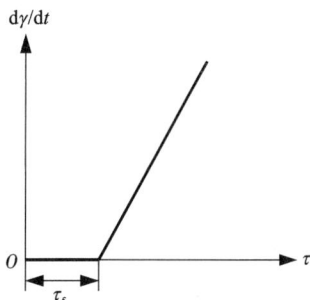

图 4-4　Bingham 模型流变曲线

2)混凝土坍落度。

混凝土是一种"黏—塑—弹"发展演变的材料,开始加水拌合时的黏性体的工作性是非常重要的。早期的没有掺加减水剂的混凝土的工作性似乎并不会产生很严重的问题,因为当时工程上使用的混凝土拌合物的流动性普遍很低,而且多数是现场搅拌。减水剂出现之后,新拌混凝土的工作性问题就突显出来了。因为减水剂能使拌合物的流动性提高很多,然而拌合物流动性的提高又可能导致其稳定性的降低,从而出现工作性不良的问题。新拌混凝土的工作性似乎是一个模糊的概念,很难把它量化。它同时包含多个参数,很难用一个试验同时测量这些参数并综合反映。为了分析新拌混凝土的工作性,路面水泥混凝土施工规范提出了滑模混凝土工作性要求采用坍落度与振动黏度系数综合控制,但要求坍落度每工班测 3 次、有变化随时测,由于振动黏度系数测定结果变化范围大且测定过程较复杂,只要求振动黏度系数在试拌与原材料和配合比变化时测定,因此目前路面滑模混凝土工作性主要依靠坍落度试验控制。

坍落度试验是 1923 年美国学者阿布拉姆斯(D. A. Abrams)借鉴查波曼(C. M. Chapman,1913 年)的砂浆试验而首先提出的,是目前使用较普遍的方法之一,各国的试验各有不同,主要是坍落筒的尺寸有些不同。我国使用的坍落筒,是一个 300 mm 高的截头圆锥筒,下口内径为 200 mm,上口内径为 100 mm。

(1)坍落度试验。

进行坍落度试验时,混凝土拌合物的坍落是由自重而引起的变形,只要拌合物具有塑性,并且在没有失去连续体性质之前,这个变形速度 $d\gamma/dt$ 应由剪切应变速度而定,即

$$\frac{d\gamma}{dt} = f(\tau) = \begin{cases} 0 & (\tau \leqslant \tau_f) \\ f[(\tau - \tau_f)/\eta_{pl}] & (\tau > \tau_f) \end{cases} \tag{4-5}$$

式中:τ 是拌合物在锥体中的位置和变形量的函数,其变形过程可做以下分析。从拌合物锥体顶面开始,深度越深,剪切应力越大。变形仅在 $\tau = \tau_f$ 的位置以下发生,变形的速度在底部的地方最大,变形自动地随着锥体高度的降低而减少,当锥体中的 τ 的最大值的部分(即底部的剪切应力)$\tau_{max} = \tau_f$ 时,变形停止。如果将拌合物的内摩擦力和变形时的惯性忽略不计,那么有:

$$\tau_{max} = \rho h/2 \tag{4-6}$$

式中:ρ 为混凝土密度,g/cm³;h 为静止后锥体高度,cm。

所以坍落度为

$$S = 30 - h = 30 - 2\tau_f/\rho \qquad (4-7)$$

由于变形时惯性总是存在的，惯性的影响使 $\tau_{max} > \rho h/2$，而内摩擦力的影响使 $\tau_{max} < \rho h/2$，故一般可写成 $\tau_{max} = K\rho h$，K 为一常数，则

$$S = 30 - \frac{\tau_f}{K\rho} \qquad (4-8)$$

由上式可见，混凝土拌合物的坍落度值，仅取决于容重和屈服剪切应力值。塑性黏度系数 η_{pl} 虽与变形速度有关，但对坍落度方面仅是间接影响。

（2）路面混凝土坍落度要求。

根据坍落度值将混凝土拌合物分为干硬性混凝土（坍落度<10 mm）；低塑性混凝土（坍落度 10~50 mm）；塑性混凝土（坍落度 50~100 mm）；流态混凝土（坍落度 100~120 mm）；高流态混凝土（坍落度>150 mm）；自密实混凝土（坍落度>240 mm）。路面混凝土属于低塑性混凝土（坍落度 10~50 mm）。坍落度应符合表4-6、表4-7的要求。

滑模摊铺机前拌合物最佳工作性及允许范围应符合表4-6的规定。

表4-6 混凝土路面滑模摊铺最佳工作性及允许范围

界限	指标	
	坍落度 S_L/mm	振动黏度系数 η/（N·s·m^{-2}）
最佳工作性	25~50	200~500
允许波动范围	10~65	100~600

注：本表适用于设超铺角的滑模摊铺机；对不设超铺角的滑模摊铺机，最佳振动黏度系数为250~600 N·s/m^2；最佳坍落度为 10~30 mm。

三辊轴机组、小型机具摊铺的路面混凝土坍落度，应满足表4-7。

表4-7 不同路面施工方式混凝土坍落度

摊铺方式	三辊轴机组摊铺	小型机具摊铺
出机坍落度/mm	30~50	10~40
摊铺坍落度/mm	10~30	0~20

§4.2.3 新拌混凝土工作性对硬化混凝土性能的影响

水泥混凝土配合比设计的原则是要满足抗弯拉强度、工作性、耐久性和经济性四项要求，对滑模摊铺路面施工来说，最重要的是工作性。按本书前述，工作性主要指的是坍落度，坍落度过小，路面因振捣不密实容易出现麻面，同时，用DBI法打入传力杆阻力增大，严重时导致摊铺机上浮，形成波浪形面层，产生严重的平整度质量事故；坍落度偏大，则易引起两侧塌边。经实测，麻面对路面平整度的影响为 2~3 mm。塌边对平整度的影响主要反映在

纵缝和自由边处,尤其是在分幅施工时,易导致相邻车道对接不好,出现纵向凹槽,因此,正确选用混凝土拌合物的工作性是确保平整度的重要因素。

混凝土的坍落度过大,浇灌后的混凝土泌水、离析严重,增加了混凝土硬化后的孔隙率,而且混凝土的匀质性不良,影响混凝土力学性能和耐久性,还会引起混凝土收缩裂缝的出现,同时,大坍落度的混凝土容易在混凝土滑模施工时产生沿滑模振捣棒移动方向的砂浆槽,在砂浆槽位置形成塑性收缩裂缝,或在传力杆位置引起混凝土表面顺筋的沉陷裂缝,从表面向下直至钢筋的上方。

William Lerch 认为塑性收缩裂缝常出现于混凝土板、路面、梁等大面积暴露的结构表面,典型的塑性收缩裂缝是相互平行的。研究表明,一般其间距为 2.5~7.6 cm,深度为 2.5~5.1 cm。Ravina 认为这类裂缝通常为直线形,但无确定的对称性或形式,其对实际工程的调查显示,裂缝长度从几厘米到 2 m 不等,深度可达 23 cm 而贯穿整个板件,宽度为 0.1~3.0 mm 不等。

浇灌后的混凝土泌水、离析严重时不仅引起塑性收缩裂缝,还会降低混凝土弯拉强度。杜建国分析了混凝土泌水引起抗折强度下降的原因,他认为,泌水现象的发生,不仅容易导致混凝土表面产生裂缝,更不利的是粗集料与胶结料的界面上形成低强度的水泥石甚至空隙,导致微裂缝的产生,在拉应力的作用下,微裂缝的尖端出现较大的应力集中。泌水的程度越严重,微裂缝就越多、越长,在同样的拉应力条件下,破坏的可能性就越大。因此,在其他因素相同的情况下,泌水的程度越严重,混凝土中粗集料与胶结料的交界面的薄弱环节就越多,由前面章节对混凝土破坏机理的分析,直接导致的结果就是混凝土的抗弯拉强度降低,对在弯拉受力模式下的路面混凝土,极易造成破坏。

§4.2.4　滑模混凝土坍落度与材料、设备、工艺的关系与控制

1)滑模混凝土坍落度与材料、配合比的关系及控制。

为了保证路面混凝土工作性,路面混凝土中不仅要加入减水剂,还要加入引气剂、缓凝剂,在确定外加剂时,坍落度及其损失是选择外加剂的主要依据之一。各交通等级路面、桥面混凝土宜选用减水率大、坍落度损失小、可调控凝结时间的复合型减水剂。高温施工宜使用引气缓凝(保塑)(高效)减水剂;低温施工宜使用引气早强(高效)减水剂。选定减水剂品种前,必须与所用的水泥进行适应性检验,避免坍落度经时损失过大。

路面混凝土配合比设计时,应综合考虑混凝土的拌合量、摊铺宽度、摊铺机的行进速度。首先确定出最佳的混凝土振动黏度系数及相应的最佳坍落度,在此基础上进行混凝土的试配,选择出满足工作性和强度要求的混凝土配合比。同时应根据施工季节、气温和运距等的变化,微调缓凝(高效)减水剂、引气剂或保塑剂的掺量,保持摊铺现场的坍落度或其他工作性指标始终适宜于铺筑或压实,且波动较小,在避免混凝土塌边、麻面、拉裂的同时,还要保证混凝土外表的平整、美观。

试配时通过选择适宜的坍落度,按下列公式计算单位用水量(砂石料以自然风干状态计):

$$W_o = 104.97 + 0.309S_L + 11.27\frac{C}{W} + 0.61S_P \qquad (4-9)$$

式中:W_o 为不掺外加剂与掺合料混凝土的单位用水量,kg/m³;S_L 为坍落度,mm;S_P 为砂率,%。

2）滑模混凝土坍落度与设备的关系及控制。

实践表明，不同类型的滑模摊铺机对坍落度的要求也不一样。德国产的 Wirtgen 要求混凝土坍落度在 1.5~2.5 cm，而美国的 CMI 和 GOMACO 则要求混凝土坍落度在 2~4 cm。

采用滑模摊铺时，坍落度要求影响混凝土总拌合生产能力。通常搅拌场配置的混凝土总拌合生产能力可按式（4-10）计算，并按总拌合能力确定所要求的搅拌楼数量和型号。

$$M = 60\mu bhV_t \tag{4-10}$$

式中：M 为搅拌楼总拌合能力，m^3/h；b 为摊铺宽度，m；V_t 为摊铺速度，m/min，且≥1；h 为面板厚度，m；μ 为搅拌楼可靠性系数，1.2~1.5。μ 可根据下述具体情况确定：搅拌楼可靠性高，μ 可取较小值；反之，μ 取较大值。

3）滑模混凝土坍落度与滑模施工工艺参数的关系及控制。

拌合物应均匀、一致，有生料、干料、离析或外加剂、粉煤灰成团现象的非均质拌合物严禁用于路面摊铺。一台搅拌楼的每盘之间、各搅拌楼之间，拌合物的坍落度允许偏差为 ±10 mm。拌合坍落度应为最适宜摊铺的坍落度值与当时气温下运输坍落度损失值两者之和。

当坍落度在 10~50 mm 时，布料松铺系数宜控制在 1.08~1.15。坍落度大时取低值，坍落度小时取高值。超高路段，横坡高侧取高值，横坡低侧取低值。

摊铺速度可根据混凝土的坍落度和机械性能控制在 0.8~1.0 m/min，应缓慢、匀速。摊铺机的振捣频率控制在 9000 r/min 左右，当混凝土的坍落度发生变化时，先调振动频率，后改变摊铺速度。

为了获得必要的施工和易性，新拌混凝土拌合物必须具有一定的流动性。但在施工时，混凝土在振捣以后流动性会迅速提高，在陡坡路段，如果混凝土坍落度控制不当，混凝土在自身重力的作用下会向坡底流动，轻则影响路面的正常施工，重则会在局部造成混凝土面层下部厚而上部薄，导致路面板厚度不均匀。特别是在铺筑钢筋混凝土路面时，施工速度变慢，振捣时间更长，为了保证钢筋网下部混凝土的密实性，还要求混凝土具有更高的坍落度，混凝土的流动性变化更大。因此在长陡坡路段铺筑水泥混凝土路面，对混凝土拌合物摊铺性能控制非常重要。就混凝土拌合物配置而言，最重要的是确定在长陡坡路段摊铺时的适宜坍落度、坍落度经时损失值、黏聚性、凝结时间等性能的控制指标，按较高黏聚性进行配合比设计。就施工工艺而言，长陡坡路段摊铺机械选择、摊铺工艺、摊铺速度、供料技术、布料技术和普通路段有一定的差异，必须进行适当调整。

混凝土路面在滑模摊铺时，由于两侧边缘没有模板支撑，若混凝土的工作性控制不好，面板摊铺以后常常会出现溜肩问题，因此必须设置相应的超铺角，以补偿脱模后素混凝土路面边缘的溜边现象。但有些摊铺机是不设超铺角的，如德国威特根的滑模摊铺机，边缘脱模后的溜肩问题则需通过加长两侧滑动模板来消除，一般两侧的滑动模板要延长 2~3 倍，这在平直路段没有问题，但在弯道路段，特别是超高弯道路段，过长的侧模不利于摊铺机转向，且容易出现外侧边缘脱空、内侧边缘挤坏混凝土的问题。因此，在超高路段摊铺时，需将加长侧模卸除，或选用有设置超铺角功能的摊铺机进行施工。超铺角的大小，应根据拌合物的稠度控制在 3°~8°。混凝土拌合物的坍落度小、稠度高时，选用高值；坍落度大、稠度低时，采用低值。

在铺筑钢筋混凝土路面时，施工速度变慢，振捣时间更长，为了保证钢筋网下部混凝土的密实性,还要求混凝土具有更高的坍落度,比相应铺筑方式普通混凝土路面混凝土坍落度规定大 10~20 mm。

§4.3　引气混凝土试验研究

§4.3.1　前言

引气剂在 19 世纪 30 年代由美国纽约州公路部门最先提出,随后从 1938 年开始在公路路面水泥混凝土中推广应用,并在此基础上发展成引气减水剂(又称 AE 减水剂)。引气剂是一种搅拌过程中能在砂浆和混凝土中引入大量均匀分布的微小气泡,而且在硬化后能够保留在其中的一种外加剂。人们对引气剂效应的认识最初主要集中在抗渗、抗冻性、抗盐冻剥蚀性等耐久性能上,但随着混凝土技术及建筑各行业施工机械化的快速发展,其改善混凝土泌水、抗裂等性能及工作性、施工操作性等方面的良好效应也逐渐被认识并得到研究。

目前,国内外关于引气混凝土的研究主要集中在抗渗、抗冻等耐久性及施工性能方面,由于原材料的变化(如我国水泥强度等级的提高、新型外加剂的使用)及工程中某些特殊施工条件的出现(大风天施工、高温水泥的使用),引气混凝土的性能也会发生变化,甚至产生工程质量问题或施工质量事故。对此,本书针对滑模施工,通过外加剂与水泥适应性、含气量对滑模引气混凝土泌水、抗裂、变形、热工等性能的试验研究及理论分析,以期获得使用新材料及工程中某些特殊施工条件时引气混凝土性能的变化规律,优化混凝土配合比,为相应环境条件下的施工提供技术指导。

§4.3.2　试验原材料及水泥外加剂适应性试验研究

§4.3.2.1　试验原材料

1)水泥。

广东省广英牌普通硅酸盐水泥,水泥的基本物理力学性能见表 4-8,其他技术指标满足施工规范要求。

表 4-8　水泥的基本物理力学性能指标

项目	物理性能				胶砂强度/MPa			
	细度/%	凝结时间/h		安定性(雷氏夹法)	抗折强度		抗压强度	
		初凝	终凝		3 d	28 d	3 d	28 d
标准要求	≤10.0	≥0.45	≤10:00	合格	5.6	8.3	30.6	49
试验数据	3.6	1:41	2:29					

2）粗集料

粗集料采用三种粒径的石灰岩碎石掺配，合成级配及各粒级粗集料的筛分结果（通过率）见表4-9，主要技术指标见表4-10。

表4-9　粗集料筛分结果（通过率）　　　　　　　　　　单位：%

	筛孔	2.36 mm	4.75 mm	9.5 mm	16 mm	19 mm	26.5 mm	31.5 mm
碎石粒径	4.75~31.5 mm	0.4	1.3	14.6	42.1	68.7	99.6	100
	16~31.5 mm	0	0.6	0.7	12.4	54.8	98.7	100
	9.5~19 mm	0.8	0.9	8.1	90.5	100	100	100
	4.75~9.5 mm	1.8	3.4	100	100	100	100	100

表4-10　粗集料的主要技术性能指标

粒径范围/mm	16~31.5	9.5~19	4.75~9.5
含泥量/%	0.6	0.5	0.8
针片状含量/%	10.8	11.4	13.6
松散容重/（g/cm³）	1.36	1.32	1.30
视比重/（g/cm³）	2.711	2.689	2.679
压碎值/%	—	13	—

3）细集料。

细集料采用广东省清远市清远砂场，细度模数为3.2，粗砂。细集料的筛分结果见表4-11，主要技术指标见表4-12。

表4-11　细集料的筛分结果

河砂	筛孔尺寸/mm							
	0.075	0.15	0.3	0.6	1.18	2.36	4.75	9.50
通过质量百分率/%	0.3	1.0	9.0	26.8	55.5	81.1	95.3	100

表4-12　细集料的主要技术性能指标

河砂	细度模数	含泥量/%	视比重/cm³	松散容重/（g·cm⁻³）	空隙率/%
	3.2	0.8	2.639	1.490	38

4）外加剂。

广东省柯杰外加剂科技有限公司生产的复合型引气缓凝高效减水剂柯杰 KJ-70A，在同配合比、同坍落度条件下，掺量为水泥用量的0.3%~1%，减水率可达10%~25%，含气量增加至 3%~7%；KJ-JS 聚羧酸高性能减水剂液剂，呈浅棕色，掺量为 0.5%~2.0%，减水率可达 24%~38%，常用掺量为 0.75%~1.5%。

广东省深圳市晋元建筑科技开发有限公司生产的 JY-H 型引气缓凝高效减水剂，水剂呈棕褐色，在水泥用量和坍落度相同的情况下，减水率为 15%~25%，掺量 1.2%~2.5%；晋元引气剂。所用外加剂质量均符合国家规范标准要求。

5）水。

采用可饮用自来水。

§4.3.2.2 外加剂与水泥的适应性试验研究

外加剂与水泥的适应性也称为相容性，外加剂与水泥的适应性问题可分为化学不适应与剂量不适应两类。按照混凝土外加剂应用技术规范，适应性概念为：将经检验符合有关标准的外加剂掺加到按规定可以使用该品种外加剂的水泥所配制的混凝土中，若能产生应有的效果，表明该水泥与外加剂是适应的；相反，如果不能产生应有的效果，则该水泥与外加剂不适应，或适应性差。

1）外加剂品种与水泥的适应性试验研究。

外加剂与水泥之间的适应性问题，国外很早就发现并引起重视。国际材料和结构研究实验联合会（RILEM）于 1975 年发表的关于混凝土外加剂的报告中就指出，用于检验混凝土外加剂质量的波特兰水泥，应考虑其化学成分，尤其是 C_3A 的含量。我国在 20 世纪 50 年代初就有人研究并提出外加剂与水泥间的适应性问题。国内外研究及实践经验表明，不同厂家、不同型号、不同批次的外加剂与不同品牌、不同型号的水泥间都存在适应性问题。本书按《混凝土外加剂匀质性试验方法》（GB 8077—2000）水泥净浆流动度试验检验水泥与外加剂的适应性（$W/C=0.42$），水泥净浆流动度试验见图 4-5，掺不同外加剂的水泥净浆流动度试验结果见图 4-6~图 4-8。

图 4-5 水泥净浆流动度试验

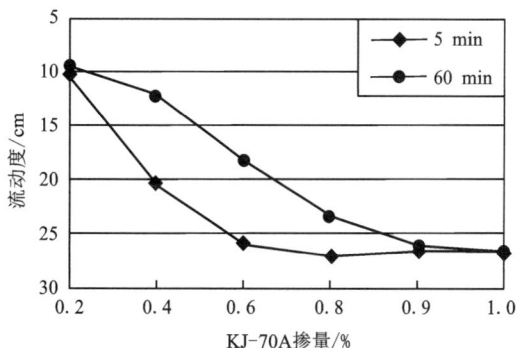

图 4-6 KJ-70A 引气减水复合外加剂流动度

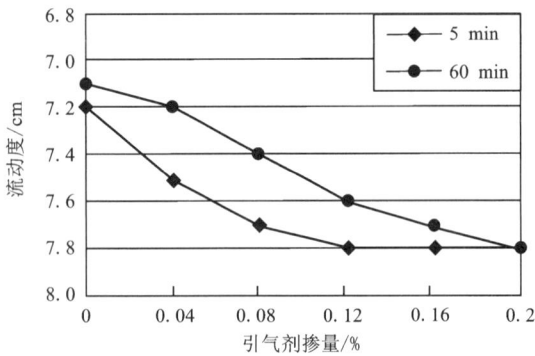

图 4-7　晋元引气剂流动度

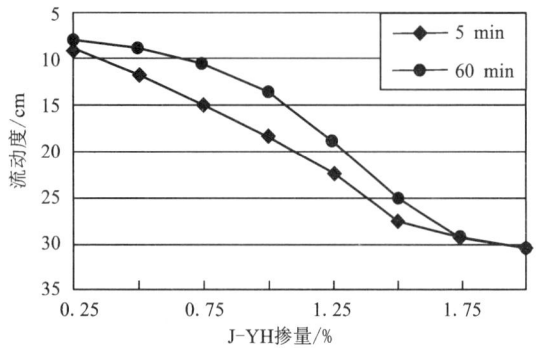

图 4-8　晋元引气减水复合外加剂流动度

根据 Aitcin 等人的工作，认为水泥与外加剂适应性可以用初始流动性、是否有明确的饱和点(掺量与流动度曲线上升或下降段与水平段之间的拐点)以及流动性损失三个方面来衡量。在水灰比不变时，测定在不同外加剂掺量条件下水泥浆体的流动度，试验结果表明，KJ-70A 与广英牌水泥适应性一般，表现为有明显的饱和点，饱和点在 0.8%左右，但在达到饱和之后流动度损失较大；晋元高效引气缓凝减水剂与广英牌水泥适应性较好，其折合粉剂饱和点在 0.7%左右，且在达到饱和之后流动度基本没有损失；晋元单一引气剂与广英牌水泥适应性相对于引气减水复合剂稍差，其折合粉剂饱和点在 1.75%左右，其在达到饱和之后流动度损失较大。

2)外加剂剂量与水泥的适应性试验研究。

由于存在外加剂与水泥剂量的适应性问题，在试验及施工配合比设计中应通过试验确定相应的含气量与外加剂掺量的关系曲线，从而依据含气量要求以及混凝土性能要求来确定合适的外加剂掺量(最佳掺量)，以保证混凝土中既引入适量的含气量，又满足工作性与强度等性能要求。在水灰比不变的条件下，通过调整外加剂的掺量来调整引入的气量，含气量与外加剂掺量关系见图 4-9 与图 4-10。

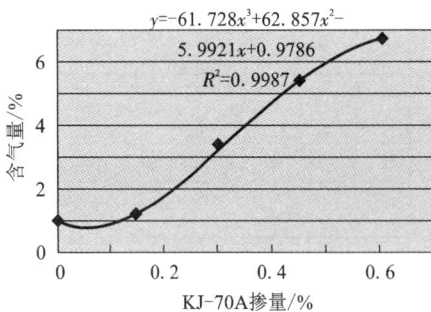

图 4-9　含气量与 KJ-70A 引气减水剂掺量关系

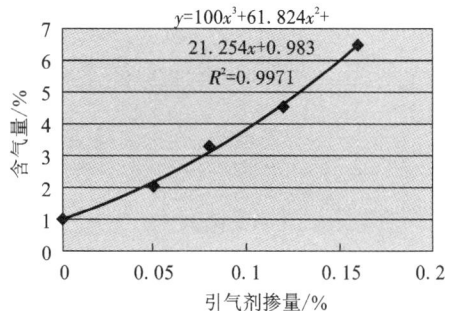

图 4-10　含气量与晋元引气剂掺量关系

试验结果表明，引气减水复合剂及引气剂引入混凝土中的含气量都随掺量的增加而增大，但 KJ-70A 引气减水剂在剂量<0.2%时，随剂量增加引气量增长速率较小，当剂量为 0.2%~0.5%时，随剂量增加引气量增长速率较大，当剂量>0.5%后，随剂量增加引气量增长速率变小,其引气量增长速率经历由小到大再到小的变化过程;而掺入晋元单一引气剂时,在剂量为 0~0.2%时,剂量增加引气量增长速率渐增。由外加剂剂量与引气量的变化规律可确定施工时合适的外加剂掺量。

§4.3.3　引气混凝土性能试验研究

§4.3.3.1　泌水性能试验研究

混凝土拌合料浇灌之后到开始凝结期间,固体颗粒下沉,水分上升,并在表面析出水的现象称为泌水。Powers 于 1939 年第一个完成了泌水的系统研究,并将泌水分为正常泌水与通道泌水两类。

正常泌水是新拌混合料中固体粒子沉降的结果,是一种均匀泌水现象。适当的正常泌水在一定条件下对混凝土的性能并无大的影响,但过量的泌水是不利的,易形成软弱层、降低混凝土强度等。若正常的泌水与表面蒸发速率相一致,则对混凝土质量影响不大;若表面水分蒸发速率大于正常泌水的速率,那么表面极易失水造成开裂现象而影响混凝土质量、使用寿命等。通道泌水指在整修混凝土表面时,除固体粒子沉降导致水分均匀渗出外,还可能出现在压力作用下成团的细小颗粒移动形成泌水通道,由局部通道带水至混凝土表面的现象。通道泌水常常是有害的,因为这种泌水常带出细粒的水泥和砂,在表面形成一薄层(浮浆皮),造成混凝土表面起皮,更重要的是通道泌水降低了混凝土内部水泥量,形成通道孔,从结构上降低了混凝土的强度,严重影响混凝土质量及使用性能。

混凝土泌水是影响混凝土性能的一个重要因素,在施工中我们要尽量防止过量泌水的产生,阻止或减小通道泌水。影响混凝土泌水的因素很多,研究发现含气量是影响泌水的重要因素之一,本书拟通过压力泌水率试验,分析引气混凝土的泌水性能,以期进行有效的施工控制。

本试验采用 KJ-70A 高效引气减水剂及晋元引气剂两种外加剂,分别在"保持水灰比不变时,改变外加剂掺量"和"在保持坍落度不变时,改变用水量、外加剂掺量",以测定压力泌水率。两种条件下压力泌水试验结果分别见图 4-11、图 4-12 和图 4-13、图 4-14。

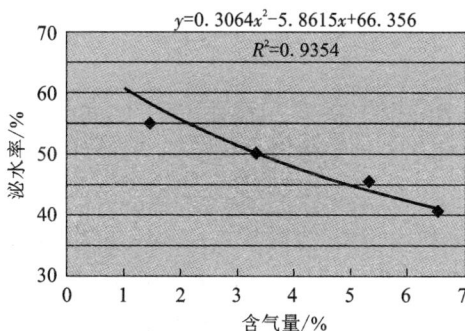

图 4-11　KJ-70A 引气减水剂压力泌水率

$$y=0.3064x^2-5.8615x+66.356$$
$$R^2=0.9354$$

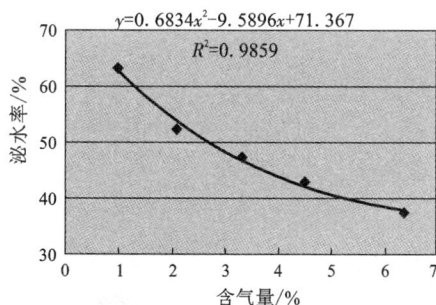

图 4-12　晋元引气剂压力泌水率

$$y=0.6834x^2-9.5896x+71.367$$
$$R^2=0.9859$$

$y=0.1014x^2-3.8268x-60.862$
$R^2=0.9649$

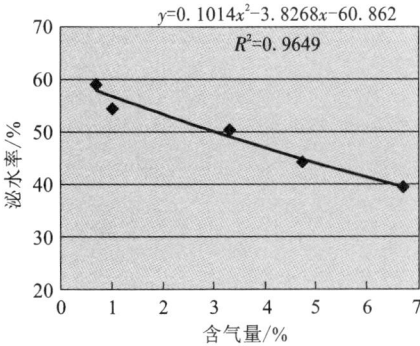

图 4-13　KJ-70A 引气减水剂压力泌水率

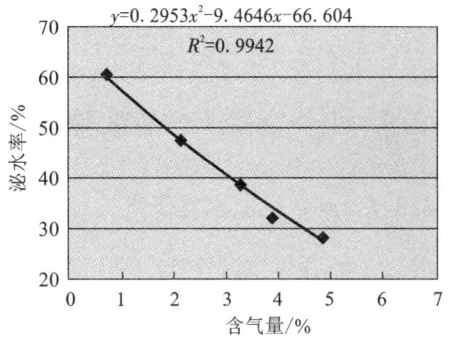

$y=0.2953x^2-9.4646x-66.604$
$R^2=0.9942$

图 4-14　晋元引气剂压力泌水率

试验结果表明，两种试验条件下，新拌混凝土泌水率都随含气量的增大而减小，但采用单一引气剂比采用引气减水复合剂时，泌水率随含气量增大而降低的速率要大，曲线较陡。因为采用单一引气剂引入的大量微小气泡与引气复合剂引入的气泡不同，微小气泡是较稳定的一种肉眼不可见气泡，这种气泡由水分包裹形成，气泡的稳定存在使包裹该气泡的水分被固定在气泡周围，加之气泡很细小、数量足够多，则有相当多量的水分被固定，可泌的水分大大减少，使泌水率显著降低。同时，如果泌水通道中有气泡存在，气泡犹如一个塞子，可以阻断通道，使自由水分不能泌出，即使不能完全阻断通道，也使通道有效面积显著降低，导致泌水量减少。在满足强度、耐久性等性能要求的前提下，提高混凝土的含气量，有利于减少泌水，提高混凝土整体性能。

§4.3.3.2　混凝土早期抗裂性能试验研究

薄板结构如建筑工程剪力墙、水泥混凝土路面等是一种厚度较薄的大面积混凝土结构，其材料水泥混凝土是一种弹性小、脆性大、收缩性强、抗变形能力差的非均质材料。在施工过程中，由于结构、材料、施工与管理等因素的影响，这类混凝土薄板极易产生早期开裂现象，严重影响了工程质量及使用寿命。因此水泥混凝土薄板结构的早期开裂问题成了施工中质量控制的难题，也成为诸多专家学者的研究重点。本书结合工程实际，拟通过混凝土平板开裂试验，优化混凝土配合比。

本试验方法最早由日本的笠井芳夫教授提出。用于浇筑试件的模具见图 4-15，模具四周为 63 mm 高的型钢，模具四周分别安装起约束作用的螺纹钢筋($\phi8\times100$)，当试件收缩时，试件四周将会受到约束。试件尺寸为 600 mm×600 mm×63 mm，与模具一起浇注成一个整体。试件浇注、捣实、抹平后立即用塑料薄膜覆盖；2 小时后将塑料薄膜取下，用电风扇吹混凝土的表面，风速 0.5 m/s。本书试验模拟广东省夏季施工时所处地理环境、气候因素，在日本的笠井芳夫提出的试验条件下，结合实体工程情况将试验方法稍做改变，将电风扇吹风改为加热升温的方式(图 4-16)，以模拟广东省建筑及路面滑模混凝土施工现场温度条件。混凝土拌合好后，在振动台上将平板制作好并覆盖塑料薄膜，放置在平稳的地方，将加温装置架在平板正上方，两个小时后将薄膜揭走并开始加温，连续加温 7 个小时，以此来模拟夏季施工时混凝土所处的日温度变化。记录试件开裂时间、裂缝数量、裂缝长度和宽度，记录试件的开裂时间为从混凝土浇筑起至 24 小时。根据 24 小时的开裂情况，计算下列三个参数：

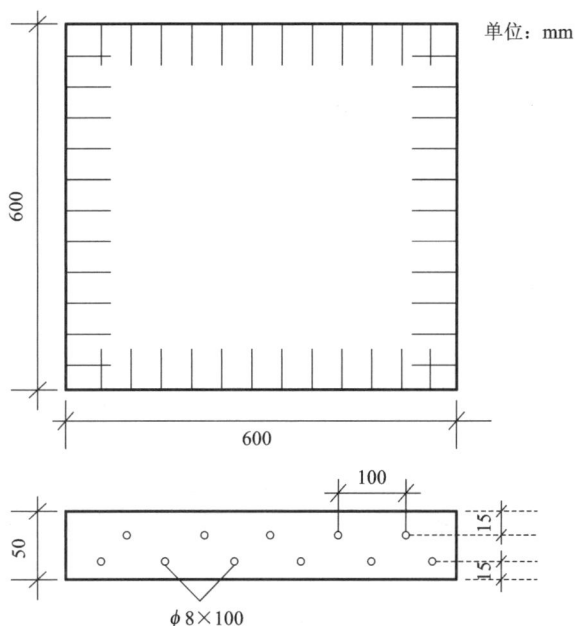

图 4-15　抗裂平板模具示意图

(a)试验平板　　　　　　　　　　　(b)平板开裂试验

图 4-16　平板及平板开裂试验

1) 平均开裂面积：

$$a = \frac{1}{2N}\sum_{i=1}^{N} W_i L_i \tag{4-11}$$

2) 单位面积开裂裂缝数目：

$$b = N/A \tag{4-12}$$

3) 单位面积的总开裂面积：

$$c = a \times b \tag{4-13}$$

式中：W_i 为第 i 根裂缝的最大宽度，mm；L_i 为第 i 根裂缝的长度，mm；N 为总裂缝数目，根；A 为试验板面积，m^2。

试件早期抗裂性等级评价准则如下：

1）仅有非常细的裂纹。

2）平均开裂面积 $a<10$ mm²。

3）单位面积开裂裂缝数目 $b<10$ 根/m²。

4）单位面积总开裂面积 $c<100$ mm²/m²。

按照上述准则，将抗裂性划分为五个等级：

Ⅰ级：满足全部上述四个条件。

Ⅱ级：满足上述四个条件中的三个。

Ⅲ级：满足上述四个条件中的两个。

Ⅳ级：满足上述四个条件中的一个。

Ⅴ级：上述条件一个也不满足。

为模拟我国南方夏季高温天气条件，将平板试验中用风扇吹混凝土表面改变为对混凝土平板加温的方式进行试验，平板装置如图 4-16。在保持水灰比不变时，改变外加剂掺量；在保持坍落度不变时，改变用水量、外加剂掺量，在这两种条件下进行平板开裂试验，以研究外加剂及含气量对引气混凝土开裂性能的影响，试验结果分别见表 4-13～表 4-16。

表 4-13　水灰比不变时 KJ-70A 平板开裂试验结果

编号	室温 /℃	剂量 /%	坍落度 /mm	含气量 /%	平板开裂试验				
					裂缝最大宽度/mm	a/mm²	b/(根·m⁻²)	c(mm²·m⁻²)	评级
A0	24	0	7	1	0	0	0	0	Ⅰ
A1	25	0.15	35	1.5	0.13	2.513	5.556	13.958	Ⅰ
A2	26	0.3	55	3.3	0.23	8.141	11.111	90.458	Ⅲ
A3	23	0.45	120	5.3	0.42	6.862	55.556	381.236	Ⅳ
A4	24	0.6	170	6.5	0.12	1.215	52.778	64.138	Ⅱ

表 4-14　水灰比不变时晋元引气剂平板开裂试验结果

编号	室温 /℃	剂量 /%	坍落度 /mm	含气量 /%	平板开裂试验				
					裂缝最大宽度/mm	a/mm²	b/(根·m⁻²)	c/(mm²·m⁻²)	评级
M0	25	0	7	1	0	0	0	0	Ⅰ
M1	23	0.05	16	2.3	0	0	0	0	Ⅰ
M2	24	0.08	22	3.2	0.05	0.4	2.778	1.111	Ⅰ
M3	26	0.12	25	4.5	0	0	0	0	Ⅰ
M4	25	0.16	30	6.4	0	0	0	0	Ⅰ

表 4-15 坍落度不变时 KJ-70A 平板开裂试验结果

编号	室温 /℃	剂量 /%	坍落度 /mm	含气量 /%	平板开裂试验				
					裂缝最大宽度/mm	a/mm^2	$b/(根 \cdot \text{m}^{-2})$	$c/(\text{mm}^2 \cdot \text{m}^{-2})$	评级
B0	25	0	53	0.7	0	0	0	0	I
B1	24	0.15	45	1	0.11	0.91	25	22.79	II
B2	26	0.3	55	3.3	0.23	8.141	11.111	90.458	III
B3	25	0.45	50	4.7	0.38	2.506	86.111	215.819	IV
B4	26	0.6	55	6.7	0.52	5.687	72.222	410.708	IV

表 4-16 坍落度不变时晋元引气剂平板开裂试验结果

编号	室温 /℃	剂量 /%	坍落度 /mm	含气量 /%	平板开裂试验				
					裂缝最大宽度/mm	a/mm^2	$b/(根 \cdot \text{m}^{-2})$	$c/(\text{mm}^2 \cdot \text{m}^{-2})$	评级
N0	24	0	22	0.6	0	0	0	0	I
N1	25	0.05	20	2.1	0	0	0	0	I
N2	23	0.08	22	3.2	0.05	0.4	2.778	1.111	I
N3	24	0.12	19	3.7	0	0	0	0	I
N4	26	0.16	20	4.2	0	0	0	0	I

以上试验结果表明，在保持水灰比不变或坍落度不变的条件下加入 KJ-70A 引气高效缓凝减水剂时，掺量越大混凝土却越容易开裂。因为混凝土中添加的缓凝剂在延缓水泥水化的同时，也降低了终凝前混凝土表面的抗拉强度，延长了表面失水的时间，增加了出现塑性收缩裂缝的可能性，所以在夏季或大风季节使用缓凝型高效减水剂时，应注意防止出现塑性收缩裂缝。同样试验条件下，加入晋元引气剂时，在本书含气量范围内，平板开裂试验结果均为 I 级，因此，在本书试验条件下仅加入引气剂对混凝土抗裂有利。

因此，在进行混凝土配合比试验时，要根据实际情况确定合适的外加剂掺量，尤其是具有缓凝作用的复合型外加剂，在天气不是很热的情况下可以考虑只使用单一的引气剂而不用复合型外加剂，以减少混凝土薄板开裂的可能性。

§4.3.3.3 混凝土早期变形性能

水泥混凝土作为一种弹性小、脆性大、收缩性强、抗变形能力差的非均质材料，在自身及自然环境各因素的影响下不断地产生变形，变形超过一定范围便发生开裂，裂纹将影响结构耐久性，缩短结构使用寿命。混凝土早期变形主要有自身收缩及随温度、湿度而产生的温度、干湿变形。针对混凝土早期变形，本书模拟现场施工条件，进行不同外加剂及配合比变形试验，以供选择原材料及优化配合比参考。

1）试验方法及结果。

本书试验采用标准 100 mm×100 mm×515 mm 变形试模成型测量试件，三个为一组，两端内只具有圆锥形的测头，以便于混凝土收缩仪上百分表的圆锥形测头对准。混凝土拌合好后，测量其坍落度及含气量，用振动台将混凝土振实成型，24 h 后将模拆除，用塑料薄膜将待测试件包裹，测头露出，以此方式保持温度变形循环过程中的湿度。将试件包好后测量其初始长度，并记下温度，测量及加温时试件下均放有平整光滑的瓷板，以减小约束。而后将其加温，间隔 6 h 后测量并关闭电源，放置 6 h 后再测量，必要时稍以风扇降温。如此进行三个循环后，以最后一次间隔 12 h 后的测量值作为最终值。每一个循环的测量值与初始值之差即为变形量，可计算得出变形率。每组中取三个数值中两个数值相近的平均值，若三个数值相近则取三个数值的平均值。试验时改变外加剂掺量，变形试验见图 4-17，变形试验结果见图 4-18。

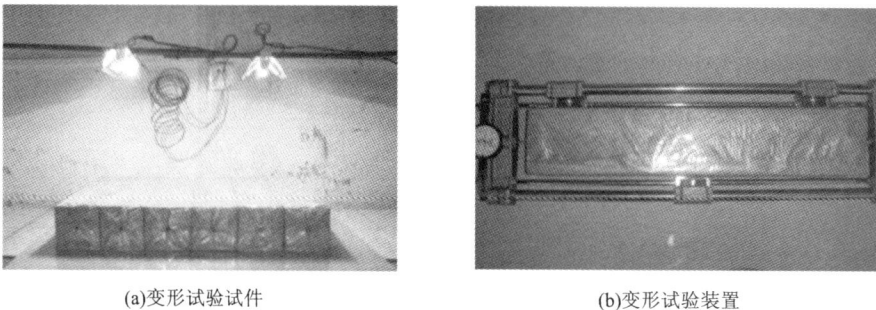

(a)变形试验试件 (b)变形试验装置

图 4-17 变形试验

2）试验分析

在本次试验过程中，试件的变形相对于最初试件均表现为膨胀变形，包括循环过程中及最终的变形；升温与降温过程中变形速率相近。

在含气量小于 6% 的条件下，混凝土初始变形率与最终变形率都随含气量的增大而减小，变形速率也随含气量增大而减小，循环过程中的变形趋势比较一致。这说明在硬化早期适当的含气量对减小混凝土变形及变形速率有利，含气量的增大引入的微小气泡增多，因其减小、缓冲了水泥石中凝胶孔水及毛细孔水的压力，从而减小了变形。含气量在硬化基本结束后对混凝土变形速率贡献不是很大，硬化后主要为干缩及随温度变化的热胀冷缩变化，因为空气导热系数低于混凝土其他组成材料导热系数，因而引气在一定程度上减小和延缓了混凝土早期变形。

在含气量大于 6% 之后，混凝土初始变形率并没有减小反而有一定的增大，分析其原因在于含气量小于 6% 与大于 6% 时干缩取决因素不同。含气量在 6% 以内时，混凝土的干缩主要受单位用水量和水灰比控制，干缩的大小取决于毛细孔水分逸出量的多少和速度，即取决于单位用水量和水灰比的大小。单位用水量大，保留在毛细孔中的水分多，可供散失的水分多，则干缩大，反之则干缩小。引气混凝土中微小气泡的作用也减小了混凝土收缩。当含气量大于 6% 时，毛细孔水分散失的速度不再决定于单位用水量，而逐渐取决于气泡的间隔厚度，即气泡间距系数，气泡间距系数增大，水分散失速度加快，干缩因含气量增加而增大。同一品种引气剂，随含气量增加，气泡间距系数先减小后增加，小气泡和气泡总数先增加后减少；含气量过大，气泡间距系数反而增大，气泡结构变差。因此，微小气泡数量的减少及大气泡的增多，使水泥石的结构发生变化，微小气泡的减缩及减压作用消失，混凝土变形逐

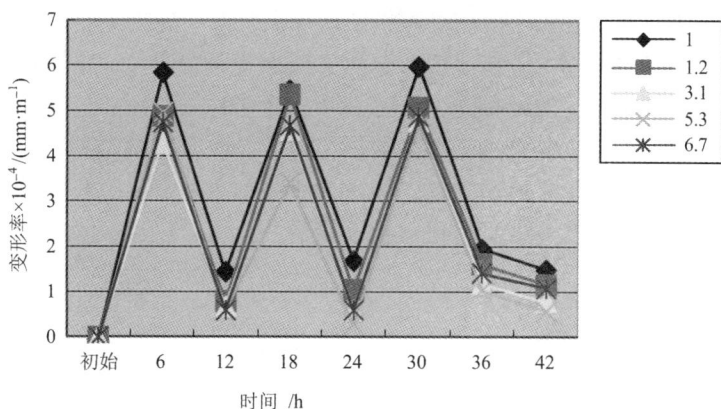

(a)KJ-70A 试件变形试验结果

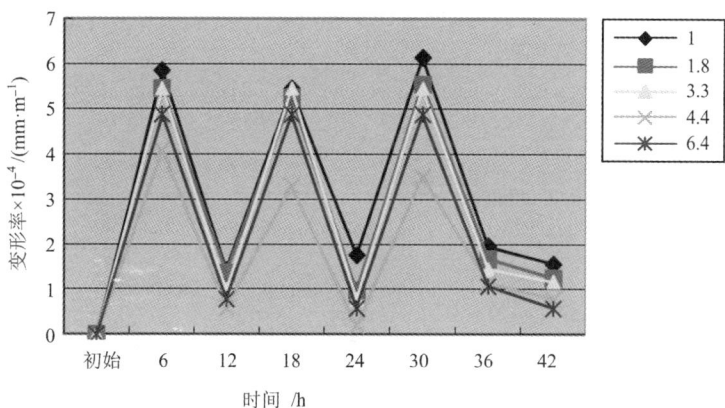

(b)晋元引气剂试件变形试验结果

图 4-18　变形试验结果

渐增大。

§4.3.4　混凝土热工性能

§4.3.4.1　混凝土热工性质

混凝土的热工性质包含的基本参数有导热系数、热扩散系数、比热以及热膨胀系数。导热性能解释为传递温度梯度的比例。导热系数反映材料传导热量的能力。导热系数的大小和物质的形态、组成、密度、温度及压力有关。

热扩散系数表示混凝土中发生温度变化的速率，它与导热系数成正比关系，是导热系数与比热的函数。

比热是表示混凝土热容量的一个指标，几乎不受集料的影响，但与孔隙率(W/C)、含水量和温度有关。混凝土比热随含湿量增加而增大，随温度的升高和混凝土容重的降低而提高。

国外的研究表明，含气量增大，混凝土的热扩散系数和热传导系数减小。混凝土热工性质虽然未必与混凝土耐久性相关，但它对建筑结构保温隔热、混凝土路面结构温度应力与翘曲变形有影响，且导热系数增加，传热快，有利于减小截面内温差；导热系数的增加对结构表面 60 mm 深度范围内温度的影响比较明显，深度大于 60 mm 的内部各点温度几乎不变。

因此，从材料方面入手改善混凝土本身的热工性能是改善建筑结构保温隔热性能、减少薄板结构温度应力及翘曲变形的有效方法。本书在上述研究基础上，开展了含气量与混凝土导热性能关系的试验研究，有关试验过程与结果如下。

§4.3.4.2　导热系数试验

本书试验测定了不同含气量的两组试件的导热系数，试验结果见表 4-17。

表 4-17　导热系数测试结果

测试仪器	测试依据	测试条件/℃	含气量/%	导热系数/(W·m⁻¹·K)			
				1	2	3	平均
QTM-500	GB 10297-98	25	1.1	2.8835	2.8670	2.8811	2.8772
			3.3	2.8452	2.7771	2.8177	2.8133

§4.3.4.3　测试结果分析

测试结果表明，混凝土导热系数随含气量的增大而减小。由于含气量增加，相应混凝土容重降低，则比热提高。热扩散系数与导热系数成正比例关系，是导热系数与比热的函数，所以热扩散系数也随含气量增大而相应减小。因此，导热系数与热扩散系数随含气量增大而减小，对建筑结构保温隔热及暴露在日照下的水泥混凝土路面结构温升应力减小和温度翘曲变形减小有利。掺用引气剂，使混凝土的热扩散系数及热传导系数变小，在强烈日照条件下，将高热量阻隔在结构以外，无疑对高温地区建筑隔热及减小薄板结构温度翘曲变形和温度疲劳应力有利，从而改善了薄板结构的耐热性，对延长水泥混凝土薄板结构的使用寿命有利。

§4.3.4　结语

本试验研究表明：

1）外加剂与水泥存在适应性问题，外加剂与水泥的适应性包括化学不适应与剂量不适应两类，在配合比设计中应通过适应性试验选择外加剂类型与确定合适的剂量。

2）混凝土泌水随含气量的增大而减小。在满足强度、耐久性等性能要求的前提下，提高混凝土的含气量，有利于减少泌水，提高混凝土整体性能。

3）含气量的增大有利于提高混凝土早期抗裂性能。在夏季高温天气情况下，选择具有缓凝作用的复合型外加剂时应慎重选择掺量，缓凝时间过长会导致混凝土早期开裂；单掺引气剂不适合夏季高温天气下施工，此时混凝土坍落度损失较大，在气温较低时可以单掺引气剂。

4）含气量增大有利于减小混凝土变形，延缓混凝土变形发生时间，本书试验表明，在含气量小于 6% 时，随含气量增大变形率减小，在含气量大于 6% 时，随含气量增大变形率增大。

5）混凝土导热系数与热扩散系数在含气量变化一定范围内随含气量增大而减小。导热系数及热扩散系数减小有利于高温地区建筑隔热及减小薄板结构温度翘曲变形和温度疲劳应力。

§4.4　路面水泥混凝土配合比优化设计研究

§4.4.1　前言

水泥混凝土路面是我国高等级路面的主要结构形式之一。由于国内优质沥青材料相对匮乏，而水泥资源又相当丰富，再加上水泥路面还具备强度高、刚度大、耐久性好、养护维修费用低及寿命长等特点，因此，水泥混凝土高等级路面发展迅速。特别是我国南方高温地区，每年有四个月以上的炎热多雨天气，且当地缺乏优质集料，对沥青路面的材料选择、施工和养护极为不利，所以在广东、广西等省、自治区的高速公路和其他干线网中，水泥路面占有相当大的比例。

混凝土路面由于优点众多而备受青睐，然而工程中混凝土结构物开裂限制了混凝土路面的进一步发展。据调查，近年来国内外许多大型工程普遍存在严重的开裂问题，而且裂缝出现的时间大部分在完工后几天内，有的甚至不到一天就有明显裂纹。在其他基础设施如海港工程结构、民用建筑、商业建筑及一些化工、冶金工业建筑中，混凝土开裂问题同样严重。

针对以上问题，本书案例在对清连高速一期路面病害调查分析的基础上，通过原材料优选、材料参数优化以及多组路面混凝土配比试验，提出满足清连高速交通荷载等级、温度和湿度等环境气候条件变化，且施工性能、强度、耐久性、含气量等路用性能均满足要求的优质路面混凝土配比。

§4.4.2　原材料优选

原材料质量的优劣将直接影响混凝土的性能。首先对水泥、粗细集料、高效外加剂的各项性能进行检测，优选出满足技术规范要求的原材料；并对徐州超力与广东巴斯夫两家外加剂与水泥的适应性能与最佳掺量进行测试，选择与水泥适应性较好的外加剂进行试验。

§4.4.2.1　粉煤灰优选

优质粉煤灰的加入能有效控制混凝土的早期开裂，同时也能改善混凝土的工作性。

清连高速不同标段共有两种粉煤灰可供选择，分别是衡阳市三益科技开发有限公司（简称"衡阳三益"）生产的Ⅰ级灰与韶关曲江区乌石港有限公司（简称"韶关乌石"）生产的Ⅰ级灰。其技术性能见表 4-18。

粉煤灰优选采用粉煤灰活性试验。目前比较常用的粉煤灰活性测定方法有以下四种：抗压强度比法、火山灰活性指数法、化学方法和电阻方法。结合当地试验室现有的条件，本书试验选用抗压强度比法来进行粉煤灰活性的检测。

表 4-18 粉煤灰技术性质与 I 级粉煤灰标准

试验项目	细度/%	烧失量/%	SO₃ 含量/%	需水量比/%	含水量/%
三益	10.6	2.02	0.05	99	0.0
乌石	8.8	2.16	0.42	93	0.1
I 级	≤12.0	≤5.0	≤3.0	≤95	≤1.0

根据规范《用于水泥和混凝土中的粉煤灰》(GB 1596—2017)附录 C 的要求,进行粉煤灰水泥胶砂 28 d 抗压强度比试验。抗压强度比为试验样品的 28 d 抗压强度和对比样品 28 d 抗压强度的比值,试验样品掺有 30%粉煤灰;比值越高,即表明粉煤灰火山灰活性越高。对于用作水泥混合材的粉煤灰,其 28 d 抗压强度比不低于 62%。其试验结果见表 4-19,两种粉煤灰强度比值对比见图 4-19。

表 4-19 28 d 抗压强度   单位:MPa

28 d 抗压强度	次数			平均值	强度比值
	一	二	三		
无粉煤灰	42.24	46.07	43.91	44.07	
三益	34.98	32.45	34.99	34.14	77.5%
乌石	31.65	29.48	30.76	30.63	69.5%

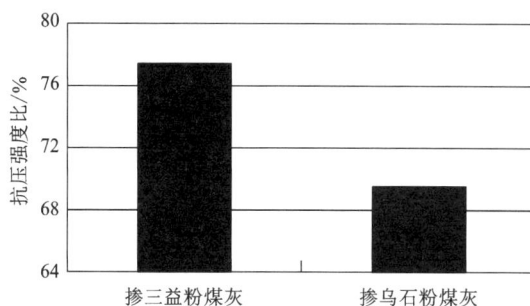

图 4-19 两种粉煤灰强度比值对比图

由以上数据看出,三益粉煤灰活性指数较乌石粉煤灰大 8%左右。综合以上数据可得,乌石粉煤灰活性较低,在与水泥拌合后,不能充分与水泥的水化产物进行二次水化,导致混凝土早期强度偏低。三益粉煤灰对水泥的适应性较好,且活性较高,所以优选衡阳三益粉煤灰作为配合比设计时用料。

§4.4.2.2 外加剂

外加剂与水泥的适应性能将直接影响新拌混凝土的工作性,从而影响面层施工的总体进度。

江苏超力建材科技有限公司(简称"江苏超力")生产的外加剂标明的最佳掺量范围为0.4%~1.4%,巴斯夫化学建材(中国)有限公司广东分公司(简称"广东巴斯夫")生产的外加剂标明的最佳掺量范围为0.3%~1.2%,选择0.4%、0.6%、0.8%、1.0%和1.2%五种掺量进行最佳掺量的试验,以便进行对比(以上掺量均为粉剂掺量,且已转化为水剂掺量)。

称取水泥600 g倒入水泥净浆搅拌锅,加入不同掺量的外加剂(外加剂为水剂,已扣除其含水量),加入210 g水搅拌并开始计时(水胶比0.35)。搅拌4 min后进行初始流动度测量,剩余水泥净浆以湿布覆盖,放置30 min和60 min后再进行流动度测量,并测出经时流动度损失,试验结果见表4-20、表4-21(试验室温度恒定在28℃左右)。

表 4-20　江苏超力减水剂经时流动度损失

外加剂掺量/%	初始流动度/cm	30 min后流动度/cm	60 min后流动度/cm	30 min后流动度损失/cm	60 min后流动度损失/cm
0.4	25.6	22.3	21.3	3.4	4.4
0.6	28.9	27.0	26.7	1.9	2.2
0.8	26.3	26.4	26.4	-0.2	-0.1
1.0	25.9	23.5	23.6	2.4	2.3
1.2	26.2	22.2	20.8	4.0	5.5

表 4-21　广东巴斯夫减水剂经时流动度损失

外加剂掺量/%	初始流动度/cm	30 min后流动度/cm	60 min后流动度/cm	30 min后流动度损失/cm	60 min后流动度损失/cm
0.4	19.2	20.4	19.0	-1.2	0.2
0.6	24.4	26.4	26.2	-2.0	-1.9
0.8	29.7	28.8	27.7	0.9	2.5
1.0	25.8	27.0	27.2	-1.2	-1.4

通过对两种外加剂适应性试验,发现江苏超力减水剂与水泥的适应性较好,其流动性变化规律明显。外加剂掺量最小、流动性最大且流动性损失最小的掺量基本在0.6%~0.8%;而广东巴斯夫减水剂与本书所用水泥适应性较差。试验表明,可优选江苏超力外加剂作为清连路二期工程水泥混凝土路面用外加剂。

考虑到粉煤灰的加入和新拌混凝土坍落度损失的速度,为使新拌混凝土工作性达到现场施工要求,与外加剂技术人员一起对施工用外加剂的组分进行了调节。

调节外加剂后,新拌混凝土的工作性改善明显,且坍落度损失控制在1 h减小20 mm以内,满足施工要求。

§4.4.2.3　粗集料级配组成

骨架密实结构是一种较为理想的结构类型,也是目前路面水泥混凝土发展的方向之一。

所谓骨架密实结构，是指水泥碎石混合料中大颗粒的石料能够形成互相嵌挤的骨架结构，水泥、细集料则填充在粗集料骨架形成的空隙之中。硬化后的水泥石、细集料混合物在混合料中所占体积较小，且被粗集料形成的空隙分开。粗集料形成骨架结构后，石料之间的相互嵌挤，能够有效提高混合料的内摩擦角，从而提高强度，改善路面的干缩变形和耐久性，减少路面早期开裂并延长路面的使用寿命。

粗集料级配可采用振动试验和逐级填充法，找出达到最佳骨架密实结构时的各档料掺量。固定大石掺量，每次以5%的小石掺量往里添加，同时振动，找出的最大振实密度即为最佳骨架密实结构。试验结果见表4-22、表4-23与图4-20。

表4-22　粗集料密度

集料粒径/mm	表观密度/$(g \cdot cm^{-3})$	表干密度/$(g \cdot cm^{-3})$	毛体积密度/$(g \cdot cm^{-3})$
4.75~16(小石)	2.736	2.707	2.691
16~26.5(大石)	2.788	2.768	2.757

表4-23　粗集料逐级填充试验结果

次数	小石占大石百分比/%	小石掺量/g	集料质量/g	振实密度/$(g \cdot cm^{-3})$
1	0	0	5000	1.614
2	5	250	5250	1.645
3	10	500	5500	1.662
4	15	750	5750	1.665
5	20	1000	6000	1.671
6	25	1250	6250	1.672
7	30	1500	6500	1.697
8	35	1750	6750	1.720
9	40	2000	7000	1.702

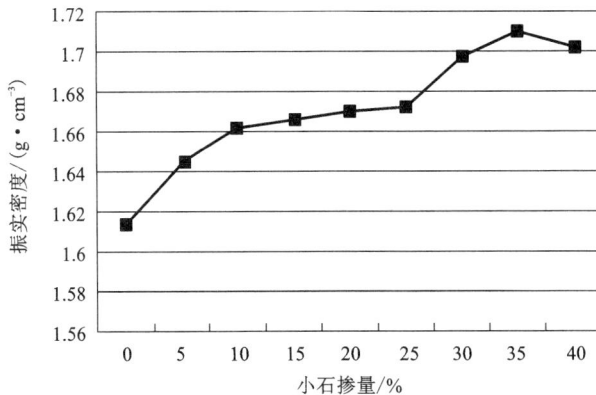

图4-20　粗集料振动试验图

由填充振实试验结果可知，当小石填充百分比(小石与大石质量比)为 35%时，混合料的振实密度最大，为 1.710 g/cm³；此时第一、二档料用量百分比(各档料与总质量比)见表 4-24。

表 4-24　粗集料最佳百分组成

分档	大石(16~26.5 mm)	小石(4.75~16 mm)
百分含量/%	74	26

最终通过筛分，调整大石与小石的比例为 7:3。其筛分结果完全满足规范要求，且此时粗集料约为第二大振实密度，也满足振动试验要求。

§4.4.2.4　其他原材料技术性质

1)水泥：广东海螺 P·O 42.5 水泥。

2)水：现场取水。

3)砂：中砂，细度模数 2.72，表观密度 2.647 g/cm³。

4)石：颗粒级配为两级配组成的 4.75~26.5 mm 连续级配，表观密度 2.772 g/cm³。

5)粉煤灰：衡阳三益一级粉煤灰。

6)外加剂：江苏超力 CNF-3 缓凝高效减水剂，含固量 40%。

§4.4.3　配合比优化设计

根据上述数据计算配合比，变化水灰比和粉煤灰掺量。

基准水灰比取 0.39，上下浮动 0.02，同时固定粉煤灰掺量为 10%。

变换粉煤灰掺量，固定水灰比为 0.39。

试验结果见表 4-25～表 4-27。

表 4-25　混凝土配合比参数

编号	水灰比	水泥 /(kg·m⁻³)	水 /(kg·m⁻³)	粉煤灰 /(kg·m⁻³)	细集料 /(kg·m⁻³)	粗集料/(kg·m⁻³) 大石	粗集料/(kg·m⁻³) 小石	外加剂 /(kg·m⁻³)
1	0.37	333	137	44	624	902	387	
2	0.39	323	140	43	625	902	387	5.774
3	0.41	315	144	42	585	932	399	

表 4-26　不同粉煤灰混凝土配合比参数

编号	水灰比	水泥 /(kg·m⁻³)	水 /(kg·m⁻³)	粉煤灰 /(kg·m⁻³)	细集料 /(kg·m⁻³)	粗集料/(kg·m⁻³) 大石	粗集料/(kg·m⁻³) 小石	外加剂 /(kg·m⁻³)
F-1	0.39	334	140	30	631	902	387	
F-2	0.39	323	140	43	625	902	387	5.774
F-3	0.39	312	140	56	620	902	387	

表4-27 不同混凝土配合比试验结果

编号	水灰比	粉煤灰掺量/%	坍落度/mm	含气量/%	抗压/MPa		抗折/MPa	
					7 d	28 d	7 d	28 d
1	0.37	10	47	2.7	44.1	48.1	5.4	6.0
2	0.39	10	50	4.1	39.3	43.5	5.2	6.5
3	0.41	10	49	3.5	32.7	41.2	4.6	5.7
F-1	0.39	7	51	3.9	36.4	39.9	5.3	6.0
F-2	0.39	10	50	4.1	39.3	43.5	5.2	6.5
F-3	0.39	13	48	4.0	36.1	42.9	5.0	5.9

§4.4.4 塑性收缩试验

收缩受限试验可以对混凝土的开裂趋势做定性与定量评估。所谓定性分析就是通过观察混凝土试件在限制收缩条件下的裂缝开展情况,来评价不同材料组成混凝土的收缩开裂趋势以及收缩开裂对不同环境与不同限制条件的敏感性。定量分析指结合相关测试得到限制收缩条件下试件内部的应变、徐变、弹性模量、约束应力等随龄期的变化曲线,并引入合理的失效模式对结构的开裂情况作出预测。

处于塑性状态的水泥混凝土会因早期收缩过大而发生开裂,而混凝土的早期收缩主要由水泥石收缩引起。因此,研究水泥石性能参数对塑性收缩的影响尤为必要。其中,对水泥石性能影响最显著的参数当属混凝土的水灰比。不同水灰比和不同粉煤灰掺量时,混凝土的塑性收缩测试结果见表4-28、表4-29和图4-21、图4-22。

表4-28 不同水灰比塑性收缩测试结果

编号	水灰比	粉煤灰掺量/%	初裂时间/min	贯通时间/min
1	0.37	10	70	92
2	0.39	10	77	110
3	0.41	10	90	108

表4-29 不同粉煤灰掺量塑性收缩测试结果

编号	水灰比	粉煤灰掺量/%	初裂时间/min	贯通时间/min
F-1	0.39	7	75	107
F-2	0.39	10	77	110
F-3	0.39	13	71	99

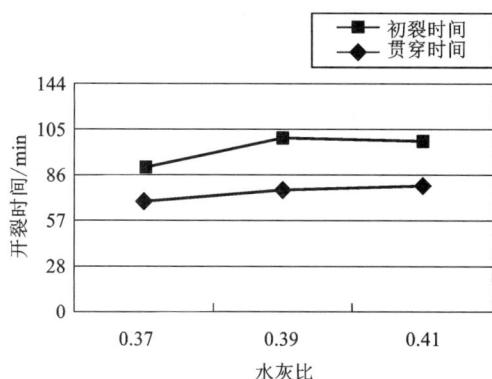

图4-21 不同水灰比开裂时间图

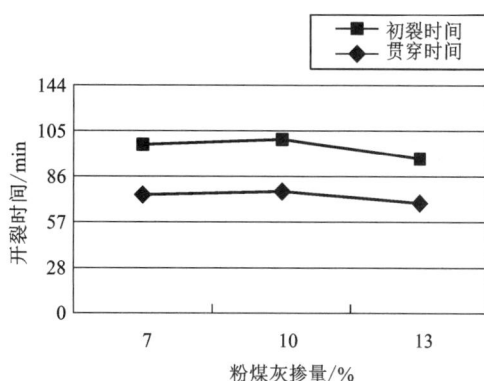

图4-22 不同粉煤灰掺量开裂时间图

由以上数据分析,当水灰比由 0.37 增大到 0.41 时,混凝土试件的初裂时间逐渐由 70 min 推迟到 90 min;贯通时间也基本符合这一规律,这说明水灰比越大,混凝土开裂所需时间越长。水灰比 0.37 时,初裂到贯通需要 22 min,0.39 时为 33 min,到 0.41 时又变成 28 min,说明混凝土存在一最佳水灰比区域,在此水灰比范围内,塑性开裂和贯通时间最迟,混凝土拥有相对较高的抗开裂能力。

最终,通过工作性、强度及塑性收缩试验,确定水灰比为 0.39,粉煤灰掺量为 10% 时的配合比为最优配比,即 F-2 组配比。

§4.4.5 结语

通过以上各项试验数据,结合清连高速控制路面早期开裂的要求,对混凝土设计参数进行如下控制:

1)水灰比:试验值表明,为保证混凝土强度值,混凝土应采用较小的水灰比;然而,在炎热地区的道路混凝土水灰比不宜过小,过小的水灰比会使减水剂掺量增加,导致混凝土黏性过高,影响混凝土施工和易性;低水灰比也会使混凝土内部毛细孔过度细化,增加混凝土开裂的风险。塑性收缩试验表明,在工作性不变的情况下,增大水灰比能延长混凝土的初裂时间。所以,在满足各项强度值的耐磨性要求的条件下,水灰比最终选择为 0.39。

2)粉煤灰掺量:由塑性开裂试验看出,当粉煤灰掺量为 10% 时,混凝土初裂时间和贯通时间都有所延长,而低粉煤灰掺量的混凝土试件初裂时间较快,从保证混凝土强度上考虑,粉煤灰掺量不宜过大。综合以上因素,粉煤灰掺量最终确定为 10%。

§4.5 钢纤维混凝土劈裂强度与弯拉强度之间的回归分析

§4.5.1 前言

太(原)古(交)高速公路(以下简称"太古高速公路")是山西省规划"3 纵 11 横 11 环"高速公路网中 11 条连接线的重要组成部分。项目起于太原市万柏林区袁家庄,接太原西北环城高速公路东社互通；止于古交市河口镇河下村，路线全长 23.404 km，地理位置图见图 4-23。其中主线长 20.497 km，古交连接线长 2 km，主要由隧道和桥梁组成。主线设计速度为 80 km/h，路基宽度 24.5 m。全线将建大中桥 5 座，共计长 1628 m；互通立交、分离式立交 3 处；隧道 2 座，其中右线隧道长 14935 m，左线隧道长 15075 m，西山公路隧道是仅次于秦岭隧道的全国第二长公路隧道。桥隧比例占全线总长的 70.8%，地质情况复杂，施工难度极大。

图 4-23　太古高速公路地理位置图

随着我国长隧道交通量的增大，重型运输车辆的比重越来越大，隧道路面结构强度和使用性能直接影响到行车平整舒适度、路面噪声性能、抗滑性能和表面功能耐久性等。目前，许多国内隧道路面都存在早期破坏现象，有些隧道通车 3~4 年即出现严重的早期破坏，这些早期破坏严重影响了隧道路面的使用性能，极大地降低了路面承载能力与服务水平，使道路使用寿命远低于设计年限，致使我国不少隧道重复建设，给我国长隧道事业发展以及交通运输的正常运营造成了很大的影响。项目前期经论证研究：太古高速公路隧道路面结构拟采用钢纤维水泥混凝土路面加贫混凝土基层，基层与面层间采用塑料薄膜隔离层(部分路段采用土工布隔离层)，太古高速公路隧道路面结构见图 4-24。按照我国公路水泥混凝土路面施工技术规范交工质量检查验收规定：高速公路在进行路面混凝土强度评定时，现场路面钻芯取样圆柱体劈裂强度应通过试验得到相应劈裂强度与小梁弯拉强度统计公式，且试验组数不宜小于 15 组。对此，本书结合太古高速公路路面施工控制关键技术研究项目，开展了钢纤维水泥混凝土路面的弯拉强度和劈裂强度试验研究，获得了圆柱体劈裂强度与小梁弯拉强度统计公式，为工程验收时评定水泥混凝土路面的弯拉强度提供了科学依据。

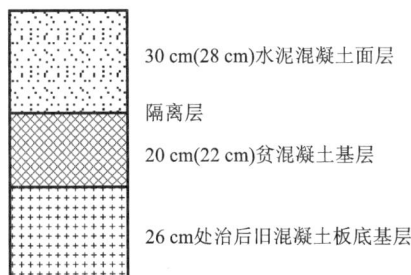

30 cm(28 cm)水泥混凝土面层

隔离层

20 cm(22 cm)贫混凝土基层

26 cm处治后旧混凝土板底基层

图 4-24　太古高速公路路面结构图

§4.5.2 钢纤维混凝土原材料与试验研究

钢纤维混凝土(steel fiber reinforced concrete, SFRC)是将钢纤维均匀地掺入普通水泥混凝土中的一种复合材料,除抗压强度、弹性模量外,其余物理力学性能、耐久性较普通混凝土显著提高,目前主要应用于隧道工程:隧道衬砌和隧道路面;建筑工程中的大悬挑结构、屋面结构体系及防水工程、深梁、预制桩工程(沉桩中不易损坏)、框架节点、地下防水工程;管道工程中的管道和盖板;公路桥梁工程中的箱形拱桥拱圈、连续梁桥和吊拉组合索桥(减轻上部结构 40%~50%)、桥面铺装、道路路面(钢纤维水泥混凝土和钢纤维增强沥青混凝土);机场道面及市政工程;铁路工程中的轨枕、铁路桥面、防水保护层;内河航道水利水电工程中的高速水流冲刷磨损的部位、闸门、闸槽及门槽、渡槽、大坝防渗面板。路面钢纤维混凝土具有高抗折强度、良好的抗冲击性和抗裂性、高耐磨性等。本书试验用的原材料与试验过程如下。

§4.5.2.1 原材料及配合比

太古高速公路钢纤维混凝土路面配合比设计选用的原材料主要有以下几种:

1)水泥:智海 P·O 52.5。

2)砂:豆罗砂。

3)碎石:太古高速隧道出碴石灰岩碎石;规格 26.5~4.75 mm 合成级配。

4)外加剂:山西华凯伟业科技有限公司生产的 HK-1 型聚羧酸高性能减水剂。

5)钢纤维:上海贝卡尔特——二钢有限公司生产的佳密克丝钢纤维;长度 50 mm,直径 0.62 mm,长径比 80,抗拉强度 1000 MPa。

面层混凝土配合比如下:水泥:砂:碎石:钢纤维:减水剂 = 380:894:968:20:4.56。

§4.5.2.2 试验方法及步骤

钢纤维混凝土弯拉强度和劈裂强度的测定方法及步骤与普通混凝土相同。具体如下:

1)从施工现场抽样制作一定量 150 mm×150 mm×550 mm 的标准小梁试件,充分振捣并在标准养护条件下养护至 28 d 龄期。

2)将达到龄期的钢纤维混凝土小梁试件取出,并参照《公路工程水泥及水泥混凝土试验规程》(JTG 3420—2020)对养护好的试件的外观进行初步检查,看试件是否满足要求,如中部 1/3 长度受拉区内有直径大于 5 mm、深度大于 2 mm 的蜂窝孔洞的则应废弃,以免对试验数据的准确性造成影响。

3)确定支点和加载点位置,与普通混凝土试件一样,从试件一端量起,分别在距端部约 50 mm、200 mm、350 mm、500 mm 处划出标记,然后在 WAW-Y300 型微机控制电液伺服万能试验机上进行试件的抗折试验。

4)在小梁试件的断块上用钻芯取样机钻取 φ100 mm×150 mm 圆柱体芯样,检查芯样的完整性,观察是否有裂缝、麻面、孔洞等缺陷,然后在 SYS—2000 型数显试验机上进行劈裂强度试验。

5)重复抗折强度与劈裂强度试验的过程,分别测定至少 15 组钢纤维混凝土试件的抗折强度和劈裂强度值。

§4.5.3 试验数据分析与处理

§4.5.3.1 劈裂强度与抗折强度值计算

劈裂强度与抗折强度值可按以下公式计算。

1)劈裂强度计算公式:

$$f_{sp} = 0.637 \frac{P}{A} \tag{4-14}$$

式中:f_{sp} 为劈裂强度,MPa;P 为试件破坏时的荷载,N;A 为试件的劈裂面积,mm^2。

2)抗折强度计算公式:

$$f_c = \frac{FL}{bh^2} \tag{4-15}$$

式中:f_c 为抗折强度,MPa;F 为试件破坏时的荷载,N;L 为支座间距,mm;b 为小梁断面高度,mm;h 为小梁断面的宽度,mm。

§4.5.3.2 钢纤维混凝土劈裂强度与抗折强度试验结果

在进行了多组试验之后,得到了 15 组有效数据,所测得的试件的劈裂强度和抗折强度值如表 4-30 所示。

表 4-29　劈裂强度与抗折强度对应表

试件编号	劈裂强度/MPa	抗折强度/MPa
1	2.35	5.91
2	2.50	6.23
3	2.40	5.74
4	2.43	6.92
5	2.14	5.84
6	2.42	5.65
7	2.61	6.54
8	2.16	5.57
9	2.15	5.3
10	1.97	4.54
11	2.02	4.93
12	2.26	5.43
13	2.49	5.41
14	2.66	6.32
15	2.13	5.31

由表 4-30 可以看出，劈裂强度和抗折强度的波动范围分别为 1.97~2.66、4.54~6.92。显然，对于同一试件，其劈裂强度较抗折强度更小，这是因为两者的破坏模式不同，小梁试件的破坏是一个从梁底开始并逐渐向上扩展的过程，其破坏模式为一条线；在劈裂试验中，试件的破坏模式则为一个面。由于混凝土内部不可避免地存在一定的缺陷，不难想象，一个面中可能存在的薄弱点总会比一条线所含的薄弱点更多，这就解释了劈裂强度较抗折强度更小的原因。

§4.5.3.3　劈裂强度与抗折强度回归分析

本书试验时试件劈裂强度与抗折强度对应的散点分布图，见图 4-25。

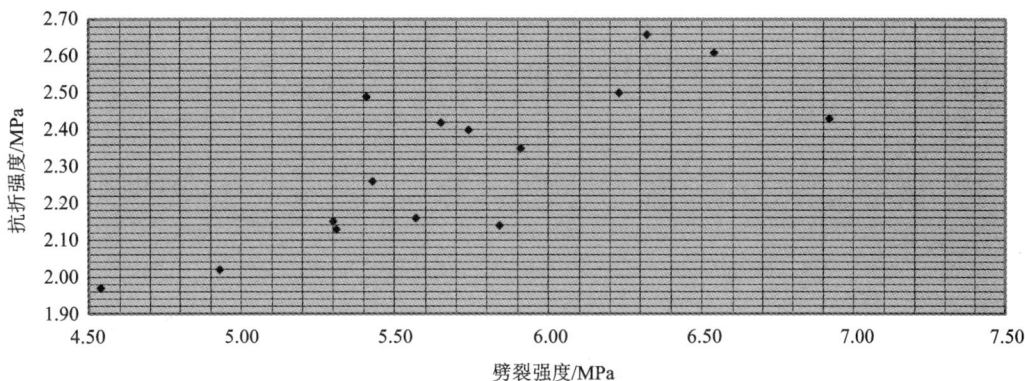

图 4-25　劈裂强度与抗折强度对应的散点分布图

图 4-25 表明，劈裂强度与抗折强度之间呈现非线性关系。由数理统计回归分析的方法可知，可在小范围内建立两者的相关关系式，具体如下：

根据图 4-25，并参考杜攀峰所提及的计算方法，假定抗折强度和劈裂强度的关系可用幂函数 $f_c = a f_{sp}^b$ 表示，对两边同时取对数，即可得到以下关系式：

$\log f_c = \log a + b \log f_{sp}$，令 $Y = \log f_c$，$X = \log f_{sp}$，$A = \log a$，$B = b$。

从而得到一个一元线性回归方程，即 $Y = A + BX$，为求参数 a 和 b，可先利用最小二乘法求得 A 和 B，并最终得到 f_c 与 f_{sp} 的具体关系式。由回归分析相关知识可得：

$$B = \frac{l_{xy}}{l_{xx}}, \ l_{xx} = \sum x_i^2 - \frac{1}{n}(\sum x_i)^2, \ l_{xy} = \sum x_i y_i - \frac{1}{n}(\sum x_i)(\sum y_i), \ n = 15,$$

$$A = \overline{Y} - B\overline{X}。$$

分别求得回归系数 $A = 0.368$，$B = 1.063$，从而求得 $a = 2.333$，$b = 1.064$。

即抗折强度 f_c 对劈裂强度 f_{sp} 的回归方程为：$f_c = 2.333 f_{sp}^{1.064}$。

再分别用平方和分解公式与相关系数的求解公式求得如下结果：

回归平方和 $U = 0.019$，残差平方和 $Q = 0.013$，相关系数 $r = 0.77$。

此外，假设在显著性水平 $\alpha = 0.05$ 时，利用 F 检验法对线性回归方程进行检验：

$F_{1-\alpha}(1, n-2) = F_{0.95}(1, 13) = 4.67$，$F > F_{0.95}(1, 13)$。

这说明 f_c 与 f_{sp} 线性关系是显著的，即实测标准小梁抗折强度与对应芯样劈裂强度的上述关系是显著的，故所求的线性回归方程具有使用价值，回归公式可以用于本项目芯样劈裂强度评定钢纤维混凝土弯拉强度。

§4.5.4　结语

1）本书试验时试件直径 100 mm，长径比为 1.5，试件组数满足《公路工程水泥及水泥混凝土试验规程》（JTG 3420—2020）要求：直径不小于集料公称最大粒径的 2 倍（本项目路面面层混凝土集料公称粒径为 26.5 mm），长径比大于或等于 1，最大长径比不能超过 2.1，统计试件组数为 15 组。因此，进行的水泥混凝土路面的弯拉强度和劈裂强度之间的相关关系式的推算试验方法可行。

2）在显著性水平 $\alpha = 0.05$ 时，利用 F 检验法对线性回归方程进行检验表明 f_c 与 f_{sp} 线性关系式是显著的，即实测标准小梁弯拉强度与对应芯样劈裂强度的 $f_c = 2.333 f_{sp}^{1.064}$ 回归公式是显著的，故所求的线性回归方程具有使用价值，回归公式可以用于本项目芯样劈裂强度评定钢纤维混凝土弯拉强度。

§4.6　旧路改造时新加铺水泥混凝土路面纵向裂纹原因分析

§4.6.1　前言

纵向裂纹通常出现在离纵向缩缝位置 50~60 cm 的拉杆端部、车道中心位置和行车道轮迹位置，其方向平行于混凝土路面纵向缩缝。旧水泥混凝土路新加铺的水泥混凝土路面纵向裂纹产生的原因除车辆超重超载外，从公路结构层次分析，还有路基、路面面层与基层及面层与基层间的隔离层等，故其既有结构的原因，也有施工的原因，产生原因不同，纵向裂纹特征与发展规律也有不同。某些纵向裂纹在传力杆、集料的嵌锁作用下会迅速延伸，一条纵向裂纹长度达数米，甚至数百米。通常纵向裂纹是贯通板厚的，雨水会沿着裂缝下浸基层和路基，如不及时封缝防水，将产生积泥和混凝土面板脱空，进一步引发混凝土面板裂纹，直至出现混凝土破碎板、动板（混凝土板块松动），造成路面结构承载能力下降，影响行车舒适性、安全性，缩短水泥混凝土路面使用寿命。基于纵向裂纹对路面性能的不利影响及裂纹在传力杆、集料的嵌锁作用下的延伸特点，纵向裂纹比横向裂纹对路面影响更大。本书将从荷载、结构、施工等方面结合清连一级公路旧水泥混凝土路面高速化改造后新加铺的水泥混凝土路面开裂情况进行分析、调查，探讨开裂原因，为同类工程设计、施工与运营管理提供参考。

§4.6.2　旧混凝土路面改造时处治方案、结构与开裂的关系

本书分析时基于广东省清连一级公路升级改造工程资料，统计了旧混凝土路面处治方法、隔离层结构与开裂的关系，在此基础上分析了开裂原因。

本书调查了广东省清（远）连（州）一级公路升级改造（高速）项目（简称"清连高速化改造项目"）通车两年后的开裂情况。该项目位于广东省清远市境内，是国道 107 线的组成部分，也是广东省高速公路规划中"第六纵"重要干线工程之一。本项目南起广东清远市迳口，北止于湘粤交界的凤头岭，全长 215.25 km，分双向四车道，设计速度为 80 km/h、100 km/h，于

2006 年 6 月开工，2008 年 12 月主线路面通车；路基宽度为 21.5 m、24.5 m，水泥混凝土路面，设计南行线（下行线）路面面层厚 30 cm、贫混凝土基层厚 20 cm，北行线（上行线）路面面层厚 28 cm、贫混凝土基层厚 22 cm，面层混凝土设计弯拉强度 5 MPa，基层弯拉强度 3 MPa、抗压强度 15 MPa。运行近两年，清连高速公路 A1 合同段已经发生不同程度的裂损。该合同段总长度为 32.15 km，双向 4 车道水泥混凝土路面，2007 年（施工期间）、2008 年、2009 年三年每年新增裂纹数见表 4-31，统计时包括硬路肩位置出现的开裂。

表 4-31　2007 年、2008 年、2009 年裂纹统计表

时间	2007 年 10 月	2008 年 11 月	2009 年 7 月
纵向裂纹长度/m	0	270	2260
横向裂纹长度/m	8	11	713
年新增裂纹总长度/m	8	281	2973
占三年裂纹总长百分率/%	0.2	8.7	91.1

统计结果表明：A1 标段施工期间（摊铺混凝土后 1~6 月）出现的裂纹长度占统计至 2009 年 10 月总裂纹长度比例较小（0.2%），91.1% 的裂纹长度出现在路面通车近两年后。裂纹主要为纵向裂纹，占总裂纹长度的 78%。

本项目原旧混凝土板厚度 26 cm，改造时已经运行近 10 年，已不能满足正常行驶功能，基于旧路损坏程度不同，升级改造为高速公路时，旧路面板采取了以下措施。

1）直接加铺：旧路状况较好、损坏状况和接缝传荷能力评定等级为优良时，采取分离式加铺水泥混凝土面板的结构方案，隔离层为 7~10 mm 的稀浆封层，加铺混凝土面层厚度 19~26 cm。直接加铺施工前，采用局部修复旧路面板方法处理旧路面的缺陷。

2）挖除换填：旧路状况较差、当路段旧混凝土板破碎并成为活动板数量大于 30% 时或改造时标高调整需要，则对该路段进行集中挖除，依据挖除面板后路床顶面弯沉大小换填 50~80 cm 碎石的新路基。挖除后新建路面结构，按路床上加设 15 cm 级配碎石垫层和 18 cm 水泥稳定碎石底基层（图 4-26），再加铺贫混凝土基层、隔离层和水泥混凝土面层进行施工。

3）多锤头碎石化：当路段旧混凝土板破碎并成为活动板数量小于 30% 时采用。多锤头碎石化指采用专用碎石化机械将旧混凝土板破碎利用的一种处治方法，破碎后旧混凝土板作为底基层，再加铺贫混凝土基层、隔离层（稀浆封层或蜡制隔离层）和混凝土面层。

4）冲压稳固：当路段旧混凝土板破碎并成为活动板数量小于 30% 时采用。冲压稳固指用五边形冲击压路机将旧路面板破裂并压固在原基层上，破碎稳固后旧混凝土板作为底基层，再加铺贫混凝土基层、隔离层（稀浆封层或蜡制隔离层）和混凝土面层。

四种处治方案除直接加铺外，其他处治方法上部路面结构相同，即均加铺贫混凝土基层（20 cm 或 22 cm）、隔离层（稀浆封层或蜡制隔离层）和混凝土面层（30 cm 或 28 cm）。

旧路处治方案与开裂情况如表 4-32，开裂统计时间为 2007 年 10 月至 2009 年 7 月。

图 4-26　路基换填

表 4-32　旧路处治方案与开裂情况表

旧路处治类型	挖除换填	多锤头碎石化	冲压稳固	直接加铺
裂纹出现长度占 总裂纹长度比例/%	68	8	18	6
裂缝板率/%	4	0.5	1	7

统计结果表明,旧路处治方案中,除直接加铺段落外(直接加铺时,新加铺面板设计厚度为 24 cm,局部仅 19 cm,直接加铺裂缝板率高主要与面板设计厚度过薄有关),挖除原旧路面板换填路基方案出现的裂纹数量最多,相应路段裂缝板率(开裂混凝土板块数占调查段落混凝土板块数的百分率)最高,达到 4%。多锤头碎石化与冲压稳固裂缝板率低表明通过多锤头碎石化、冲压稳固在一定程度上消除了原旧路面板脱空,使原旧路面板均匀(接缝两侧弯沉差减小)、稳固。

进行裂纹原因分析时调查了裂纹出现的时间、裂纹特征及旧路面板处治方案和钻芯取样强度与厚度、切缝断裂情况等。经综合分析表明:

除车辆超重超载外(开裂板块 80% 出现在清连路南行线的行车道,重载车辆多),由统计资料、试验及裂纹特征等可推断路基产生的变形与差异沉降是引起本项目路面开裂的主要原因,变形与差异沉降导致混凝土面板脱空,路面结构失去支承,产生较大的弯拉应力,超过混凝土面板抗弯强度,混凝土在过大的弯拉应力作用下开裂。

原因分析时主要依据如下:

1)裂纹产生的时间:运行 2 年左右产生(路基塑性变形时间)。

2)裂纹形状:圆弧形裂纹多(符合路基变形引起的面板开裂特征)。

3)裂纹处出现错台或横坡变化。

4)调查段落混凝土强度、厚度的设计要求。

5)开裂混凝土面板施工时切缝处取芯表明引导缝已经断裂到板底。

6)经弯沉和重锤敲击表明开裂混凝土板出现面板与基层脱空。

7)裂纹大部分出现在换填路段。换填路基施工时正逢雨季,压实施工无法控制现场填料含水率,且同幅路面因旧路改造不能封闭交通,因此采取了不同车道不同时间换填,从而造成换填时压实差异、压实度达不到设计要求等。此外,换填施工时,边部压实度低于行车道压实度,通车后,在荷载作用下,行车道换填的路基材料向边部滑移,从而导致面板尤其是行车道面板脱空(行车道重载车辆多),面板脱空后引起开裂。为了验证挖除换填碎石方案换填材料对路基引起纵向开裂的影响,笔者现场取样进行室内压实试验,取样时考虑了换填材料碎石的差异性和施工时降雨与晴天压实差异的影响(施工期间正逢雨季,现场压实时碎石含水量较大),其结果可一定程度反映换填不同碎石及含水量这两个因素对路基差异沉降、路基承压能力的影响。碎石类型主要选择不同粒径的单粒径碎石和级配碎石,实验室试验时碎石干燥状态指晴天碎石压实施工时所对应的含水状态,相当于碎石材料气干状态;湿状态指本项目施工雨季碎石材料压实时对应的含水状态,相当于采用本试验专用喷雾器喷雾5 min 时的含水状态(本项目所在地清远市,年降雨量约 1500 mL,夏季为雨季,雨季降雨量为全年降雨量的 40%左右)。试验干燥状态与湿状态含水率见表 4-33。

表 4-33　不同含水状态下碎石含水率表　　　　　单位:%

含水状态	16 mm 碎石	31.5 mm 碎石	级配碎石
干燥状态(气干状态)	0.10	0.13	0.12
潮湿状态(喷雾 5 min)	1.19	0.78	0.81

试验过程如下:

1)取样:从现场不同换填碎石中分别取 50 kg,然后,按照四分法每种再取两份试样,每份质量 3.3 kg。

2)将试样装入试模:将不同试样分别装入直径为 150 mm、高为 120 mm 的钢试筒,分三层进行击实(与土工击实试验相同),每层击实 98 次。

3)加压:采用万能试验机进行试验,先预压(压力为 2 MPa),随后进行正式加载,记录碎石在有侧限条件下、干燥状态与潮湿状态(将石料表面喷雾 5 min,确保石料表面充分潮湿)时,在各个变形量下所承受的压强。试验结果如表 4-34(干燥状态)、表 4-35(潮湿状态)所示。

表 4-34　在干燥状态下 16 mm、31.5 mm 碎石与级配碎石的变形、压强关系表

变形量/mm	单位压力/MPa				级配碎石高于单粒径百分率/%
	16 mm 碎石	31.5 mm 碎石	单粒径碎石平均值	级配碎石	
1.0	2.5	2.7	2.6	6.2	138
2.0	4.2	4.2	4.2	9.6	129
3.0	7.2	8.0	7.6	11.6	53
5.0	10.3	12.4	11.4	15.6	37
7.5	15.8	15.6	15.7	24.5	56
10.0	22.3	22.8	22.6	35.5	57
12.5	35.6	37.2	36.4		

表 4-35 在潮湿状态下 16 mm、31.5 mm 碎石与级配碎石的变形、压强关系表

变形量/mm	单位压力/MPa				级配碎石高于单粒径百分率/%
	16 mm 碎石	31.5 mm 碎石	单粒径碎石平均值	级配碎石	
1.0	2.7	2.3	2.5	2.8	12
2.0	3.1	3.1	3.1	8.0	158
3.0	6.6	5.7	6.2	11.8	90
5.0	6.7	9.5	8.1	14.3	77
7.5	14.0	13.4	13.7	20.9	53
10.0	21.5	18.5	20.0	31.6	58
12.5	28.8	29.6	29.2		

由试验结果表 4-34 和表 4-35 可以得出以下结论：

1）干燥状态下，16 mm、31.5 mm 碎石相同变形时其压强明显低于级配碎石的压强（37%～138%）。

2）在潮湿状态下，16 mm、31.5 mm 碎石相同变形时其压强明显低于级配碎石的压强（12%～158%）；

3）在采用同样碎石材料情况下，同等变形量时的两种状态单粒径压强均低于级配碎石压强。

4）同等变形下，在潮湿状态下的承压能力均低于干燥状态下的承压能力。

由试验可以看出，清连高速旧路处置中集中挖除换填段的换填方案由于在换填材料、含水量（施工时雨季，含水量难控制）及压实等方面均存在差异，导致了通车后路基的不均匀沉降，引起了新加铺混凝土板的脱空，从而产生路面纵横向裂缝。此外，由于换填压实施工时，为了避免边坡损坏，路肩位置填料碾压不密实，存在边部压实质量低于行车道与超车道压实质量情况。在对本项目 A1 标段注浆处治脱空时，换填路段路肩部位与靠近路肩的行车道注浆量高于超车道及靠近超车道侧行车道注浆量可以说明这一问题。

通车后，在荷载作用下，换填的碎石向路肩位置侧向滑动，出现换填料沿路面横断面重分布现象及竖向塑性变形，导致轮迹位置行车道面板与路肩部位面板脱空。这种填料重分布现象及荷载作用位置、偏载等因素导致了统计路段纵向裂纹长度远远大于横向裂纹长度（纵向裂纹长度占总裂纹长度的 78%，横向裂纹长度占总裂纹长度的 22%）。

§4.6.3 超载、偏载与开裂的关系

清连高速公路上的纵向裂缝绝大部分出现在南下方向（右幅）的行车道上，这是由于该高速公路的行车道上运行着大量从湖南开往广东的重载汽车，而返回北方时（往湖南方向），货物都已卸载，因此北上车道（左幅）荷载压力远小于南下车道。统计数据表明，纵向裂缝的产生位置规律性比较强，80% 的裂缝出现在南下方向的行车道，离硬路肩的纵向接缝 0.9～1 m 的位置（轮迹位置），其中纵向裂纹长度大致为总裂纹长度的 80%。水泥混凝土路面纵向裂纹见图 4-27。

图 4-27 水泥混凝土路面纵向裂纹

§4.6.3.1 超载与开裂的关系

目前,我国现行《公路水泥混凝土路面设计规范》(JTGD 40—2011)中是将各种车辆轴载作用次数换算为 100 kN 的标准轴载作用次数,分析标准轴载对路面结构的损坏,以此来计算各种车辆轴载对水泥混凝土路面结构总的损坏。不同轴-轮型和轴载的作用次数,按照式(4-16)换算为标准轴载的作用次数。

$$N_s = \sum_{i=1}^{n} \delta_i N_i \left(\frac{P_i}{100} \right)^{16} \tag{4-16}$$

式中: N_s 为 100 kN 的单轴-双轮组标准轴载的作用次数; N_i 为各类轴型 i 级轴载作用次数; δ_i 为轴-轮型系数,单轴-双轮组时, $\delta_i = 1$;单轴-单轮、双轴-双轮组、三轴-双轮组时分别按式(4-17)、式(4-18)、式(4-19)计算

$$\delta_i = 2.22 \times 10^3 P_i^{0.43} \tag{4-17}$$

$$\delta_i = 1.07 \times 10^{-5} P_i^{-0.22} \tag{4-18}$$

$$\delta_i = 2.24 \times 10^{-8} P_i^{-0.22} \tag{4-19}$$

式中: P_i 为 i 级轴载的总重,kN; n 为轴型和轴载级位数。

从上式可以看出,当车辆荷载增加时,换算标准轴载作用次数是按 16 次方增加的。因此,当汽车超载时,特别是大于标准轴载 100 kN 以后,其轴重对水泥混凝土路面结构的损坏极为严重。现以黄河 JN150、黄河 JN360 为例,通过式(4-16)可计算出额定吨位与超载50%、100%时相当于标准轴载 BZZ-100 的作用次数(表 4-36)。

表 4-36　额定吨位与超载 50%、100%时相当于标准轴载 BZZ-100 的作用次数换算

车型	额定吨位	超载 50%	超载 100%
黄河 JN150	1	847	84485
黄河 JN360	1	591	55338

上述计算结果表明，超载对水泥混凝土路面的早期损坏起着极其重要的作用。清连高速公路沿线分布有较多水泥厂、矿场，统计表明清连高速公路超载车辆超载率较高（50% ~ 200%），它们的作用加速了路面脱空板的开裂。上述情况与有关文献报道的超载及重载车辆的作用是造成脱空水泥混凝土路面板产生早期断裂的主要原因相吻合。

§4.6.3.2 偏载与开裂的关系

清连高速公路路面裂纹统计数据表明，纵向裂缝的产生位置规律性比较强，绝大部分出现在离路肩与行车道的纵向接缝0.9~1 m左右的位置。而此位置正好位于路面横坡外侧的车辆轮迹区，因此，裂纹的产生除与超载及换填有关外，偏载对开裂也产生了一定的影响，以下为偏载对开裂的影响分析。

为了便于路表排水，路面都会设置一定坡度的路拱横坡。在有一定横坡路面上行驶的车辆，由于车辆重心偏移，将造成右侧轮胎承担的力大于左侧轮胎，特别对于平面不设超高的曲线或缓和曲线和纵断面下坡段。从静力学角度分析，其计算模型（图4-28）和应力分析如下。

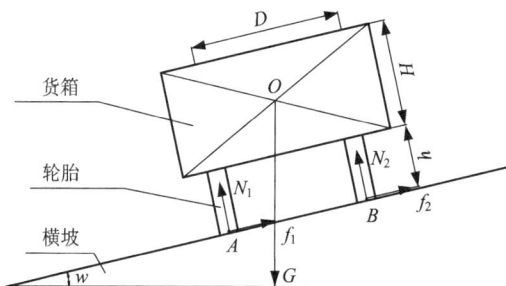

图4-28 车辆偏载受力情况

以A点为基点，货车处于平衡时的平衡方程为：

$$\begin{cases} N_1 + N_2 = G\cos w \\ f_1 + f_2 = G\sin w \\ [D/2 - (H/2 + h)\tan w] \times \cos w \times G = DN_2 \end{cases} \quad (4-20)$$

式中：N_1、N_2分别为路面对车轮的反作用力；f_1、f_2分别为路面对车轮的侧向摩擦力；G为汽车总载重；w为路面横坡坡度；H为货物装载高度；h为轮胎高度；D为后轮左右轮间距。

由此得到：

$$\begin{cases} N_1 = \{0.5 + [(H/2 + h)/D] \times \tan w\} \times G\cos w \\ N_2 = \{0.5 - [(H/2 + h)/D] \times \tan w\} \times G\cos w \end{cases} \quad (4-21)$$

在$D = 1.8$ m，$H = 1.5$ m，$h = 1$ m，$w = 2°$时，

$$\begin{cases} N_1 = 0.534G, N_2 = 0.466G, N_1/N_2 = 1.15; \\ f_1 + f_2 = 0.034G \end{cases} \quad (4-22)$$

静力学计算结果表明，在车辆处于静止状态下，右侧车轮对路面的应力比左侧大约15%，且对面板有一个向横坡外侧的应力，该向外应力约为0.034G（如果车辆重量为500 kN，

则该应力为 170 kN)；对于平面不设超高的曲线或缓和曲线和纵断面下坡段，高速行驶车辆产生的离心作用将主要作用在右侧车轮上。有研究资料表明，右侧轮胎对路面产生的应力比左侧轮胎大 60% 左右，此应力远大于静力学关于偏载产生的应力。裂纹出现的位置验证了车辆偏载的影响，车辆偏载会引导水泥混凝土路面沿横坡低侧的轮迹带产生纵向断裂。

§4.6.4　开裂路段面层混凝土强度、厚度与切缝深度调查

路面裂纹的产生除荷载作用、旧路面板处治方案、路面结构外，路面施工质量也是一个重要的影响因素。引起纵向开裂的施工、材料因素通常包括接缝钢筋安装质量、混凝土浇筑质量(混凝土强度与厚度)、混凝土养护质量、切缝深度等。本书主要调查了清连高速公路A1 标段混凝土强度、面层混凝土厚度与切缝深度，具体情况如下所述。其他引起纵向开裂的原因与分析，限于本书未能收集到本项目相关资料，不再详述。

§4.6.4.1　面层混凝土强度

为了验证清连高速公路路面裂缝是否是由于面层混凝土强度不足或强度不均匀所引起，对出现裂纹较大的 A1 标段，采用抽芯取样进行强度检测。由于 A1 标段的路面裂缝绝大部分出现在右幅路面上，因此强度取芯位置主要在右幅，总共抽取的芯样为 88 个。进行混凝土劈裂抗拉试验获得劈裂抗拉强度，然后按照先前获得的混凝土抗弯拉强度与劈裂抗拉强度的回归公式换算为混凝土抗弯拉强度。混凝土抗弯拉强度统计分析见表 4-37，分析结果见图 4-29。

表 4-37　A1 标段强度统计表

检测位置	检测数量/个	强度平均值/MPa	标准差	变异系数/%	设计强度/MPa	低于设计值的数目/个
超车道	35	5.64	0.724	12.8	5	3
行车道	29	6	0.673	11.4	5	1
硬路肩	24	5	0.767	14.1	5	3

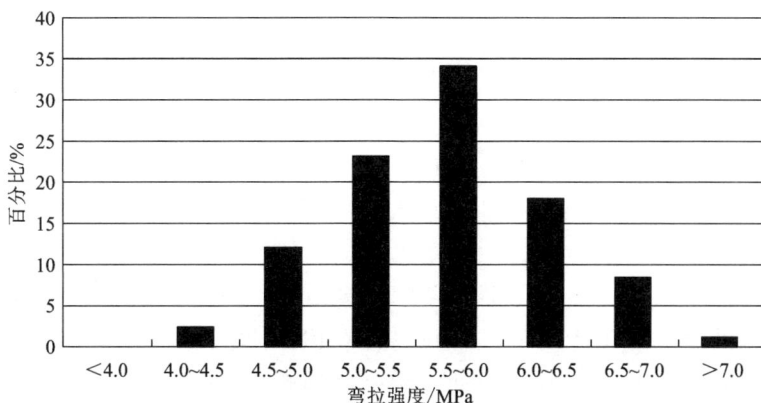

图 4-29　A1 标段弯拉强度分布图

由表 4-36 和图 4-29 可以看出，A1 标段面层混凝土强度符合规范要求，其变异水平为中，强度呈正态分布。

§4.6.4.2 面层混凝土厚度

混凝土面层的厚度对其荷载应力和温度应力都有较大影响，因此面层的厚度成为影响路面结构使用寿命的重要因素。在取芯调查混凝土强度的同时，测定了 A1 标段抽芯混凝土面板厚度，其统计结果见表 4-38，厚度偏差示意图见图 4-30。

表 4-38 A1 标段面层厚度统计表

检测位置	检测数量/个	厚度平均值/mm	标准差	变异系数/%	设计厚度/mm	低于设计值的数目/个
超车道	35	304	12.464	4.1	300	2
行车道	29	305	18.185	6.0	300	5
硬路肩	24	304	17.660	5.8	300	5

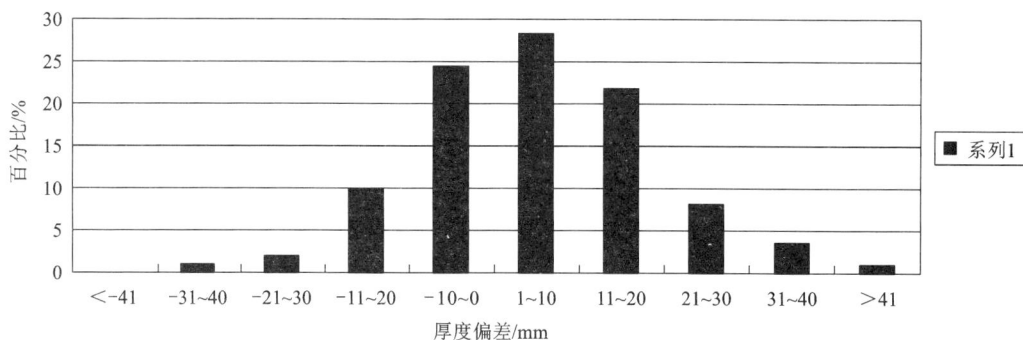

图 4-30 厚度偏差示意图

由表 4-27 和图 4-30 可以看出，清连高速公路 A1 标段的厚度指标基本符合规范要求，但也存在薄于设计厚度的混凝土板，且厚度离散性较大。

§4.6.4.3 面层混凝土切缝深度

混凝土板中需设置接缝，使混凝土长板有规则断开，以释放混凝土的温度收缩、干燥收缩应力。切缝是防止初期裂纹和施工断板的有效措施。施工中通常采用切缝机切割一定深度的缝，在路面结构中形成薄弱面，以引导裂纹在指定位置产生来形成缩缝[9]。如果切缝深度不足，混凝土截面强度削弱得不够，裂缝将有可能在接缝外面产生，即产生路面裂缝。《公路水泥混凝土路面设计规范》(JTG D40—2011) 中的切缝深度为板厚的 1/4～1/3。对清连高速公路上产生了纵向裂缝的路段进行了纵向接缝处的抽芯取样(图 4-31)，以检测施工时的切缝深度和断开情况。检测情况见表 4-39。

表 4-39　纵向裂缝路段纵向切缝取芯情况

序号	车道位置	切缝深度/mm	面板厚度/mm	占板厚的比例/%	切缝处裂纹特征
1	行车道	72	295	0.24	芯样完全断开
2	行车道	65	310	0.21	芯样完全断开
3	行车道	63	304	0.21	芯样完全断开
4	行车道	65	305	0.21	芯样完全断开
5	行车道	75	305	0.25	芯样完全断开
纵向切缝抽芯芯样断开率/%				100	

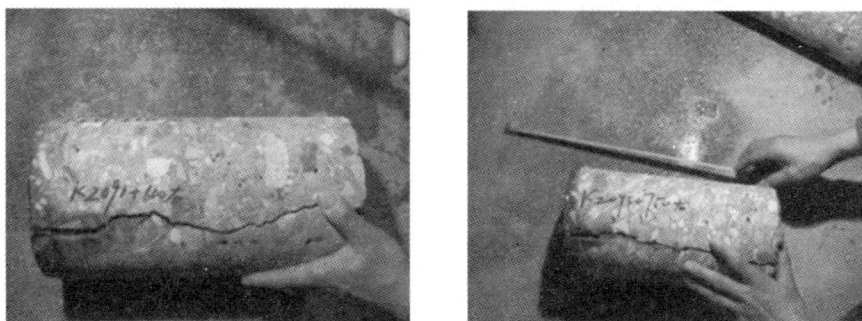

图 4-31　切缝处面层混凝土芯样

表 4-39 的数据表明，检测路段的纵向接缝切缝深度均接近或达到规范要求的板厚的 1/4~1/3，并且在切缝处已经完全断开，达到了切缝的应有效果。

上述统计结果表明，清连高速公路裂纹主要出现在通车两年后，施工期间混凝土开裂较少，且混凝土强度、切缝深度满足设计要求，厚度合格率偏低，但接近设计要求。路面材料与施工质量不是造成路面开裂的主要原因。

§4.6.5　结语

本书通过清连高速公路旧水泥混凝土路面改建时不同处治结构方案与开裂的关系、荷载与开裂的关系以及施工质量与开裂的关系的调查与实验研究，探讨了新加铺的混凝土路面开裂原因。通过上述调查与实验研究，可得出以下几点结论：

1) 旧水泥混凝土路面处治时，挖除换填方案如果施工控制得好，可能是一种好的方法。但在清连高速公路项目中，挖除换填方案引起了大量的纵向裂纹。因此，建议旧路处治时宜优先考虑多锤头碎石化或冲压稳固方案，既经济、环保又有利施工进度。

2) 清连高速公路水泥混凝土路面纵向开裂主要原因为超载与偏载作用、路基换填压实差异及压实不足。

3) 限于本书的试验与调查的时间（通车两年），上述结果也可能随通车时间增长发生一定程度的变化，路面长期性能（开裂）的变化情况有待进一步观察。

§4.7 路面混凝土薄板结构纵向裂纹观测与封缝处理研究

§4.7.1 前言

水泥混凝土路面由于施工线长、面广，除接缝外很少配置钢筋，且使用时承受动荷载及环境温湿度影响，实际运行时还经常面临超载作用，这些特征明显不同于工业与民用建筑的薄板结构(楼面)。水泥混凝土路面常出现平行于纵向缩缝的裂纹或纵向断板，纵向裂纹通常出现在离纵向缩缝位置50~60 cm的拉杆端部、车道中心位置和行车道轮迹位置，一条纵向裂纹长度数米，甚至数百米。

某些纵向裂纹在传力杆、集料的嵌锁作用下会迅速延伸，通常纵向裂纹是贯通板厚的，雨水会沿着裂缝下浸基层和路基，如不及时封缝防水，将产生积泥和混凝土面板脱空，进一步引发混凝土面板裂纹，直至出现混凝土破碎板、动板(混凝土板块松动)，造成路面结构承载能力下降，影响行车舒适性、安全性，缩短水泥混凝土路面使用寿命。基于纵向裂纹对路面性能的不利影响及裂纹在传力杆、集料的嵌锁作用下的延伸特点，在纵向裂缝形成时，应及时观测，尽早进行相应的维修和处理。

本书结合湖南、广东某些养护工程纵向裂纹处理实例，分析总结了纵向裂纹处理方法要求及注意问题，可供水泥路面养护时处理纵向裂纹参考。

§4.7.2 裂纹观测

裂纹观测可采用人工和自动检测设备进行，目前自动检测设备由于检测费用高，实际工程中应用较少，本书采用裂纹现场标注、玻璃板法、裂纹测宽仪法和钻芯法进行观测与分析，通过上述方法观测以便掌握一天时间内不同温度时纵向裂纹宽度的变化规律、裂纹宽度、裂纹深度及路面裂纹与接缝的断裂情况、一定时间内裂纹发展情况等，上述裂纹观测的资料，既可作为水泥混凝土路面纵向裂缝的修补方案和修补材料选择依据，也可作为判断裂纹及接缝是否贯通混凝土板块依据，同时可作为分析裂纹产生原因的参考依据。在上述观测基础上，还应定期观察水泥混凝土路面纵向裂纹延伸情况，如发现纵向延伸、发展，应及时进行隔离或注浆稳定方法处理。

§4.7.2.1 玻璃片观测

玻璃片观测过程与结果：用厚0.17 mm玻璃片粘贴在贯通(活缝)与未贯通(死缝)裂纹、接缝处，如果裂纹或接缝已经贯通混凝土板，此时，裂纹或接缝为"活缝"，温度变化时"活缝"少量变形都可导致玻璃片碎裂，"活缝"处粘贴的玻璃片经时一天后可见玻璃片碎裂(图4-32、图4-33)；如果裂纹或接缝未贯通混凝土板，此时，裂纹或接缝为"死缝"，经时一天后玻璃片不会碎裂。

通过玻璃片观测，可判断裂纹或接缝是否贯通混凝土板，同时可作为裂纹是否为扩展性裂纹初步判断依据。

采用玻璃片观测的同时，可辅助钻芯判断裂纹与接缝的贯通情况(图4-34)。

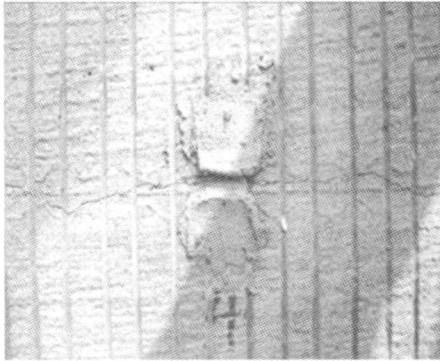

图 4-32 玻璃片观测纵向裂纹图

图 4-33 玻璃片观测横向缩缝图

图 4-34 接缝处与裂纹处钻芯芯样图

§4.7.2.2 裂缝测宽仪观测

裂缝宽度测量采用 DJCK—2 裂缝测宽仪，精度为 0.05 mm，见图 4-35。

图 4-35 DJCK—2 裂缝测宽仪

1)不同裂纹观测结果。

本书选择了四种类型的纵向裂纹进行观测：裂纹 I 为直线形扩展裂纹（主要为受拉应力引起的纵向裂纹，裂纹较直，路基稳定，观测板下为盖板型通道），裂纹 II 为圆弧形扩展裂纹，本例选择旧路改造时换填段产生的纵向裂纹（主要为受弯剪组合应力引起的纵向裂纹，旧路改造时路基换填后产生的变形引起，单块板中裂纹呈圆弧形），裂纹 III 为纵向新老路基差异沉降引起的纵向裂纹（裂纹较宽、裂纹出现在纵向新老路基结合处，整体呈圆弧形），裂纹 IV 为传力杆位置的干缩裂纹（裂纹较短、未贯通路面）。每种裂纹观测时选择一块混凝土板沿裂纹纵向布置 5 个观测点，分别为板的纵向中点（板长 5 m，即离横向缩缝 2.5 m 处）、离板两端（横向缩缝）各 10 cm、100 cm 处，对上述不同类型的纵向裂缝进行了 24 h 连续观测，观察结果见表 4-40~表 4-43。表中：B 为裂纹宽度平均值；$B1$ 表示测点裂纹宽度最大变化量，即最大宽度与最小宽度差；$B2$ 表示裂纹宽度最大变化率，为一天中裂纹宽度最大变化量与裂纹最小宽度比值百分率。

表 4-40　裂纹 I 宽度随温度变化表

		测点裂纹宽度/mm					路表温度/℃
		1	2	3	4	5	
观测时间	0：20	0.80	0.95	0.95	0.90	1.00	26
	2：20	0.90	0.95	1.00	0.95	1.05	24
	4：10	0.85	0.90	0.95	0.90	1.05	26
	6：10	0.90	1.00	1.00	0.95	1.00	25
	8：00	0.80	0.75	0.75	0.75	0.90	30
	10：20	0.75	0.70	0.55	0.60	0.60	35
	13：00	0.50	0.40	0.45	0.35	0.50	40
	14：10	0.35	0.30	0.30	0.25	0.40	43
	16：00	0.35	0.35	0.35	0.45	0.45	42
	18：00	0.40	0.50	0.40	0.65	0.90	32
	20：10	0.90	0.75	0.90	0.90	0.95	27
	22：20	0.90	0.85	0.90	0.95	0.90	26
B/mm		0.70	0.70	0.70	0.72	0.81	–
$B1$/mm		0.55	0.70	0.70	0.55	0.65	–
$B2$/%		157	233	233	220	163	–

表 4-41　裂纹 II 宽度随温度变化表

观测时间		测点裂纹宽度/mm					路表温度/℃
		1	2	3	4	5	
观测时间	0：20	0.85	0.70	0.95	0.75	0.60	26
	2：30	1.00	0.90	1.25	0.85	0.85	24
	4：30	0.95	0.75	0.80	0.75	0.55	26
	6：25	0.95	0.90	0.95	0.75	0.95	25
	8：00	0.75	0.70	0.75	0.60	0.80	30
	10：30	0.60	0.50	0.60	0.40	0.60	35
	13：10	0.50	0.30	0.50	0.40	0.40	40
	14：20	0.35	0.25	0.45	0.35	0.35	43
	16：00	0.45	0.35	0.40	0.40	0.40	42
	18：00	0.50	0.50	0.50	0.50	0.60	32
	20：00	0.60	0.40	0.60	0.55	0.75	27
	22：00	0.85	0.70	0.80	0.60	0.80	26
B/mm		0.70	0.58	0.71	0.58	0.64	—
$B1$/mm		0.65	0.65	0.85	0.50	0.60	—
$B2$/%		186	260	213	143	171	—

表 4-42　裂纹 III 宽度随温度变化表

观测时间		测点裂纹宽度/mm					路表温度/℃
		1	2	3	4	5	
观测时间	0：00	2.25	1.65	1.50	0.70	0.80	28
	2：00	2.35	1.40	1.50	0.70	0.85	28
	4：00	2.30	1.60	1.65	0.75	0.80	28
	6：00	2.25	1.50	1.65	0.75	0.75	30
	8：00	2.20	1.40	1.65	0.70	0.75	34
	10：00	2.05	1.40	1.55	0.65	0.70	37
	12：00	2.00	1.40	1.50	0.60	0.70	42
	14：00	2.05	1.40	1.50	0.65	0.70	42
	16：00	2.05	1.40	1.45	0.60	0.60	43
	18：10	1.75	1.50	1.00	0.50	0.75	35
	21：10	2.15	1.50	1.55	0.60	0.75	31
	23：00	2.15	1.85	1.50	0.70	0.80	28
B/mm		2.13	1.50	1.50	0.66	0.75	—
$B1$/mm		0.60	0.45	0.65	0.25	0.25	—
$B2$/%		34	32	65	50	42	—

表 4-43　裂纹Ⅳ宽度随温度变化表

观测时间		测点裂纹宽度/mm	路表温度/℃
		1	
观测时间	2：00	0.80	30
	4：00	0.80	28
	6：40	0.80	29
	8：00	0.80	35
	16：20	0.75	43
B/mm		0.79	—
B1/mm		0.05	—
B2/%		7	—

2）裂纹宽度观测数据分析。

根据纵向裂纹的观测数据可以得出以下几点结论：

（1）不同纵向裂纹宽度随温度变化不同，裂纹Ⅰ、裂纹Ⅱ宽度随温度变化变化率较大，其最大宽度变化率分别为 233%、260%，裂纹Ⅲ、裂纹Ⅳ宽度随温度变化变化率较小，其最大宽度变化率分别为 65%、7%。

（2）一天内最大裂缝宽度发生在早上 2：00~6：00，为一天中路面温度的最低点，最低温度出现时间随地理位置不同而变化，即使同一位置不同日期观测时出现最低温度时间也会有所不同。最小裂缝宽度发生在 13：00~16：00，在此时段内路表温度最高可达 43℃，在一天之内路表温度变化量最大可达 20℃左右。

（3）本书作者观测到的纵向裂缝宽度除新老路基处纵向裂纹大于 1 mm 外，其他纵向裂纹宽度小于 1 mm。

§4.7.3　纵向裂缝封缝处理

按照现行水泥混凝土路面养护技术规范和有关文献，水泥混凝土路面纵向裂纹处理主要依据裂纹宽度、深度及是否发展等情况采取封缝防水、改善传荷功能等方法。目前，工程中处理纵向裂纹时，对缝宽≤0.5 mm 的非扩展型的表面裂缝，可采取压注灌浆法；对缝宽 0.5~3 mm 的非扩展型的表面裂缝，可采取直接灌浆法；对缝宽<3 mm、裂缝处未剥落的轻微裂缝，可采取扩缝灌浆法；对边缘有碎裂、缝宽 3~10 mm 的贯穿全厚中等裂缝，可采取条带罩面法进行补缝；对边缘有错台、缝宽>10 mm 的严重裂缝可采用设置传力杆、拉杆的全深度补块法或整块板翻修方法；对面板上仅有一条且裂缝部位无明显沉降的裂缝（纵缝），可采取植筋补强灌缝封水法。本书结合作者参与的养护工程相关封缝处理情况总结如下。

§4.7.3.1　裂纹修补材料选择

依据《公路水泥混凝土路面养护技术规范》（JTJ 073.1—2001），裂缝修补材料根据其功能可分为补强材料和密封材料。当水泥路面因强度不足而出现贯穿裂缝时，应采用补强材料；而当水泥路面因干缩、温缩等原因出现表面裂缝，但路面结构强度仍满足使用要求时，应采用密封材料。

用于路面板裂缝修补的高模量补强材料宜选用经改性的环氧树脂类材料或经乳化的环氧树脂乳液，其主要技术要求应符合表 4-44 的规定。基于经济的原因，对于特别宽的贯通性裂纹宜采用水泥基聚合物材料处理。

表 4-44　补强材料技术要求

性　能	技 术 要 求
灌入稠度/s	<20
拉伸强度/MPa	≥5
黏结强度/MPa	≥3
断裂伸长率/%	2~5

用于路面板裂缝修补的密封材料宜选用橡胶沥青、聚氨酯类(如硅酮、PU)灌浆材料，其主要技术性能应符合表 4-45 的规定。

表 4-45　密封材料技术要求

性　能	技 术 要 求
灌入稠度/s	<20
拉伸强度/MPa	≥4
黏结强度/MPa	≥4
断裂伸长率/%	≥50

§4.7.3.2　裂纹处理工艺过程

养护工程裂纹采用符合上述要求的改性的环氧树脂类材料处理工艺过程：准备(材料、设备、封闭交通等)→打磨→安装注嘴→表面封缝→注浆(固化后)→切割注嘴(固化后)→磨平→刻纹→养护，见图 4-36。实践表明，当裂纹为非扩展型裂纹时(裂纹宽度不随时间变化)，上述补强材料封缝可以满足防水要求，但处理扩展型裂纹(一天中裂纹宽度随时间变化)则不可采用环氧树脂类材料或其他刚性材料修复，刚性材料修复由于其断裂伸长率低(一般小于 30%)、黏结延伸率低(一般小于 50%)，很难满足本书测试的裂纹宽度变化率(最大为 260%)要求，修复后很快重新开裂。

采用柔性材料处理的工艺过程：准备(材料、设备、封闭交通等)→扩缝→清缝(包括清除碎片)→嵌条→涂底→填缝→养护。实践表明水泥混凝土路面裂纹封缝防水采用柔性材料适应性更好。材料的选择应先进行宽度及其变化情况观测，材料性能除满足规范要求外，还应具备一定的耐久性(可规定成分要求或参照沥青耐久性标准)、弹性复原率(大于 90%)和黏结延伸率(大于 400%)。

图 4-36 环氧树脂类材料注浆处理工艺流程图

本书作者参与的路面纵向裂纹处理工程表明，采用目前规范中补强材料修补，混凝土板短时间可能黏结传荷，但在荷载应力与温度应力作用下，修补后会在原纵向裂纹处再次出现裂纹，因此，不可能实现补强。按照养护工程实际情况，宜依据材料性质，将路面裂纹修补材料分为刚性材料和柔性材料更合适，修补水泥混凝土路面非扩展型裂纹时可采用刚性或柔性材料，修补扩展型裂纹则不可采用环氧或其他刚性材料修复，而应采用柔性材料封缝防水。

§4.7.3.4 裂缝封缝处理施工质量检测与评价

裂缝修补施工质量应符合表 4-46 及《公路水泥混凝土路面养护技术规范》(JTJ 073.1—2001)的要求。

表 4-46 裂缝修补质量检查项目及要求

裂缝修补方法	检测项目	要求	检测方法及频率
灌浆或封缝法施工	防闭水能力	不渗水	参考沥青路面渗水系数测定方法，频率为每 5 条修补裂缝抽检 1 处
	扩缝宽度与深度	±2 mm	频率为每 100 m 修补裂缝抽检 1 处
	填缝饱满度	≤2 mm	尺测每 200 m，6 处
	外观检查	填缝应饱满、均匀，填缝料与裂缝结合牢固	依工程情况确定

§4.7.4 纵向裂纹混凝土板传荷能力恢复处理

纵向裂纹混凝土板传荷能力恢复通常可采用补强材料、斜植传力杆法(见图 4-37)、安装十字针传力杆法及条带罩面法补缝和设置传力杆、拉杆的全深度补块法修复。本书结合湖南、广东路面养护工程，相关处理情况总结如下：

(1)补强材料修复受到裂纹扩展的影响，通常在重载交通中，很难满足要求，修复后很快重新开裂，既不能防水也无法传荷，因此，在路面裂纹处理时不宜推广。

(2)斜植传力杆过程及要求：距板边不小于 60 cm 钻直径不小于 φ18 mm(取决于斜植传力杆直径)与板面交角 35°的斜孔，沿裂纹交叉两侧，同侧布置间距为 60 cm。钻孔深度根据板厚确定,但不能钻穿面板,且确保钢筋水平投影长度不小于 15 cm,然后清孔,注植筋胶,安装钢筋,表面封口。斜植传力杆法施工简便,一般能满足要求。但处理不当或时间过长,裂纹发展过程中存在斜植钢筋露头隐患(见图 7),露头钢筋将危及交通安全,因此,处理的裂纹长度大时一定要慎重。

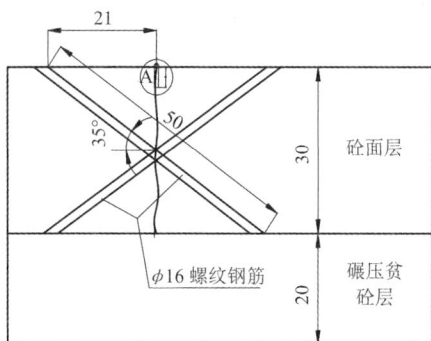

图 4-37　斜植传力杆法(单位:cm)

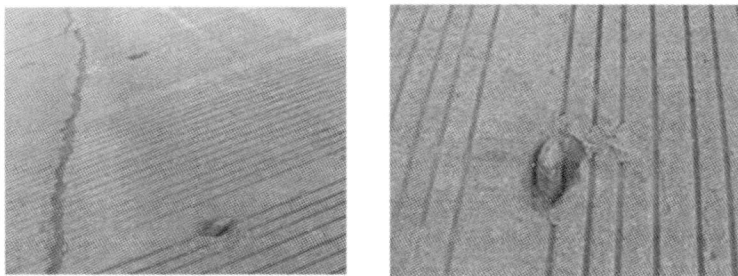

图 4-38　斜植传力杆一年后露出钢筋

(3)切槽安装传力杆法(安装十字针传力杆法)(见图 4-39)过程及要求:划线→切槽→清槽→安装传力杆→浇筑混凝土或砂浆→修饰。槽的深度与宽度满足传力杆要求,混凝土或砂浆必须黏结性好、收缩小、强度高。切槽安装传力杆法效果好,不存在钢筋露头隐患,适于重载交通及裂纹宽度较小且基本稳定的裂纹修复。但对采用的填补槽口混凝土或砂浆要求高,如选择或控制不当,也可能出现混凝土或砂浆脱落现象(见图 4-40)。

图 4-39　切槽安装传力杆法

图 4-40　切槽安装传力杆后局部混凝土脱落

（4）设置传力杆、拉杆的全深度补块法适于边缘有错台、缝宽>10 mm 的严重裂缝修复。

§4.7.5　隔离缝设置

由于路面传力杆及缩缝处集料的嵌挤作用，纵向裂纹会出现跨缝传递效应，对此，通过横向切断面板及传力杆，设置隔离缝，可阻止发展型纵向裂纹的继续延伸（消除应力传递）。设置隔离缝基本要求如下：

通过切缝方法，在横向缩缝位置切断传力杆和混凝土面板，形成缝宽为 2~3 cm，贯通混凝土面板的隔离缝，类似桥梁端头桥头搭板处隔离缝。缝的下部嵌木板条，上部灌缩缝料（深度 1.1~1.5 倍宽度），隔离缝设置于纵向裂缝两端的混凝土路面板横向缝处，沿纵向裂缝起、终点向外延伸一块或半块混凝土板的横向缩缝位置用切割机切通至混凝土板板底面。

§4.7.6　混凝土路面板脱空处治

开裂的路面板或接缝如果防水失效，极易产生混凝土板脱空。板底注浆是目前脱空处治的常用技术，指对水泥混凝土路面板下和基层、垫层中的细小空隙进行灌浆，以加固现有路面的技术。在修复水泥混凝土路面时，采用板下封堵的目的是恢复对路面结构的支承，它是通过向这些空隙灌浆而实现的。灌浆时要施加一定的压力，而施加的压力不应使路面板抬升。

通过人工目测法、贝克曼梁弯沉测定法、FWD 多级加载法、路面雷达扫描法，以及路面钻芯法等可判断混凝土板脱空情况，本书通过贝克曼梁弯沉测定法和目测法综合判断。凡弯沉值超过 0.2 mm 路面板，或出现下列现象时的路面板，可确定为脱空。

①重型车辆通行时，人处于相邻板处能感觉到垂直位移和板块翘动；②板角相邻两条缝的填缝材料产生严重剥落破坏；③相邻板出现错台 5 mm 以上时，位置较低板一般有脱空存在；④板的接缝和裂缝产生唧泥的位置；⑤板的接缝两侧弯沉差大于 0.06 mm；⑥脱空处人工使用大锤敲打板块时有脱空的回响。对于确定为脱空的路面板还应进行注浆处理，注浆时宜结合路基路面结构方案分别采取浅层注浆法（灌注深度为面板厚度至 0.8 m）与深层注浆法（深层灌浆是指路基路面范围内的灌浆，一般灌浆孔深入到路床顶面 1 m 以下）。

§4.7.6.1　压浆材料基本要求

本项目注浆采用水泥浆，主要技术性能应达到如下要求：
①具有自流淌密实性；
②早期具有一定微膨胀性能，14 d 水养护膨胀率大于 0.1%；
③凝结时间适中，初凝时间不早于 2 h，终凝时间不超过 3.5 h；
④早强高，12 h 抗压强度应达到 3.5 MPa；
⑤泌水率≤1%。

§4.7.6.2　灌浆孔布设基本要求

灌浆孔布设应根据路面板的尺寸、下沉量大小、裂缝状况以及灌浆机械确定。孔的大小应和灌注嘴的大小一致，一般为 48 mm。灌浆孔与面板边的距离不应小于 0.5 m，一般为 0.8~1.0 m，但不能位于纵向车轮轨迹上。在一块板上，灌浆孔的数量一般为 5 个，有裂缝的板在裂缝两侧各增加一个灌浆孔,且孔位与裂缝间距大于 30 cm。也可根据实际情况确定,如图 4-41。

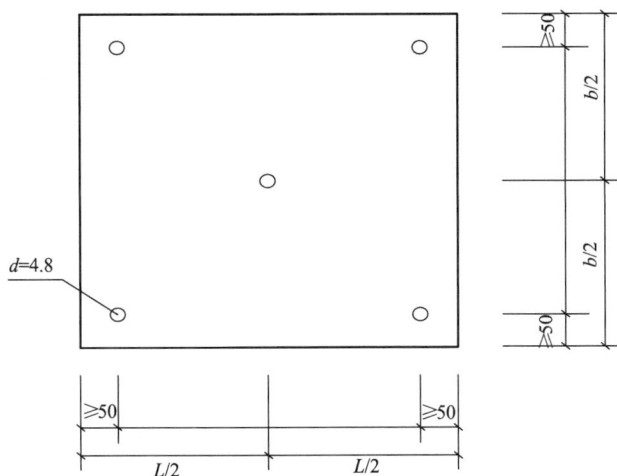

图 4-41　灌浆孔布置(单位:cm)

d—灌浆孔孔直径;*L*—板长;*b*—板宽。

§4.7.6.3　灌浆工艺基本要求

灌浆工艺过程包括:布孔→钻孔→制浆→注浆→封孔→养生→开放交通。关键工序在于注浆材料配制与注浆施工,按照文献注浆施工时,灌浆材料为水泥浆时,注浆压力控制在 1.5~2.0 MPa,本书依托工程经验表明:注浆压力主要保证浆体能充填混凝土脱空部分及结构层材料空隙,如果浆体流动性好,注浆压力可以低于 1.5~2.0 MPa,本书依托项目采用的注浆压力取 0.4~0.8 MPa,经取芯检查、弯沉检测表明,注浆压力取 0.4~0.8 MPa 时可以满足要求,注浆压力取 1.5~2.0 MPa 时不利于控制混凝土板的抬升。

§4.7.6.4　脱空压浆处理施工质量要求

板底灌浆应使板下 80 cm 以内的空隙、空洞、裂缝等被浆液填充密实,基层芯样完整。

水泥路面脱空压浆质量标准包括填充率≥90%、弯沉值小于 0.2 mm、强度符合设计要求、泌水率≤1%、膨胀率大于 0.1%、一年内无唧泥现象及原病害稳定等指标,同时小于 0.1 mm 的弯沉值比例应大于 90%。

§4.7.7　结语

本书通过水泥混凝土路面裂纹观测及处理实践,得出以下结论:

(1)水泥混凝土路面纵向裂纹其宽度和宽度变化率随裂纹产生原因、温度等变化而变化,在修补纵向裂纹时应先观测、调查,分析判断裂纹是扩展型裂纹还是非扩展型裂纹。如果是扩展型裂纹则应采取封缝(灌缝或填缝)防水、改善(恢复)传荷能力和隔离阻止裂纹延伸三种措施,脱空时则应采取注浆稳定与上述措施同时进行处治。

（2）扩展型纵向裂纹的处理材料应选择柔性材料，材料性能除满足规范要求外，还应具备一定的耐久性（可规定成分要求或参照沥青耐久性标准控制）、弹性复原率（应大于90%）和黏结延伸率（应大于400%）。

（3）采用斜植传力杆改善纵向裂纹传荷能力时，处理不当或时间过长，裂纹发展过程中存在斜植钢筋露头隐患（实际工程中已经出现），露头钢筋将危及交通安全，因此，在处理的裂纹长度大时一定要慎重，宜采用切槽安装传力杆法或其他方法改善传荷能力。

（4）对于产生脱空的混凝土路面板，在车辆作用下板间将产生较大的弯沉差，即在板间产生巨大的剪切应力，采用单纯的柔性、刚性或半刚性修补材料均无法彻底消除路面病害，必须结合板底注浆与填缝防水相结合的方法处理。

§4.8 流态高强混凝土压力泌水率与抗裂试验研究

随着建筑业的不断发展，传统混凝土的各项性能及强度已无法满足建筑行业的发展需求，现代工程结构的发展方向是重载、高耸、大跨，对混凝土的强度有非常高的要求；工程施工的现代化表示着预拌的商品混凝土的使用将会更频繁，而浇筑混凝土与混凝土泵输送的有效使用需要保持混凝土拌合物的工作性，比如流动性；事实上，强度与流动性是矛盾关系，而现阶段只有减水剂能够统一这样的矛盾关系。

随着高性能外加剂及掺合料的发展应用，为普通工艺条件下制备高强、高性能混凝土提供了有利的技术条件。而且随着经济的不断发展，国内外越来越关注粉煤灰、矿渣、硅粉、F矿粉等工业废料的废物利用。这些由工业废料经过磨细加工后的掺合料，具有活性性能，不仅能按一定量取代水泥，达到降低混凝土成本的经济效益，而且能有效地改善高强混凝土的性能，即提高高强混凝土的早期或后期强度、改善高强混凝土的耐久性（抗渗性、抗冻性等）及工作性，达到高强高性能的效果。

工程实践表明泌水和开裂对流态高强混凝土性能影响大，且很重要，但某些规律尚不明了。本书作者结合工程应用，开展了流态高强混凝土压力泌水与平板开裂试验，优化了C60混凝土配合比。

§4.8.1 压力泌水率与混凝土抗裂试验

§4.8.1.1 原材料及试件制备

所用原材料包括湖南省新生水泥厂生产的牛力牌普通42.5 MPa的水泥、湘潭火电厂生产的I级粉煤灰（FA、烧失量4.9%）、山西产的硅灰（SF）。减水剂采用郑州生产的FDN萘系高效减水剂，减水率为20%~24%，拌合水为饮用自来水。

1）压力泌水试验方法

压力泌水试验所用的仪器为压力泌水仪，如图4-42所示，主要由压力表、活节螺栓、筛网等部件构成。其工作活塞压强为3.5 MPa，工作活塞公称直径为125 mm，混凝土容积为1.66 L，筛网孔径为0.335 mm。将按标准方法制作的混凝土拌合物装入试料筒内，用捣棒由外围向中心均匀插捣25次，将仪器按规定安装完毕。称取混凝土质量G_0，尽快给混凝土加压至3.5 MPa，立即打开泌水管阀门，同时开始计时，并保持恒压，泌出的水接入1000 mL量筒内。加压 10 s 后读取泌水量 V_{10}，加压 140 s 后读取泌水量 V_{140}。压力泌水率按式（4-23）计算：

$$S_{10} = \frac{V_{10}}{V_{140}} \times 100\% \qquad (4-23)$$

式中：S_{10} 为压力泌水率，%；V_{10} 为加压 10 s 时的泌水量，mL；V_{140} 为加压 140 s 时的泌水量，mL。

结果以三次试验的平均值表示，精确至 0.1%。

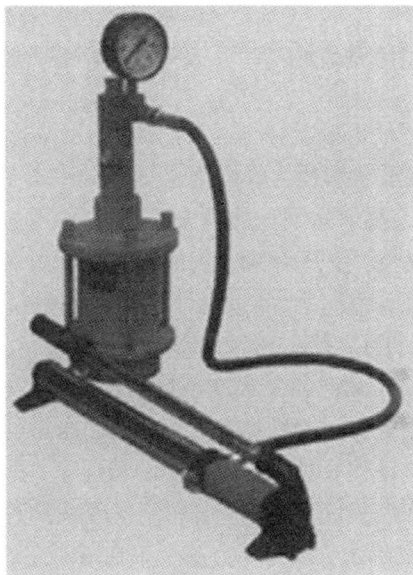

图 4-42　混凝土压力泌水仪

2）混凝土早龄期抗裂性能试验方法

本书采用模具参考日本平石信业等研究早期收缩开裂的平板测试方法的模具，模具的边框采用 5 mm 厚的槽钢板，内边尺寸为 600 mm ×600 mm×60 mm 的钢制模具，边框内设 φ6、长度为 100 mm，间距 50 mm 的上下交错间隔分布的双排螺纹钢。设备和评价方法见本书 §4.3 节。

§4.8.2　试验结果与分析

1）原材料对压力泌水率的影响

图 4-43、图 4-44 分别表示试样压力泌水率在不同减水剂及矿物掺合料掺量下的变化结果。由图 4-43 可知，随着减水剂掺量的加大，释放出来的水就越多，因此泌出的水分也就越多，尤其是减水剂加大到 1.4% 以后，压力泌水率急剧增大，产生了很严重的泌水。由图 4-44 可知，随着粉煤灰取代水泥的量加大，压力泌水率减小，特别是取代水泥 25% 以后，混凝土黏聚性很好，压力泌水率大幅度降低；而硅灰对新拌混凝土压力泌水率影响十分明显，随着硅灰含量的加大，压力泌水率逐渐降低。由于硅灰比表面积很大、表面能高，掺用后需水量增大，导致混凝土拌合物变稠，起着"增水增稠"作用。

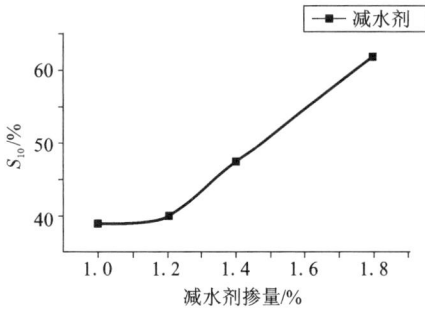

图 4-43　压力泌水率随减水剂掺量的变化

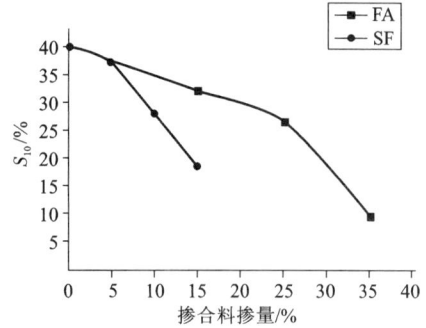

图 4-44　压力泌水率随矿物掺合料掺量的变化

2）配制参数对压力泌水率的影响

图 4-45~图 4-47 分别表示水灰比、单位用水量及砂率对试样压力泌水率产生的影响。由图 4-45 可知，压力泌水率会随着水灰比的增大而增大，实际上在整个试验过程中，随着水灰比的增加，容易脱水的混凝土，在开始 10 s 内的出水速度很快，前 10 s 的相对压力泌水率是增大的，而单位用水量是固定的，因此 V_{140} 泌水总量基本上都在 21 mL 左右。水灰比决定水泥浆的稠度。在用水量不变的情况下，增大水灰比会使拌合物的流动性加大。如果水灰比过大，会造成混凝土拌合物的黏聚性和保水性不良而产生流浆、离析、泌水现象，严重影响混凝土的强度和耐久性。由图 4-46 可知，S_{10} 随着单位用水量的增大而增大。这是因为水泥浆赋予混凝土拌合物一定的流动性，在水灰比不变的情况下，单位体积内水泥浆愈多，混凝土拌合物的流动性愈大。若水泥浆过多，将会出现流浆现象，使混凝土拌合物的黏聚性变差。而图 4-47 可以看出随着砂率的增大，试样压力泌水率在减小。这也从某一方面可以解释流态高强混凝土选择高砂率的原因。砂是用来填充石子的空隙，在水泥浆一定的条件下，若砂率过大，则骨料的总表面积及空隙率增大，混凝土混合物就显得干稠。若砂率过小，砂浆量不足，不能在粗骨料的周围形成足够的砂浆层起润滑和填充作用，也会降低混合物的流动性，使混凝土拌合物的黏聚性、保水性变差，使混凝土混合物显得粗涩，粗骨料离析，水泥浆流失。

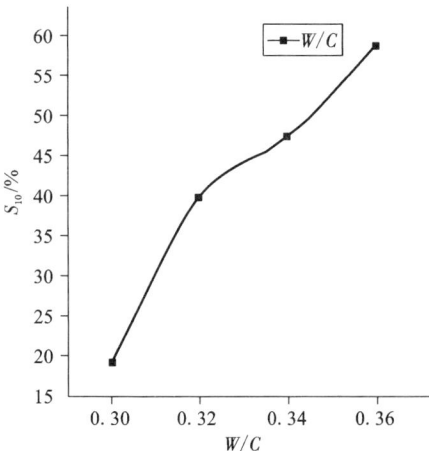

图 4-45　压力泌水率随水灰比的变化

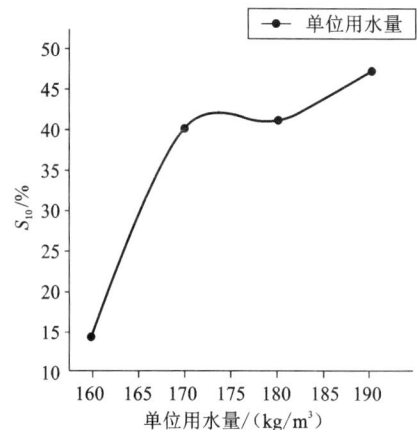

图 4-46　压力泌水率随单位用水量的变化

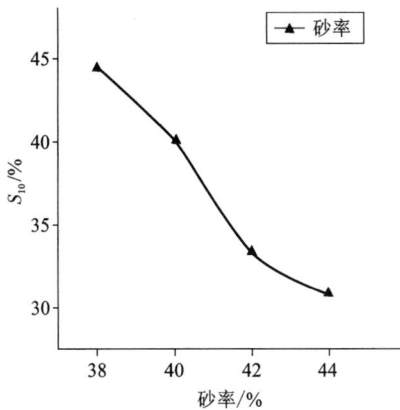

图 4-47　压力泌水率随砂率的变化

3）混凝土早期抗裂性能的影响因素

根据流态高强混凝土工作性、耐久性和经济性要求，混凝土配合比设计拟采用以下技术方案：

（1）较低水胶比 0.30~0.36 和较大坍落度（150~210 mm）；

（2）采用高效减水剂或掺粉煤灰和硅灰掺合料方案。

经试配确定了 10 组配合比，研究发现未掺加高效减水剂，单方水泥用量较大的混凝土，较易产生早期开裂；在 0.32 的水灰比下，掺 10% 的硅灰较掺 15% 的粉煤灰更易开裂，掺 15% 粉煤灰+5% 硅灰的抗裂性良好；同样条件下，集料级配不好，粗集料最大粒径较大的混凝土开裂严重。

§4.8.3　结论

（1）在本书配制 C60 流态高强混凝土时，减水剂宜选择与水泥相容性良好的高效减水剂，但其掺量不能太大，如大于水泥质量的 1.4% 时，将会产生很严重的泌水，FDN 高效减水剂的最佳掺量为 0.8%~1.3%。

（2）压力泌水率随水灰比的增大而增大，在满足混凝土强度和耐久性的要求下，可选取 0.32~0.34 的水灰比。在其他条件不变的情况下，单位用水量越大，压力泌水率越大。细集料可以用来调整混凝土拌合物的稠度，当砂率在 38%~46% 的范围内，随着砂率的增大，压力泌水率减小。

（3）粉煤灰和硅灰等矿物掺合料能减小压力泌水率，提高混凝土后期强度，单掺 10% 的硅灰对混凝土强度提升明显，但容易引起混凝土的早期开裂。15% 的粉煤灰+5% 的硅灰可提升混凝土各项性能。应选用优质粉煤灰或 I 级粉煤灰，其掺量不宜超过 25%，最佳的硅灰掺量为 5%~10%。

§4.9 聚合物固化剂在软岩边坡生态防护工程中应用研究

§4.9.1 引言

软岩边坡失稳的主要因素之一是水，其对岩体内部结构的平衡有较大的影响。从本质上说软岩边坡软化失稳坍塌主要是水—软岩岩体内部结构相互作用的过程。已有研究表明水与软岩相互作用主要是通过溶解—再沉淀和离子交换等物理化学反应导致岩体体积增加，强度降低，从而导致边坡变形。水能破坏岩体表面的微小矿物和孔隙，影响岩体稳定的微观结构，这些矿物和微观结构的变化可以引发浅层边坡破坏，当水长期存在时，能降低岩体的极限抗压强度，最后发展至深层蠕变变形。因此只要防止或降低水与软岩边坡表面接触机会，就能有效减缓软岩边坡的软化。

本书作者针对软岩水化崩解、遇水软化、强度降低等特征研究了一种软岩防护新型聚合物固化剂。通过聚合物固化剂对软岩边坡的固化，达到防止、减弱或减缓软岩工程边坡软化崩解坍塌，提高工程软岩边坡长期稳定性。

§4.9.2 聚合物固化剂的固化机理

聚合物固化剂主要是将具有防水性能的聚合物乳液和普通的高强度水泥进行混合配制而成的，能够有效地继承聚合物乳液和水泥两种材料的主要性能。聚合物固化剂喷涂到软岩边坡上面可以形成一层防水结构层，同时还能够对软岩边坡表面的破损面进行包裹和黏结，使其能够重新固化成一个整体。聚合物固化剂与软岩表面作用机理如下：

1）防水作用：聚合物固化剂中存在高分子，在水分蒸发后可以形成聚合物膜层，能够与水泥的水化产物交织在一起组成一种网状结构的膜层，这种膜能够有效地阻止水分子渗透到岩体内部。

2）黏结作用：聚合物中含有羟基（-OH）和羧基（-COOH），水泥和软岩表面含有大量阳离子（Ca^{2+}、Mg^{2+}、Al^{3+}），其结合形成了酸碱作用的亲和能力，增加了黏结性。同时聚合物固化剂本身也具有良好的胶结性能，可以渗透到岩体孔隙的内部，能够有效地增加破裂的岩体之间的黏结力，使其重新固结成一个新的整体。

3）水化作用：聚合物乳液加入水泥中时，在搅拌过程中，聚合物颗粒均匀地分散到水泥浆体中。当水泥遇到水时，水化反应就开始，$Ca(OH)_2$溶液很快达到过饱和并析出晶体，同时生成钙矾石晶体及水化硅酸钙凝胶体，乳液中的聚合物颗粒便沉积到凝胶体和未水化的水泥颗粒上。

4）聚合作用：在软岩边坡表面喷涂的聚合物固化剂能够使得软岩碎石或者软岩破裂面很好地胶结起来，原因是聚合物固化剂本身能够聚合形成一层聚合物链层，其具有强度高、柔韧性和弹性好的特点。

§4.9.3　原材料、配合比与试验方法

§4.9.3.1　原材料

1）聚合物

本试验采用的聚合物为苯丙乳液，符合《建筑涂料用乳液》（GB/T 20623—2006）的规定。该材料具有一定的透气性、优良的黏结性和耐候性，无毒无味、无环境污染，是环境友好型材料。其技术指标试验结果如表 4-46。

表 4-46　苯丙乳液的技术指标试验结果

序号	检验项目	检验结果	技术指标
1	外观	乳白色微兰光	乳白色微兰光液体
2	固体含量/%	53.5	54.0±1.0
3	PH	7.0	7.0~9.0
4	残余稳定性/%	0.02	≤1.0
5	玻璃化温度/℃	−18	——

2）水泥

水泥的性能指标应符合《通用硅酸盐水泥》（GB 175—2017）的规定，必要时可以采用抗硫酸盐水泥，不宜采用高铝水泥，且水泥强度应大于 32.5 MPa。该试验对象为山体永久性边坡支护，所以选用的是 P·O 42.5 普通硅酸盐水泥。

3）有机硅消泡剂

有机硅消泡剂应符合《有机硅消泡剂》（GB/T 26527—2011）的规定，其技术指标试验结果如表 4-47。

表 4-47　有机硅消泡剂的技术指标试验结果

序号	检测项目	检测结果	标准指标
1	外观	微黄色	常温下为白色或微黄色
2	PH	7	5.0~8.5
3	固体含量/%	30.1	≥10
4	消泡时间/s	10	<15
5	稳定性/mL	0.01	≤0.5

§4.9.3.2　配合比设计

本书作者初选了五种固化剂试验配合比，通过旋转黏度计、接触角法、拉开法、吸水率试验和扫描电子显微镜等理化分析方法和手段对聚合物固化剂的工作性、疏水性、黏结强

度、防水性和微观性能进行试验研究。

在相同的试验条件下，通过调整聚合物固化剂的聚灰比，测试其性能的差异。根据试验检测的数据进行分析并确定最佳聚灰比，为工程应用提供技术支撑。配合比具体如表4-48。

表4-48 聚合物固化剂配合比

编号	苯丙乳液/g	乳液固体含量/g	水泥/g	聚灰比	消泡剂
1-1	53.1	25	50	0.5	1%
1-2	106.2	50	50	1.0	1%
1-3	159.2	75	50	1.5	1%
1-4	212.3	100	50	2	1%
1-5	265.4	125	50	2.5	1%

§4.9.3.3 试验方法

1）工作性试验

聚合物固化剂的工作性即指在施工过程的流动性，而流动性是指固化剂的黏度，表示的是流体内部分子之间的摩擦力。流动性是固化剂工作性的体现，其优良程度将对固化剂的施工过程产生很大的影响并直接影响工程的防护效果和质量。本试验采用《中华人民共和国国家计量检定规程》(JJG 1002—2005)旋转黏度计检定规程来测试不同聚灰比状态下的固化剂的黏度。

2）黏结强度试验

固化剂膜层与软岩表面的黏结强度是评价固化剂使用性能的重要指标。软岩岩体开挖后，受到内外应力的作用，岩体会发生相应的变形，固化剂在相应变形的作用下，也会出现一定程度的变形。坡面固化剂不仅承受软岩内的应力，更承受了外部客土层的应力。只有当固化剂膜层能牢固黏结在软岩表面上，且将软岩表面松散颗粒黏结在一起，才能克服内外应力的作用，使膜层的使用寿命增强。所以膜层间的黏结强度在很大程度上决定了固化剂边坡工程应用的可行性和可靠性。本试验通过参考《建筑砂浆基本性能试验方法标准》(JGJ/T 70—2009)中的砂浆拉伸黏结力检测方法即拉开法来检测涂层的7d和28d的黏结强度。

3）防水性试验

喷涂在软岩边坡上的聚合物固化剂，其主要防护来自自然的降雨和地表的径流水，其防水性能可以通过自然吸水性能来表示。材料的自然吸水性能是指在标准大气压的条件下试验试件在水溶液中浸泡48 h后的质量与试验试件烘干后的质量比值。试验步骤参考《公路工程岩石试验规程》(JTGE 41—2005)中的T0205—2005条中的吸水性试验步骤进行，在试验过程中注意观察岩石的破裂情况，并及时记录部位和发生时间。

4）疏水性试验

聚合物固化剂的疏水性指材料固化后表面的分子和水分子相互排斥的物理特性。基于软岩自身的表面湿润特性，软岩发生软化破坏的过程可以理解为软岩和水的相互作用，通过DSA100接触角测量仪测定液滴在软岩表面和喷涂聚合物固化剂后养护成型的软岩表面的接触角进行对比，可以有效地展现出改性前［图4-48（a）］和改性后［图4-48（b）］软岩表面疏水性能的变化。测量所用的液体优先使用去离子水或蒸馏水，离子含量高的水可能会使试验失败，所用的水不能含有疏水或亲水物质，本实验是在室温（20℃）干燥空气环境下完成的。

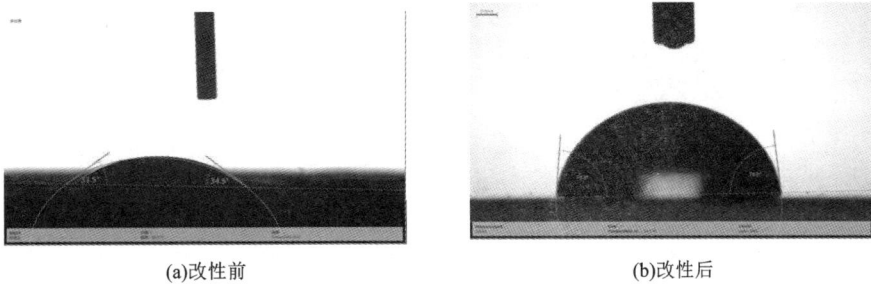

(a)改性前　　　　　　　　　　　　　　　(b)改性后

图 4-48　改性前后岩样的接触角

5）微观性能试验

按试验要求制备好样品，通过对喷涂聚合物固化剂的软岩试件进行扫描电子显微镜（SEM）观察，捕获改性前后软岩的微观结构。在 S-3000N 型扫描电子显微镜下以 1500× 的放大倍数获得 SEM 显微照片。

§4.9.4　试验结果分析

§4.9.4.1　聚合物固化剂性能

1）工作性能

黏度试验结果如图 4-49 所示。

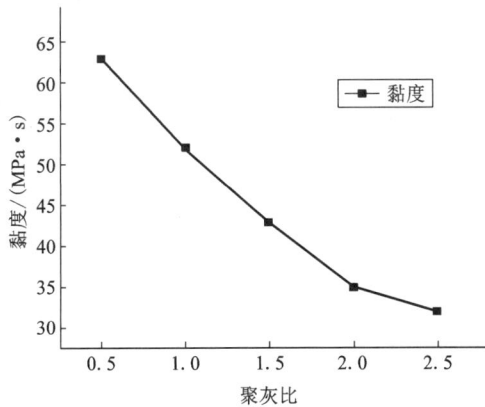

图 4-49　聚灰比和黏度关系图

从图 4-49 可以计算出聚合物固化剂随着聚灰比的增大，黏度下降了 31%。当聚灰比大于 2 时，随着聚灰比的增大，黏度的变化量趋于平稳。主要是因为聚灰比的增大使得聚合物乳液的含量增多，水泥颗粒相对减少，当聚灰比达到某一界限时黏度变化趋于平稳。黏度试验结果表明，上述配合比均具有较好的流动性，均满足施工喷涂要求。

2）黏结性能

7 d 和 28 d 的黏结强度试验结果如图 4-50 所示。

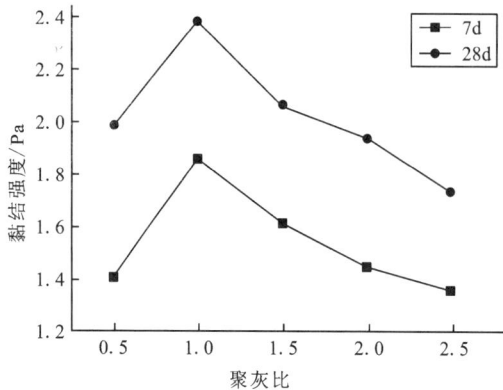

图 4-50 不同聚灰比的黏结强度结果

通过分析图 4-50 结果可知，聚合物固化剂黏结强度并非随着聚灰比增大而增强。随着聚灰比的增大，黏结力会先增大后减小，在聚灰比为 1 时聚合物固化剂的黏结力达到最大值。因为聚灰比为 1 时的聚合物乳液中的高分子有机基团与水泥水化产物表面的固体氢氧化钙、硅酸盐等发生的化学反应最完全，提高了水泥水化产物之间连接处的黏结能力。当聚灰比大于 1 时，聚灰比的继续增大使得水泥的相对含量降低，此时黏结力的主要来源为聚合物乳液的胶结力。当聚灰比小于 1 时，膜层的黏结强度开始降低。主要原因是聚灰比越小时，随着水泥掺入量的增加，水泥逐步替代胶乳物，水泥水化产物起主导作用。28 d 的黏结强度远大于 7 d 的黏结强度，因为随着反应时间的延长，乳液中水泥的水化与聚合作用越完全，其黏结力的强度主要来源有水泥与聚合物聚合作用下的胶凝物、乳液中的胶乳和水泥的水化产物等。

3）防水性能

吸水率试验结果如图 4-51 所示。

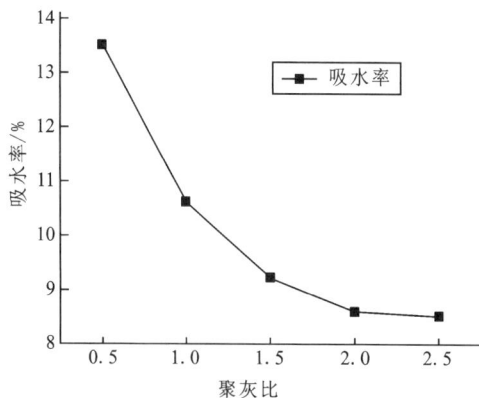

图 4-51 聚灰比和吸水率关系

从图 4-51 可知在聚灰比较小的阶段时，试件的吸水率较大，然而随着聚灰比的增大，试件的吸水率逐渐减小甚至趋于稳定值。其原因在于聚灰比较小时，其聚合物乳液含量较少而水泥的含量较多导致其生成的水化产物较多。水泥的水化产物是一种网状结构，少量的聚合物乳液不能够完全填充其网状结构，因而形成的高分子网状结构膜相对较少，所以其吸水率相对较大。随着聚灰比的不断增大，在聚合物固化剂中聚合物乳液占主导地位，使得聚合物高分子材料和软岩表面的羟基发生相互作用并形成一层防水膜，因此其吸水率逐渐减小直至稳定值。

4）疏水性能

岩样固化前后表面接触角的测量结果如图 4-52 所示。

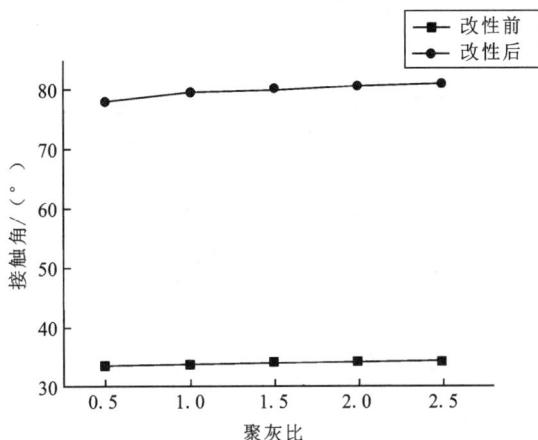

图 4-52　改性前后接触角对比图

从图 4-52 可知，随着聚灰比的增大，接触角逐渐增大并且增大的速率越来越小，聚合物乳液增多水泥含量减少，聚合物固化剂表面主要形成了以聚合物乳胶为主的疏水膜层，湿润角增大。当聚灰比的进一步增大时，其疏水性能受聚合物乳液的主导影响，使得疏水性能趋于峰值。通过改性前后湿润角的对比分析可知，聚合物固化剂能提高软岩表面的疏水性能。主要原因是：一方面聚合物乳液中的一部分水分挥发，使高分子微粒脱水而黏结在一起，从而形成连续的弹塑性薄膜；另一方面水泥吸收乳液中的其余水分，发生水化和聚合反应后固化，并与有机高分子聚合物链共同组成互穿网络的防水涂膜结构。固体高分子的分子与分子之间总会有一些间隙，其间隙的宽度为几十纳米，按理说单个的水分子是完全可以从这些间隙中通过，但自然界的水通常是处于缔合状态，几十个水分子之间由于氢键的作用而形成一个较大的水分子团。

5）微观性能

不同聚灰比的固化剂固化前后软岩表面显微照片如图 4-53 所示。

基于 SEM 显微照片，随着聚灰比的增大，软岩表面产生不同的形态。可以观察到，聚灰比为 1 时，聚合物相与水泥相相互贯穿，交联固化，所形成的互穿网络结构，既具有有机高分子材料的柔性网络，又具有无机胶凝网络结构。此外，当聚灰比小于 1 时，软岩表面孔隙增多，主要因为水化产物增多，水化产物颗粒逐渐聚集在毛细孔中，并在凝胶体表面、未完全水化水泥颗粒上形成紧密堆积层，这聚集的水化产物颗粒逐渐填充毛细孔。当聚灰比大于

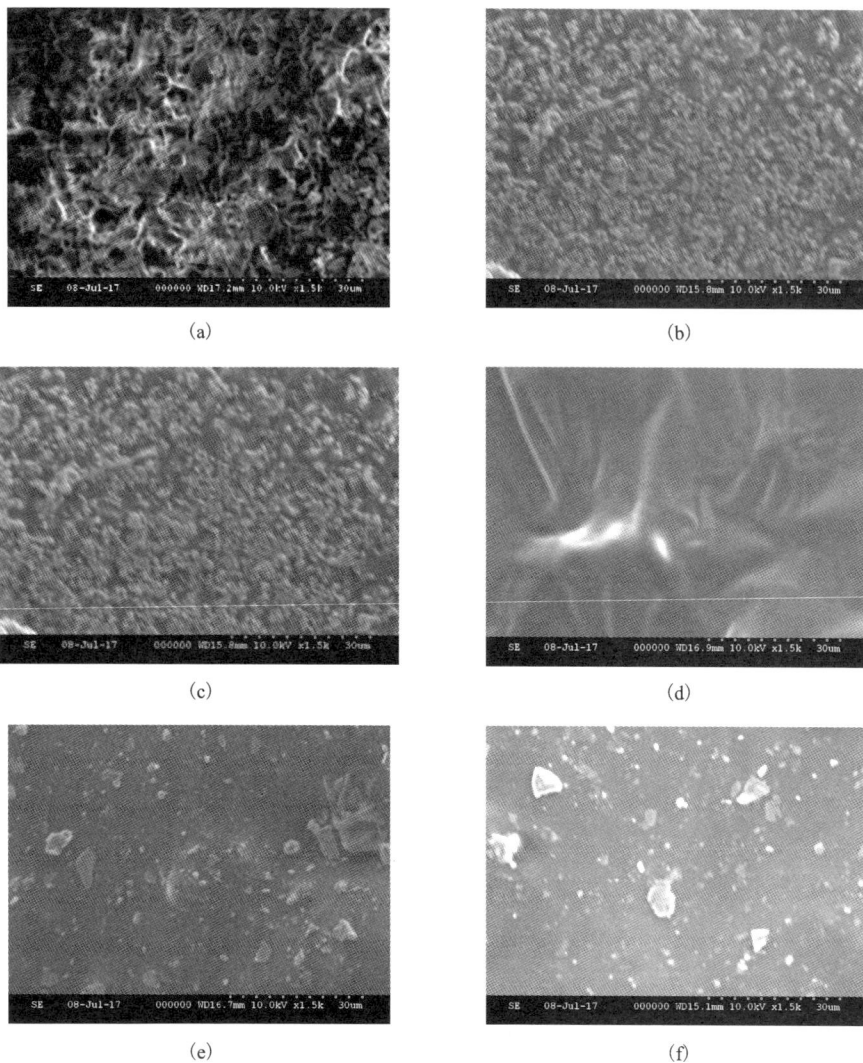

图 4-53　不同聚灰比下软岩固化前后微观图

(a)P/C=0；(b)P/C=0.5；(c)P/C=1；(d)P/C=1.5；(e)P/C=2.0；(f)P/C=2.5

1 时，聚合物乳液将水泥颗粒完全包裹起来，聚合物乳液中的一部分水分挥发，使高分子微粒脱水而黏结在一起，从而形成以聚合物乳液为主的连续弹塑性薄膜。这表明聚灰比影响着软岩表面的微观结构，是影响聚合物固化剂防水性和疏水性的重要因素。

§4.9.5　结论

（1）聚合物固化剂层提高了软岩坡面的强度、水稳定性，改善了表面微观结构。

（2）聚合物水泥基固化剂的性质取决于聚灰比和固化时间。黏结强度随着养护时间的增加而增加。SEM 图像表明聚合物固化剂在聚合物乳液、水泥和软岩之间具有相互作用。这些相互作用极大地改变了软岩表面结构和理化性质，从而提高了软岩坡面的强度、水稳定性和抗侵蚀性。

参考文献

［1］ 朱梦良，黄云涌. 路面碾压混凝土配合比的初步试验［J］. 国外公路，1993（5）：49-56.

［2］ 陆国斌，朱梦良. 碾压贫混凝土基层配合比设计研究［J］. 公路交通技术，2007（1）：1-4+13.

［3］ YAO J L, WANG Z Q, TANG D H. Development and application of water-saving and moisture-retaining membrane made from controllable high polymer materials for concrete curing［J］. Journal of Performance of Constructed Facilities，2019，33（1）：1-9.

［4］ YAO J L, WANG H C, YUAN J B, et al. Membrane-forming performance of emulsified wax curing agent and mechanical properties of ice layer atop cement concrete pavement［J］. Advances in Civil Engineering Materials，2018，7（3）：120-130.

［5］ YAO J L, WU C S, LIU X L, et al. Effect of different interlayers of cement concrete pavements on vibration and anti-erosion of bases［J］. Journal of Testing and Evaluation，2015，43（2）：1-9.

［6］ NEVILE A M. Properties of concrete［M］. London：Pitman Publishing，1973.

［7］ RADOCEA A. Autogenous volume change of concrete at very early age［J］. Magazine of Concrete Research，1998，50（2）：107-113.

［8］ 姚佳良，周志刚，唐杰军. 公路工程复合材料及其应用［M］. 长沙：湖南大学出版社，2005.

［9］ DAR H C, MOON W. Field investigations of cracking on concrete pavements［J］. Journal of Performance of Constructed Facilities，2007，21（6）：450-458.

［10］ YAO J L, WENG Q H. Causes of longitudinal cracks on newly rehabilitated jointed concrete pavements［J］. Journal of Performance of Constructed Facilities，2012，26（1）：84-94.

［11］ YAO J L, GUAN R, YUAN J B. Characterizing vibration responses of cement pavement slabs atop different interlayers to Moving vehicle load［J］. Journal of Testing and Evaluation，2017，45：120-130.

［12］ YAO J L, WU C S, LIU X L. Effect of different interlayers of cement concrete pavements on vibration and anti-erosion of bases［J］. Journal of Testing and Evaluation，2014，43（2）：434-442.

［13］ YAO D, QIAN G P, LIU J W, et al. Application of polymer curing agent in ecological protection engineering of weak rock slopes［J］. Applied Sciences，2019，9（8）：1585.

［14］ 姚佳良，翁庆华，林俊，等. 公路水泥混凝土结构耐久性问题分析及对策［A］//中国公路学会. 中国公路学会2007年学术年会论文集（下）［C］. 中国公路学会：《中国公路》杂志社，2007：5.

［15］ 姚佳良，张起森. 原材料引起的水泥混凝土路面耐久性问题分析［J］. 公路，2006（1）：164-168.

［16］ 姚佳良，张宇. 路面水泥混凝土抗裂性能研究［J］. 华东公路，2006（6）：28-31.

［17］ YAO J L, WENG Q H. Causes of longitudinal crackingon new rehabilitated PCC pavements［J］. Journal of Performance of Constructed Facilities，2012，26（1）：84-94.

［18］ 姚佳良，袁剑波，林俊. 影响路面基层碾压混凝土平整度的因素分析与控制［J］. 公路，2007，4（1）：15-18.

［19］ 袁剑波，姚佳良，刘建华，等. 基于强基强面的旧水泥混凝土路面改造技术［J］. 公路交通科技，2012，

29(12)：21-28.

[20] YAO J L, YUAN J B, ZHANG Q S, et al. Characterization of emulsion wax curing agent as bond-breaker medium in jointed concrete pavement[J]. Journal of Performance of Constructed Facilities, 2009, 23(6)：447 -455.

[21] 姚佳良，周志刚，周红专. Highway engineering composite materials and its application[M].长沙：湖南大学出版社，2019.

[22] 姚佳良，胡可奕，袁剑波，等.不同隔离层水泥混凝土路面层间力学性能[J].公路交通科技，2012, 29 (2)：7-12+28.

[23] 姚佳良，袁剑波，张起森.水泥路面蜡制隔离层与稀浆封层隔离层的试验研究[J].土木工程学报，2009, 42(10)：127-131.

[24] YAO J L, WENG Q H. Treatments against longitudinal cracks on cement concrete pavements[J]. International Journal of Geomechanics, 2011, 222：39-46.

[25] 姚佳良，胡立卫，唐冬汉.多功能烷烃乳化液作水泥混凝土路面隔离层时摩擦特性研究[J].公路交通科技(应用技术版)，2010, 6(4)：75-78.

[26] 姚佳良，吴羡，张宇.路面混凝土薄板结构纵向裂纹观测与封缝处理研究[J].工业建筑，2011, 41(S1)：659-662.

[27] 姚佳良，翁庆华，林俊.滑模混凝土开裂分析及防治[J].公路，2008(10)：75-78.

[28] 姚佳良，金波，陈宇亮.再生集料用于贫混凝土基层的试验研究[J].公路，2008(7)：116-119.

[29] 姚佳良，刘晓波.路面水泥混凝土复合外加剂研究及施工质量控制[J].公路，1998(8)：28-31.

图书在版编目(CIP)数据

水泥混凝土学 / 姚佳良,金娇,谢娟编著. —长沙:
中南大学出版社,2022.6
ISBN 978-7-5487-4773-4

Ⅰ.①水… Ⅱ.①姚… ②金… ③谢… Ⅲ.①水泥混
凝土路面－研究生－教材 Ⅳ.①U416.216

中国版本图书馆 CIP 数据核字(2022)第 007259 号

水泥混凝土学
SHUINI HUNNINGTU XUE

姚佳良　金娇　谢娟　编著

□出 版 人	吴湘华	
□责任编辑	胡小锋	
□责任印制	唐　曦	
□出版发行	中南大学出版社	
	社址:长沙市麓山南路	邮编:410083
	发行科电话:0731-88876770	传真:0731-88710482
□印　　装	长沙市宏发印刷有限公司	

□开　　本	787 mm×1092 mm 1/16	□印张 14.5	□字数 370 千字		
□版　　次	2022 年 6 月第 1 版	□印次 2022 年 6 月第 1 次印刷			
□书　　号	ISBN 978-7-5487-4773-4				
□定　　价	68.00 元				

图书出现印装问题,请与经销商调换